CRITIQUE & REFLECTION

批判与超越

反思文化研究的理论与方法

[奥] 赖纳·温特（Rainer Winter）著　肖伟胜 编　肖伟胜 等译

上海社会科学院出版社
SHANGHAI ACADEMY OF SOCIAL SCIENCES PRESS

目 录

编者前言　　i

上编　　1

1　文化研究的政治学：新左派与人文社会科学的文化转向　　3
2　任性、反抗与政治性：关于主体化和民主政治的关系　　23
3　文化研究的过去和现在：斯图亚特·霍尔访谈　　47
4　反思文化研究　　73
5　平等理念与质性探究　　101

中编　　121

6　文化研究和后结构主义理论与后现代日常生活中的"抵抗社会性"　　123
7　斯图亚特·霍尔的异类智识实践：文化研究与解放的政治　　141
8　雷蒙·威廉斯的著作及其对当今批判理论的意义　　161

- 9 单向度及乌托邦的可能性：赫伯特·马尔库塞对当代转型的贡献　171
- 10 日常生活的神秘性：米歇尔·德·塞托和文化分析　189

下编　213

- 11 分析你自己：精神分析在好莱坞电影和美剧中的表现　215
- 12 "幸福的家庭"：《黑道家族》与21世纪的电视文化　231
- 13 米开朗基罗·安东尼奥尼影像制作中的美学政治：以雅克·朗西埃的分析视角　257
- 14 从社会互动到数字网络：媒介化过程和自我的嬗变　279

附录：新中国七十年大陆文化研究的演进逻辑及其反思　313

编者前言

本书是奥地利克拉根福大学（Klagenfurt University）教授赖纳·温特关于当前文化研究的讲演集。赖纳·温特教授是奥地利克拉根福大学传媒研究所所长，社会学家，文化理论家，"Transcript文化研究"丛书主编，他曾在德国、美国的多所著名大学任教。撰有《任性的艺术：文化研究作为权力的批判（第2版）》(2013)、《作为文化生产的观众（第2版）》(2010)、《文化和电影》(1992)等学术专著9部。另有编著25部，负责编辑4套文化研究系列丛书，在世界各地各级刊物发表论文100余篇，是德语世界文化研究的领军人物。

我跟温特教授的初次相识是在2015年由西南大学文学院联合中国社会科学院文学所、美国纽约提洛斯（Telos）研究院共同主办的一次国际学术会议上，这场会议的主旨是讨论"消费社会和文学生产与传播"的问题。温特教授提交的会议论文是《消费、媒介和"人民"的创造性：斯图亚特·霍尔和文化研究传统》，尽管只看到了论文的摘要，但从中也得以窥见其偏重于文化研究的学术志趣。而我提交的论文《炫耀性消费与商品美学批判》显然引起了他的兴趣，不管是在会议间隙还是在餐桌上，我们不时会对文中所提出的观点进行讨论。或许正是学术兴趣上的相契，无疑拉近了我们之间的心灵距离。会议结束后，可以说我们已经成为志同道合的朋友。我们都很珍视这种学术上的友谊，后来我又邀请他作为客座教授来我校讲学，我也受邀到他所在的克拉根福大学讲授了一门"图像与文化"的研究生课程。如此你来我往更是加深了彼此之间的了解和情谊，这本选集的编辑出版无疑是这种深厚友谊的有力见证。

从本书所选的文章来看，主要是他在北京、重庆、上海、广州、杭州的多所大学所做的演讲，还有一些是发表在国际期刊上的论文，在这里要感谢《文化研究》《后学衡》《马克思主义美学研究》《江西社会科学》《英语研究》《首都师范大学学报》等刊物的授权，同时也感谢温特先生授权这些文章的中文版权。这些文章时间跨度长达十多年，从内容上看，大致分为三大块：

上编所讨论的话题主要集中在文化研究本身的源流和方法论。其中《文化研究的政治学：新左派与人文社会科学的文化转向》和对霍尔的访谈，聚焦于对文化研究的"前世今生"做一个较为详尽的钩沉，让我们重回文化研究这一极具左派色彩的文化思潮当初衍生的历史情境。其他三篇则主要对文化研究本身的要旨和方法论进行了探究。在前面对文化研究的发展历程进行梳理后，温特教授提出从文化研究的早期衍生到发展成形，其旨趣就是平等、民主和解放。它不是去分析孤立的实践或事件，而是试图彻底还原文化过程，这缘于文化过程的复杂性、矛盾性和关系特性，它想要生产出政治上的有效知识以便理解事态的难题和问题，并希望帮助人们反对和改变权力结构，以促成激进民主关系得以实现。因此，在他看来，经验、实践和文本是文化研究的三重聚焦点，因此为了分析生活经验、社会实践和文化表征等，文化研究必须采用批判性方法、质性研究法和分析数据等跨学科方法。由此可见，即便在质性探究中也蕴含着政治性，既然如此，那么质性调查方法应有助于当今世界的积极变化，使其变得更加民主和公正。此外，温特教授还从政治性角度探讨了主体性的形塑问题。在他看来，要开启一个阐释性的自我形塑过程，个体就必须批判地反思自身、自我的起源及自我所处身的社会语境。也就是说，行动者应了解自身的处境，质疑那些隐藏的、含蓄的、前结构化的阐释模式；同时，他们必须培养各项技能，扩大实践范围，以便提升自主决断力。

从中编选取的篇什来看，不难看出温特教授从事文化研究所借重的一些理论思想资源，它们不仅包括英国伯明翰学派代表人物斯图亚特·霍尔和雷蒙·威廉斯的文化理论，也包括法兰克福学派左翼代表人物赫伯特·马尔库塞的乌托邦思想，以及以米歇尔·德·塞托和亨利·列斐伏尔为代表的法国日常生活理论。我们知道"文化研究"与以前的文化研究的最大区别就在于祛除了对文化持有的精英主义态度，而转向主要研究大众文化和大众社会，将文化视为一种平民百姓的日常生活方式。雷蒙·威廉斯那句"文化是日常的"可以说是"文化研究"最为鲜明的徽标。正因为如此，温特教授总是一贯地基于这种价值立场来选择性地借鉴、挪用这些文化理论家的思想资源，既强调日常生活的重要意义，同时对日常生活激进变革的可能性进行了严肃探索，因而他对亨利·列斐伏尔提出的日常生活的辩证法予以特别关注。温特教授指出，列斐伏尔认为尽管科层化、消费主义和物化成了第二次世界大战后文化的主流，但超越性与越界性的因素仍然隐匿于

iii

日常生活之中。因此，日常生活应该成为文化研究的基础和出发点，其目的是批判、质疑并挑战社会的分化倾向、原子化倾向和（学术的）专门化倾向。换言之，这种文化批判理论意在当下的社会变革，并指向未来。

下编的四篇文章主要是运用文化研究的理论方法对具体文本的精细分析。这些文本既包括当前时兴的品质电视剧，也包括像米开朗基罗·安东尼奥尼、王家卫等导演的经典电影，还有当前数字网络媒介中的传播热点等。毋庸置疑，这些文本都依赖于大众媒介，因而都具有大众文化的属性，不管是精神分析在好莱坞电影和美剧中的表现，还是米开朗基罗·安东尼奥尼影像制作中的美学政治，抑或是作为品质电视剧代表的《黑道家族》与21世纪的电视文化，以及对数字网络时代主体化新方式的分析，可以说温特教授将自己提出的"生产性观众"的说法贯穿到这些文本的分析过程中。在他看来，所谓"生产性观众"，就是指观众在和媒介文本的交互中，基于自身教育和生活的历史能够生产性、创造性地创建多种阐释，也就是在接受过程中，观众不再是消极、被动的，而是积极的阐释者。按照这种说法的思路，这些文本可以说都是罗兰·巴特所说的"可写文本"。这些文本通过读者的激活，实现了它们在书写文字或影像中被悬搁起来的非形式化的生活的、生命的、历史的、文化的世界，与此相应，读者也通过参与这些文本找到自身、丰富自身，甚至改变自身，从而实现新的主体性的生成。

从赖纳·温特教授这一系列文章中，我们可以看出他的文化研究既结合了德国法兰克福学派的批判传统，又汲取了伯明翰学派受众研究的路径，在朗西埃政治哲学理论的基础上力图对这两

编者前言

大传统进行批判和超越。概言之，不管是对文化研究理论、方法的反思，抑或是对其他文化理论资源的借重，还是对大众媒介文本的具体分析，温特教授文化研究的立场是一以贯之的，那就是文化研究的主要旨趣在于对权力关系的批判性分析，这种权力关系经由文化来进行生产、维系和改变。同时，这种文化分析首要关注当下文化现象：它想要把握个别"事态"和权力关系的当下分布，以便接下来通过批判性知识的生产来促成它的改变。如此一来，理论就不再是纯粹的学术关切，而是批判理论意义上的一种知识实践的表达，这种实践可以干预和促进民主变革及社会进步！

本书的出版得到了西南大学中央高校基本科研业务费专项资金资助项目（编号：SWU1909104）的支持，同时还要感谢拜德雅图书工作室邹荣编辑和上海社会科学院出版社熊艳编辑所付出的辛劳！

肖伟胜
2021 年 5 月 12 日
重庆北碚学府小区

上编

1 文化研究的政治学：新左派与人文社会科学的文化转向

我要探讨的问题是1968年之于文化研究的意义，它起源于新左派对社会科学在最近几十年的文化转向做出了决定性贡献。在1968年事件及其余波的背景下，伯明翰大学于1970年代成立了跨学科研究中心并成功地体制化。该中心批判性地对社会和政治问题进行调查，以显示社会批判、赋权、社会转型和激进民主化的可能性。因此，我还将讨论1968年在社会科学关于文化争论中的（后）效应。

在我开始转向探讨新左派背景下文化研究的发展时，我首先要说明的是，1968年的精神仍在延续。然后，我考察了文化研究是如何集中处理1968年的理想并将它们带入学术论辩之中的。1980年代以来，文化研究在世界范围内取得的成功表明，新左派和1968年的思想是如何赓续并得到了进一步发展的。最后，我将讨论文化研究的主要动机，我称之为任性的艺术[1]，这无疑要归因为1968年。

---

[1] 德语"Eigensinn"（"意义和表达的独特形式"）很难翻译，因为可能的英语对应词，如"stubbornness"和"obstinacy"均含有不太细致和更消极的意义。

批判与超越：反思文化研究的理论与方法

作为事件的 1968 年

在最近关于社会运动的辩论中，1999 年在西雅图反对世贸组织的抗议活动被赋予了与 1968 年相似的意义。这是因为针对新自由主义全球化的象征性抵抗在世界范围内爆发了，在某种程度上，部分反资本主义运动也形成了。"如果将巴黎'五月风暴'放到时间和空间上更大的政治舞台上来考虑，那么西雅图在最近的全球抵抗政治中扮演着类似的角色。它是由 1968 年运动所涌现出来的'正式和非正式的交流和合作网络'（Fink et al. 1998：3）构成的"（Tonkiss 2008：70）。在西雅图，来自不同国家的抗议团体举行了集会，来自世界各地的人们和团体通过互联网表达了他们的团结一致（Winter 2010）。我们不应低估这一事件的意义，这一事件是自 1968 年以来一种有着很大关联性的全国性、国际性甚至全球性的现象，因为在世界范围内，人们和政治进程都付诸了行动（Gilcher-Holtey 2001）。它来自文化实践、艺术事件和理论行动的结合。例如，丹尼尔·本萨伊德和阿兰·克利文认为，这种结合显示了一种自那以后就再没有出现过的政治上的挑战（Bensaïd and Krivine 2008）。罗斯·布雷多蒂说："我认为 1968 年是我们这一代人的基本政治神话，这一事件定义了那个时代的政治本体论，规范了各个领域的社会互动，这些领域包括从性别和亲属系统到宗教和话语实践。"她自己对此深表赞同（Braidotti 2008：19），并颂扬"内在的激进政治"，这种政治导致了成为政治的过程和表达乌托邦希冀的激进主义。

这三位作者都表明，1968 年有着各种各样的（媒体）遗产。布雷多蒂最终将其定义为"复杂的多重性",作为一个事件,由于其内部悖论和相互矛盾的接受方法,它仍然未完成(Braidotti 2008:21)。因此,对政治激进主义和乌托邦斗争的范畴而言,1968年也就成了一个关键术语。迄今为止,文化研究是批判性思维和分析的一种形式,它与激进民主的理想、社会运动和政治激进主义紧密相连。在我讨论1968年之于文化研究的重要性之前,我将考虑它在新左派背景下的形成过程。

新左派和文化研究

文化研究的创始人——雷蒙·威廉斯、理查德·霍加特、爱德华·P.汤普森和斯图亚特·霍尔等——都与英国的新左派有关联,尽管程度不一。这个群体是作为一个政治组织而形成的,因为在1950年代中期,历史-政治化的马克思主义规划面临着危机和解体。最重要的是,两个政治性事件和动荡地区成为这一事件的导火索。第一个事件是英法联军入侵埃及,以及在英国被称为"苏伊士运河的相关辩论";第二个事件是1956年的匈牙利民众示威,接着是苏联士兵进入匈牙利,这导致了国际共产主义运动的危机。正如霍尔在事后所写的那样(Hall 1987:16-21),具有社会思想的知识分子无法容忍这两个事件,这导致了新左派章程的产生,这一章程决定性地拒斥斯大林主义和西方帝国主义。它的支持者认为,在当时英国众所周知的马克思主义,在对权力关系、阶级关系和资本主义总体的分析上根本没有提供一个令人满意的答案。正如霍尔所言（Hall 1992：279），这种形式的马克思主义不加批判地接受了共产党对历史进程的决定论概念和信仰，这是一个问题，而且存在着危险，因为它的解释过于简单。这就导致了处理它的如下方式："叫嚣远离马克思主义，继续马克思主义，反对马克思主义，运用马克思主义，以及试图发展马克思主义"（Hall 1992：279）。出于这个原因，对苏联进入匈牙利的抗议并没有削弱人们对马克思主义激进传统的信仰，反而进一步促使人们对历史上思想、文化和人类能动性的功能和作用展开了更深入的研究。匈牙利的民众示威始于学生的一次游行示威，而以全国范围内的反抗达到高潮。很明显，批判性思维必须理解一场革命的文化条件，并批判共产党的威权政权。

从制度上看，新左派是知识分子的一种组织相对松散的反对形式，其基础是一些出版社和研究机构，在其中不同的马克思主义思潮汇聚在一起。对社会关系激进而令人耳目一新的批判，使新左派的大多数代表相信工人阶级是资本主义统治的反对力量，并创造了智识上的团结，成为进步社会思想发展的基础。这个版本的新左派是在1950年代的"冷战"和美国消费文化更深入的背景下发展起来的。这种新左派的新颖之处不仅在于它决定性地与斯大林主义和各种各样的东方马克思主义区隔开来，而且表现在对政治和社会变革之文化维度的深入研究，以及批评的社会关联方面。正如林春所言，文化研究首次将文化话语置于政治讨论的中心（Chun 1993）。对经济决定论的决定性拒斥，是文化研究与法兰克福学派相一致的地方，它导致了文化马克思主义的发展，这种马克思主义旨在对第二次世界大战后的英国进行一种社会主义式的理解（Dworkin

1997：3）。

　　新左派并没有把文化和政治视为独立的领域。恰恰相反，他们把文化分析和文化政治置于其活动的中心。他们支持这样一种观点，即社会主义的变革只有当这些变革来自人们的日常文化、他们的实际经验、他们的关切和他们的需求，以及他们的快乐时才有可能。他们通过拒斥这样一种观点，即文化只是从属性地对经济关系进行苍白反映，从而奠定了文化研究作为一种理论运动和一门学术"学科"或一种学术参与的基础。在新左派的政治背景下，文化被定义为一个中心化过程和一个社会和政治斗争（Williams 1980：255）的竞技场，人们应当介入其中。关于文化的辩论成为新左派政治讨论的主要组成部分。不久，大众媒体力量日增的重要性也成了一个关切的核心问题。正如林春所言（Chun 1993），在英国，新左派的价值在于，它第一个意识到"作为一种政治制度的通信系统的力量之所在"（Williams 1962）。

　　在英国的智识领域，从新左派中脱颖而出的文化研究，填补了比如在法国或德国存在的因强大的制度社会学缺失所留下的空白。英国资产阶级社会的文化建立在一个缺失的中心基础上——它自身作为一个整全性理论，要么是一门古典社会学，要么是一种国家马克思主义（Anderson 1965：3-18）。这个岛上特殊的智识情况是，对工业资本主义的社会学思考和批判是19世纪以来英国艺术和文学批评的要件，从华兹华斯、柯勒律治和罗斯金到马修·阿诺德，以及F. R. 利维斯和他的细读圈子均是如此（Lepenies 1985：185-236）。然而，它们并不是一门叫作社会学的独立学科的一部分。文学和文学批评与对文明的文化批判紧密相关；公理学在英语思想史上有着悠久的传统和较高的声望。在这一传统中，对马克思主义经济还原主义版本的批判，以及对文明和文化之间紧张关系的强调，导致了文化研究的产生。按照沃尔夫·勒彭的说法，它是一种"社会学和文学批评的混合物"（Lepenies 1985：236）。这种在文学批评和社会学之间的混杂立场与新左派运动相关，它使文化研究成为英国和随后的其他地方的一种有影响力的思维方式。这主要肇始于理查德·霍加特、爱德华·P.汤普森和雷蒙·威廉斯的著作。文化研究不同于英国社会学，这种社会学集中在实证和统计研究上，长期以来保持着不偏不倚的客观立场，也不敢像法国或德国社会学那样做出一种总体性解释（Anderson 1992）。它对英国和国外的智识辩论产生了巨大影响。总的来说，英国的文化社会学不是从社会理论家的作品发展出来的，而是来自那些在文学或历史文本分析上受过训练的学者，同时也包括那些对政治问题和社会分析感兴趣的学者。

佩里·安德森认为，随着新左派的产生，英国文学批评的社会批判传统第一次嵌入社会中（Anderson 1965）。与细读圈子里的精英主义思想形成鲜明对比的是，它致力于成人教育，这意味着对他们所考察的文本和所处理的经验进行延伸扩展（Steele 1997）。文化的各个方面都得到了勘查和分析。威廉斯以事后诸葛亮的口吻写道："这是一种社会和文化形式，在这种形式中，他们看到了把自己个人经验中的东西重新汇聚在一起的可能性：这是高等教育的价值，而他们自己原初或隶属的阶级中的大多数人所接受的持续教育被剥夺了"（Williams 1989：170）。不仅是个人原因，还有深层的政治信念明确了这一想法。他们不太信任一个先锋派政党的革命力量。相反，他们认为社会主义的变革必须从"底层"来断言。为此，有必要改变工人们的意识。新左派的成员承担起葛兰西意义上的"有机知识分子"的功能，希望让工会和工人理解他们的理论分析和想法，这样他们就可以付诸实践了。

在第一阶段，文化研究和政治运动联系在一起，从理论上讲，它代表了一种可被描述为文化主义的立场。它试图通过发展一种文化上整合的社会主义而成形，这种社会主义建立在英国社会批判的道德传统的基础上，并成为一种独立的智识传统。

文化研究的制度化和 1968 年的意义

新左派的"情感结构"与 1968 年的事件（Gilcher-Holtey 2001）相对应，同时也被这些事件所增强，即使新左派分子没有预料到这一点。例如，在 1967 年首次出版的《五月宣言》（Williams 1968）中，他们讨论了英国左派的境况，但是根本没有预见到反对越南战争的抗议和 1968 年乌托邦式的战斗。它批评工党政府，并呼吁进行社会主义改革，但对学生示威游行活动并没有产生重要影响。1968 年的事件，尤其是文化大革命的想法，超出了《五月宣言》的想象。通过学生的表演和生活实验，一个新世界似乎是可能的，并能够实现。

然而，从 1968 年到 1972 年，在全球范围内集中爆发激进主义运动（Katsiaficas 1987）之后，英国的新左派仍然没有对公共政策产生影响。他们未能深入选举活动、国家机构、政党、工会或媒体之中。因此卡迪斯菲克总结道："新左派证明自己不能巩固一个大众基础"（Katsiaficas 1987）。他们的希望无法实现。相反，面对消费主义繁荣的新高峰，保守的复辟思潮又卷土重来。

在 1964 年于伯明翰大学成立的当代文化研究中心（CCCS）的工作中，我们可以看到 1968 年事件产生的诸多影响，比如反专制和反文化的态度，以及政治上右派的胜利。1970 年代，在斯图亚特·霍尔的领导下，文化研究成功地建立并发展成一种新的、令人兴奋的、跨学科的、超学科的，以及最重要的介入主义的研究传统，它批判社会主导性的意识形态结构，并试图改变它们。他们并未放弃争取意义的斗争，而是转向学术说理，而这也被理解为是政治性的。人们把苏联进入匈牙利和 1930 年代马克思主义的境况视为左翼运动的失败和法西斯主义的成功。这些必须得到解释。杰里米·吉尔伯特在他的专题研究中所持有的观点，似乎并不显得夸张："……这是 1960 年代激进承诺的失败，它激励了一些英国左派最具创造力的头脑在 1970 年代重新激活了这一传统"（Gilbert 2008：26）。因此，当代文化研究中心的工作可以被解读为新左派的一次成功尝试，以建立自己的反文化和赢得更为广泛的观众。

霍加特通过强调这两个学科之间的关系和姻亲明确了文学批评隐含的社会学关联，而霍尔一开初就把他的工作建基于社会学和文化理论的基础之上。经由他，该中心的工作经历了一个关键性的社会学变化，还变得更加理论化和政治化。因此，安德鲁·米尔纳说："霍尔可以为学术性文化研究在英国的成功制度化而邀功自居"（Milner 1993：77）。霍尔对重新构想结构和机构之间的关系感兴趣，因为他想要了解激进实践和社会变革的发生。出于这个原因，他不知疲倦地改编来自欧洲大陆的激进方法，这些方法进一步揭示了文化和机构在历史和社会中的作用。在英国背景下介绍这些方法，激发了讨论，并为研究奠定了理论基础。这类研究集中在边缘化的、社会地位低下的和多种族构成的群体，以及社会冲突上。该中心努力弥合理论研究和实证研究之间的鸿沟，以及日常生活和日常文化之间的"体验"。

在霍尔对这一时期智识和理论发展的总结（Hall 1980：57-72）中，他表示文化研究的制度化、它的话语形式的发展，不能被看作一个绝对的开始，而应被视为一种对突破的填补，这种突破是通过在其他问题中加入一个新的知识组织形态，并最终发展出一个新的研究范式。进一步的发展通过这些突破而彰显出来，这不仅由于智识工作方面的发展，而且也依赖于对历史与社会发展和变革的反应和分析。"重要的是那些重大的突破——既有的思路被打破，旧的星座被取代，原有的和新的元素被重新组合在不同的前提和主题上"（Hall 1980：57）。1968 年及其效应显示出如此重大的突破。

随后，在伯明翰的斯图亚特·霍尔的领导下，对英国和其他发达工业社会的文化和社会变革进行批判性分析，成为他们宣称要达成的目标。它的原因是什么？它的发展和意义又是什么？霍尔在该中心期刊《文化研究工作论文》第一版的导言中对此进行了阐明（Hall 1971：5-7）。"其意图并不是要在已经支离破碎的'知识地图'上再建立一个隔间，而是试图从'文化'的有利视角来看待变革的整个复杂过程，从而使文化的真实运动变得明了起来,这种真实运动表现在社会生活、群体和阶级关系、政治和制度,以及价值观和思想上"(Hall 1971：5)。文化和社会理论的关系成为当代文化研究中心的主要议题,它集中关注经验方面最为突出的亚文化(特别是年轻工人的亚文化)和媒体。

这些定义通过采用葛兰西主导性或统治文化的观点而得以深化。在任何社会中,权力集团的目标是整合从属群体和阶级的文化、思想和经验,从而能够以一种由主导性文化预先定义的方式来建构和看取他们的世界和经验。葛兰西强调了对文化权力不断的斗争。这种持续不断的斗争是社会阶级之间的斗争,社会阶级是现代社会的基本群体,也是最为重要的文化形态(根据当时研究中心的前提)。葛兰西的方法影响了研究中心的工作,例如,他们是通过仪式性和象征化表达行为,对青年亚文化及其对主导文化的抵抗进行实证性研究（Hall and Jefferson 1975）。保罗·威利斯对学校和年轻工人阶级的社会状况进行了深描并予以考察（Willis 1997）。在媒体研究领域,斯图亚特·霍尔开发出他的编码-解码模型,该模型后来变得广为人知（Hall 1973）。

与此同时,葛兰西和结构主义者,像早期的路易·阿尔都塞、罗兰·巴特、克劳德·列维-斯特劳斯或雅克·拉康,都被他们解读和挪用。研究中心的成员大幅度地改编了后结构主义（即所谓的"法国理论"）,许多人将这种理论描述为"1968年思想"（Braidotti 2008：19-33）。斯图亚特·霍尔将文化定义为一个相对自足的表意实践的领域。因此,这种实践是个人和团体建构他们世界有意义的方式。人类功能在结构主义中并没有扮演重要的角色（因为深层的社会和文化结构决定了人类的行为），于是，1968年形成了"结构不上街"这样的提法。因此，严肃地讨论后现代主义文本对文化研究来说变得很重要。这方面最主要的例子是吉尔·德勒兹和菲利克斯·加塔利合著的《反俄狄浦斯》（Deleuze and Guattari 1972），这本书的撰写受到了1968年事件的强烈启发。一般来说，它对马克思主义、精神分析和结构主义思想中的权威结构提出了根本性批评。特别是美国著名学者劳伦斯·格罗斯伯格提出了这些批评（Grossberg 1992）。

对约翰·费斯克的流行文化分析（Fiske 1989）来说，为了展示文本的颠覆性潜力，德里达的解构主义和后期罗兰·巴特的《文本的愉悦》（Barthes 1975）就变得很重要。在对流行文化的分析中，他将米歇尔·福柯的权力微观物理学（Foucault 1977）和米歇尔·德·塞托的《日常生活实践》（de Certeau 1988）连接在一起，以分析大众的反抗行为。埃内斯托·拉克劳和查特尔·墨菲合著的《霸权和社会主义战略》也在文化研究中获得了重要地位（Laclau and Mouffe 1985），该书在与阿尔都塞、德里达和福柯的论辩中，最为重要的是恢复了激进民主——早在雷蒙·威廉斯的时期，它就是文化研究中的一个重要主题。此外，后结构主义的反本质主义成为文化研究的中心。社会和政治身份并没有固定或稳定的意义，而是斗争和论辩的结果。

乍一看，法兰克福学派的批判理论在1968年左右的欧洲大陆非常流行，它对文化研究的形成并没有产生显著影响，这是一件令人非常吃惊的事。不过，还有很多著作没有被翻译，在这一传统中，大众和大众的功用并不是重要的主题。然而，从 1968 年开始接受的以后结构主义文本形式展现的思想，形成了一个新的文化研究版本，自 1980 年代以来，这一新版本成功地成为一项跨国的学术事业，其核心动机可以被描述为"任性的艺术"（Winter 2001）。通过采纳格雷尔·马库斯的朋克研究（Marcus 1989），我将简要地解释一下我对此的理解。在这样做的过程中，我们也应该清楚地看到，这种形式的研究是如何成为被称为文化转向的关键部分的。

日常实践中的任性艺术

朋克是什么？是被狂怒所激起的一种相互矛盾的反抗？它与达达主义和发生在伏尔泰咖啡馆里的无政府主义荒谬活动有何共同之处？为什么居伊·德波和情境主义者，这一法国先锋艺术家和知识分子的秘密联合，是朋克和达达主义之间的重要纽带？像这些问题在格雷尔·马库斯引人入胜的《独立摇滚》一书中得到了回应（Marcus 1989）。马库斯写下了 20 世纪地下文化运动史，其根茎状结构被隐藏于表面之下，并秘密地生长。这一运动的目的是重组日常生活，改造普通的生活，最为重要的是改变生活本身。这些变化既不是革命性的，也不是为了实现交往理性的潜力；相反，它们是由空间或时间上受囿限的短期赋权行为所构成的——与改变人们及其生活的能力相符。马库斯对流行文化中意义的转变、自我解释的转变或身份的转变感兴趣，这些转变就像社会关系、欲望或对世界的感知中的转变一样。在建立的新语境中，马库斯正在探索社会生活的生产性和创造性潜力，这种潜力肇始于个人生活中的顿悟、重要事件和基本意义结构的嬗变等，它导致了抵抗主导文化的亚文化和反文化实践的产生，最终成了一门生活的艺术——或多或少系统性地创造了自己的存在。

我想说的是，这也是文化研究工程和运动的基本理念。文化研究可以用同样的术语来加以界定。它是这样一门学科，以处理意义、态度和价值的琐碎日常变化为旨归；应对生产性和创造性的生活世界潜力的发展；对权力结构予以批判；应对可能稍纵即逝的自我赋权时刻，从而得以形成并具有影响力。流行文化是文化研究的中心课题，它既没有以文化批判的口吻加以谴责，也没有不加批判地予以颂扬。更确切地说，它被理解为现代或后现代生活一个显而易见的面向，一种熟悉的经验视野，一种创造个人生活的媒介。正是凭借大众媒体资源（也就是说，经由图像、符号、话语、故事等），许多人形塑他们的身份，形成他们的政治观点，以及共同创造不同的文化。此外，一种新的流行和全球性文化是建立在这些资源之上的。然而，流行文化不仅是一种媒介，可以被用于象征性地融入主流环境，它也是一种反权力的形式——在这个领域中，边缘化和下层民众的利益诉求可以得到充分的表达。对文化研究来说，文化是一个四面受困的领域，在这个领域里，几个相互竞争的社会团体为实现它们的主张、利益诉求和意识形态而斗争。如此这般，这些群体对文化嬗变而非主流环境的复制感兴趣。

从文化研究的角度来看，文化不应等同于物品，也不能化约为由专门机构制作和分发的作品。相反，它所关注的是文化的创造过程，意义和能量的传播，日常生活的流动性和机遇，文化创造性方面的发展，以及共同文化的创造。它不是一个已完成的文化对象，这个对象可以决定文化研究的研究旨趣，而是一个接受过程和随之而来的潜在创造力的产物。这种对能动性的强调——与建立一种固定秩序的社会努力相悖——是文化研究的主导性主题。

文化研究的主要兴趣不在于创作或欣赏艺术品时的孤独、创造性和唯我论的体验。相反，自雷蒙·威廉斯开始，文化研究作为一门学科探究普通实践和日常使用中的生产力嵌入——它发展出一种策略，即违反常规地解读象征形式、文化对象和技术，以及使用对象来对抗操作指令，两者都采用解构主义的方式。世俗形式的创造性是对主流社会观念和价值观的挑战。正如马库斯的书中所描述的，也在文化研究中得到广泛探讨，个人、团体和文化都是创造性地共同为文化变革效劳。这样的过程既不受给定项目的制约，也不是由像情境主义或超现实主义这样的团体有意识发起的。这种创造力和生产力在社会实践中的发展是文化研究工程的目标。根据保罗·威利斯的说法（Willis 1978），人生本身就是一个实验室，在这个实验室里，实验的结果是不确定的，而且是开放的。意义是流动的（Williams 1977），它们传播流动，由社会实践所构成，它们创造现实。文化是一个偶发过程，正如雷蒙·威廉斯所展示的，它包括主导性的意义，也包括对立的、残余的或从属的意义。重点是文化变革、冲突、斗争和权力结构的转变。特别关注下属、边缘化和被排斥的人，他们拒绝当权者提供的整合，或以各种方式破坏事物。这就是为什么文化研究作为一门学科，关注亚文化、反文化、少数族裔和另类运动，以及它们的反抗和任性形式；它关注的是象征性反对和日常实践中的细微变化，这些变化常被人们所忽视。借用奥斯卡·奈格尔和亚历山大·克鲁格的一句话（Negt and Kluge 1992），文化研究的主题是用不同文化形式表达出来的"现实生活领域"。人们感兴趣的不是宰制的历史，而是以多种形式出现的各种各样的对立过程——这些过程往往会扰乱、质疑和改变权力和支配的环境。

用米歇尔·德·塞托（de Certeau 1988）的话说，文化研究学科试图理解"社会的柔声低语"，它的主题是"普通人"，特别是那些在扮演匿名英雄的情境和实践中的普通人。这样的情况涉及一种文化灰色经济过程，通过预先形成和预先制造的构件，一些新的和个人的东西被创造出来——这东西（至少一开始）脱离了包容的逻辑。这种处理日常冲突动力学的创造性方式，依赖于一种文化上合法化的固执——它坚持，并与自己的立场相妥协。换句话说，它坚持任性的艺术——这种艺术并不主要表现在争辩之中，也不在普遍的理性之中，而是常常在物质的维度和世俗的实践中。根据莫里斯·梅洛－庞蒂的说法（Merleau-Ponty 1968），这是一种新兴的、具有社会意义的理性，它产生独特意义和表达。这种广义创造性的目标是对权力的批判和主导条件的转变。然而，这样的进步往往是在小的步骤中实现的，在对社会行为做结构主义或意向性的解释中很容易被忽视。在这种背景下，米歇尔·德·塞托谈到了在功能主义理性丛林中所采取的策略，即偷猎和拼贴，"坐在两把椅子之间"的艺术（de Certeau 1988）。亨利·列斐伏尔在他对日常生活嬗变的反思中，也预料到那些称得上文化研究的核心内容（Lefebvre 1991），例如，生活艺术的可能性。对德·塞托和列斐伏尔来说，文化是一个不断变化和发展的创造性过程。在文化的社会学定义中，传统（意义和价值的传统模式）比改造和重塑这些传统和模式的过程来得更重要，但正是这些过程才是文化研究的核心，对其思想和研究至关重要。

从文化社会学角度看，这一视角肇始于雷蒙·威廉斯，文化研究工程可以被定义为一种任性艺术的详细阐述和发展，这种艺术旨在分析、批判和转化权力。文化研究的指导思想是，文化（就像能动性）是生产性的，不应该从属于社会结构。这种迄今为止界定文化研究的核心动机，无疑要归功于1968年。

文化研究的目的是要证明，文化既非简单地反映社会结构，也不能决定主体的行为。它的研究并不关注融入传统文化，而是关注互动；重点是文化形式之间的互动、"制作"和"筹划"的过程，协商和加工的过程。简而言之，是对后现代文化的关注。更微妙的权力策略被更为精细的抵抗策略所抵消。正如在许多研究中所显示的那样，例如在劳伦斯·格罗斯伯格的著作中，通过采用后结构主义方法，以及对文化背景持一种民族志的观点，流行文化被重新界定为一个争斗和争辩的领域。鉴于由霍尔发起的文化研究的"葛兰西转向"，对这种（微观）斗争的讨论，结合了为社会、政治和社会生活中的霸权进行斗争的分析，也结合了语言、文化文本和表征系统。这是不平等权力——权力和反权力无休止的斗争。福柯在《规训与惩罚》一书中的最后几页，以隐喻的口吻谈到"战争的雷声"，以及永恒的权力斗争的声音（Foucault 1977）。这个比喻提醒我们，在对历史事实和社会现象的分析中，我们必须澄清和指出这些事实和现象中所表现出来的文化和社会冲突。自它在新左派背景下发端伊始，文化研究通过对特定日常生活环境的细节的微观调查，一直在努力标示抵抗点。文化研究从详情和细节着手，一般采用普通日常文化的例子，这种文化被置入社会和历史背景下从而情境化。接着从分析冲突、斗争和权力结构入手，这些要素决定着这种特殊的社会环境。文化研究的主要兴趣并不是电视或流行音乐之类，而是它们在社会意义、人际关系和主体性的生产和传播中所扮演的角色和功能。文化研究并不寻求对各自主旨的全面知识；相反，它从社会事件中提取精要，并展示文化性文本和过程是如何嵌入权力结构和冲突之中的。因此，根据雷蒙·威廉斯的说法，文化研究在跨越不同的"经验领域"之上创造了情境和关系，并揭示了在一个社会中起作用的情境。在这里，文化从根本上被理解为一个过程、一个系列，以及在时空中的一系列实践、仪式和对话等，在这个过程中，意义和情动能量正在被传播和生产。

就像文化社会学这样的经典学科一样，文化研究致力于对当代现象的解读。然而，鉴于它起源于新左派的背景，其解释完全是政治性的，并具有实际的道德旨向。社会承诺这一方面必须加以保护，它强调文化在维系和挑战社会不平等（如阶级、性别或种族这些领域）方面的作用和重要性，特别是考虑到当前试图殖民化文化研究的企图。自雷蒙·威廉斯以来，文化研究最重要的目标之一，就是帮助个人和团体努力表达他们的日常经验，尤其是那些在现有文化中还没找到表达和容身空间的经验。文化被理解为一种沟通交流，因此，它作为一个过程，一方面通过历史性所赋予的相互作用和共享意义，另一方面通过个人或集体创造的意义，形成了新的意义的共同框架。

这一过程的特点是变化、创造性和嬗变，并以日常生活的共同品质为基础，雷蒙·威廉斯称之为"漫长的革命"（Williams 1961）。我分析作为对权力批判的任性艺术是为了表明，到目前为止，文化研究对这种想法是有义务的，并且要致力于探究它。激进民主、赋权、能动性和固执——这些文化研究的核心理念——不禁让人回想起 1968 年的激进形象。伯明翰和其他地方的文化研究的制度化，使这些理念得以进一步发展，并让政治斗争得以延续。从这个层面上说，1968 年依然尚未结束。

（肖伟胜 译；原载《后学衡》第 2 辑）

参考文献

Anderson, P.. (1965).'The Left in the Fifties,'*New Left Review* 29.

Anderson, P.. (1992). *English Questions*, London and New York: Verso.

Barthes, R.. (1975). *The Pleasure of the Text*, New York: Hill and Wang.

Bensaïd, D. and Krivine, A.. (2008). *1968: Fins et Suites*, Paris: Nouvelles Éditions Lignes.

Braidotti, R.. (2008).'The Politics of Radical Immanence: May 1968 as an Event', *New Formations* 65.

Chun, L.. (1993). *The British New Left*, Edinburgh: Edinburgh University Press.

de Certeau, M.. (1984). *The Practice of Everyday Life*, Berkeley and Los Angeles: University of California Press.

Deleuze, G. and Guattari, F.. (1972). *Anti-Oedipus: Capitalism and Schizophrenia 1*, Minneapolis: University of Minnesota Press.

Dworkin, D.. (1997). *Cultural Marxism in Postwar Britain*, Durham: Duke University Press.

Fink C., et al. (eds). (1998). 1968: *The World Transformed*, Cambridge: Cambridge University Press.

Fiske, J.. (1989). *Understanding Popular Culture*, London and Boston: Routledge.

Foucault, M.. (1977). *Discipline and Punish: The Birth of the Prison*, New York: Vintage.

Gilbert, J.. (2008). *Anticapitalism and Culture: Radical Theory and Cultural Politics*, Oxford: Berg.

Gilcher-Holtey, I.. (2001). '*Die Phantasie an die Macht*'. *Mai '68 in Frankreich*, 2nd ed., Frankfurt a. M.: Suhrkamp.

Grossberg, L.. (1992). *We Gotta Get Out of This Place: Popular Conservatism and Postmodern Culture*, New York and London: Routledge.

Hall, S. and Jefferson, T.. (1975). *Resistance Through Rituals: Youth Subcultures in Post-War Britain*, New York and London: Routledge.

Hall, S.. (1971). 'Introduction,' *Working Papers in Cultural Studies* 1.

Hall, S.. (1973). 'Encoding and Decoding in the Television Discourse,' *CCCS Stencilled Occasional Paper* 11.

Hall, S.. (1980). 'Cultural studies: Two Paradigms,' *Media, Culture and Society* 2.

Hall, S.. (1987). 'Gramsci and us,' *Marxism Today* [June 1987].

Hall, S.. (1992). 'Cultural studies and its theoretical legacies,' in L. Grossberg, C. Nelson and P. Treichler (eds), *Cultural Studies*, New York and London: Routledge.

Katsiaficas, G.. (1987). *The Imagination of the New Left: A Global Analysis of 1968*, Boston, MA: South End Press.

Laclau, E. and Mouffe, C.. (1985). *Hegemony and Socialist Strategy*, London and New York: Verso.

Lefebvre, H.. (1991). *Critique of Everyday Life*, London and New York: Verso.

Lepenies, W.. (1985). *Die drei Kulturen: Soziologie zwischen Literatur und Wissenschaft*, München: Hanser.

Marcus, G.. (1989). *Lipstick Traces: A Secret History of the 20th Century*, Harvard, MA: Harvard University Press.

Merleau-Ponty, M.. (1968). *The Visible and the Invisible*, Evanston: Northwestern University Press.

Milner, A.. (1993). *Cultural Materialism*, Melbourne: Melbourne University Press.

Negt, O. and Kluge, A.. (1992). *Maßverhältnisse des Politischen*, Frankfurt a. M.: Fischer.

Steele, T.. (1997). *The Emergence of Cultural Studies 1945-65: Cultural Politics, Adult Education and the English Question*, London: Lawrence & Wishart Limited.

Tonkiss, F.. (2008). 'New Manifestations. Paris, Seattle and After,' *New Formations* 65.

Williams, R. (ed.). (1968). *The May Day Manifesto 1968*, London: Penguin.

Williams, R.. (1961). *The Long Revolution*, New York: Columbia University Press.

Williams, R.. (1962). *Communications,* Harmondsworth: Penguin.

Williams, R.. (1977). *Marxism and Literature*, Oxford: Oxford University Press.

Williams, R.. (1980). 'Beyond actually existing socialism,' in id., *Problems in Materialism*, London: New Left Books.

Williams, R.. (1989). 'The uses of cultural theory,' in id. *The Politics of Modernism. Against the new Conformists*, London: Verso.

Willis P.. (1977). *Learning to Labour: How Working Class Kids Get Working Class Jobs*, Farnborough: Saxon House.

Willis, P.. (1978). *Profane Culture,* London: Routledge and Kegan Paul.

Winter, R.. (2001). *Die Kunst des Eigensinns: Cultural Studies als Kritik der Macht*, Weilerswist: Velbrück.

Winter, R.. (2010). *Widerstand im Netz: Zur Herausbildung einer transnationalen Öffentlichkeit durch netzbasierte Kommunikation,* Bielefeld: Transcript.

2 任性、反抗与政治性：关于主体化和民主政治的关系

任性的艺术

在《任性的艺术：文化研究作为权力的批判》（2001）一书中，我从历史－理论方面对文化研究的源流进行了梳理，揭示了文化研究的主要旨趣在于对权力关系的批判性分析，这种权力关系经由文化来进行生产、维系和改变。同时，这种文化分析的传统首要关注当下文化现象：它想要把握个别"事态"和权力关系的当下分布（constellation），以便接下来通过批判性知识的生产来促成其改变（modification）。这就是为何它的理论工作、文化分析常以政治性为导向。它与诸如新左派、女性主义或种族主义斗争等社会运动联系在一起，这些运动影响着它的研究目标（objectives）和关注点。正如斯图亚特·霍尔（Hall 1992：283）所说："社会运动触发了理论契机，历史性事态凸显出理论的重要性：它们是理论演变中的关键点。"

在这样的背景下，理论并非纯粹的学术关切，而是批判理论意义上（Horkheimer 1937/1970）的一种知识实践的表达，

这种知识实践可以干预和促进民主变革及社会进步。自1970年代以来，安东尼奥·葛兰西的知识实践就一直是学界的聚焦点，在他之后，智识工作被当成一种具有策略性、介入性和施为性（performative）等特征的政治形式。鉴于此，它所生成的知识被认为是"竞争的""局部的"和"紧要的"（Hall 1992：286）。通过与相关人员的对话，文化研究理应有助于经济的、社团的（societal）和社会问题的解决，抑或至少让它们更易改变。这种批判取向将文化研究项目区分为两类：一类由当代文化研究中心发展而来，它直至今日依然在追求和发展这种批判维度（参见Grossberg 2010，Winter 2011）；另一类由世界其他学派奉行，并不持有这一批判立场。尽管如此，它们都同样强调对当代文化的分析，可能还会借鉴德语世界的文化科学（Kulturwissenschaften），尤其是那些占据历史制高点的文化史。

在《任性的艺术：文化研究作为权力的批判》一书中，我阐明了文化研究的明确立场是如何与以任性为主题的艺术联系在一起的。奥斯卡·内格特（Oskar Negt）和亚历山大·克鲁格（Alexander Kluge）早先在《历史与任性》（1981）一书中抱有类似目的使用了这一概念。然而，他们主要采取引用文学和民间故事中的例证的方式，而非系统的方式进行阐明。在他们对马克思主义进行模块化更新以反对具有决定论和结构主义色彩的历史概念上，这一概念被证明是有用的。只不过，在这本书中，他们讨论的重点是劳动生产率的历史演变，以及与之相随的矛盾与变革动力。

不过，文化研究严重忽视了西格蒙德·弗洛伊德这样一位创始人,他描述出一个系统、有力且颇具影响的任性概念。在对个体生活的分析中,他发现每个人都有一种偶发而独特的潜意识,它依靠社会和历史的偶然事件产生与文化和社会相左的任性意义。弗洛伊德恰恰对这种怪异的方式感兴趣,在这种特殊方式中,个体无意识地将欲望与那些跟社会需求和压抑相对的经历和记忆联系在一起。这就产生了"一种属于个体内在的、典型的任性的源动力"(Zaretsky 2006:30)。这种分析旨在"理解个体本性中的任性特质"(Zaretsky 2006:31),这一特质在其个人生活史中得以发展。在以政治为导向的文化研究分析中,这种既是个体的同时也是社会的生命维度依旧被严重忽视,即便这种生命维度暗中存在并因此成为任性艺术的一部分。

在《生产性观众:媒体接受作为文化与审美过程》(1995/2010)一书中,我描述了如何通过生产和创造过程来影响媒介文本的接受和挪用。比如恐怖片就可以在个体自身的生活、问题、恐惧和创伤的范围内被任意地改编。观看这类电影的兴趣将随之带来对个体亲身恐惧的图绘,并兼顾一种高度的自我意识。在日益频繁地与文化工业产品打交道的过程中,粉丝们创造了区别于其他人而属于自身的文化和审美共同体,这对他们自身的独特生活方式来说非常重要。研究青年文化和大众文化的保罗·威利斯、西蒙·琼斯、乔伊斯·迦南等人(Willis, Jones, Canaan et al. 1991),或者约翰·费斯克(Fiske 1989a, 1989b; Winter, Mikos 2001)都强调如何在日常生活中自发地和不可预知地培养创造力。数字媒体大幅地增加了这种生产性交互的机会。

拉康主义者米歇尔·德·塞托（Michel de Certeau）对上述观点的演进做出了开拓性贡献，他在《实践的艺术》（1988）一书中指出，日常生活实践在应对战略性组织权力时，可以是创新的、睿智的、策略的、异质的或任性的。日常生活是一个充满文化冲突和社会斗争的场所。德·塞托认为文化和社会变迁不是一个彻底断裂的过程，而是日常实践中固有潜力释放的过程。它们的发展仰赖于权力关系各自的配置。约翰·费斯克和劳伦斯·格罗斯伯格（Winter 2001，Chapter 4）对这种存在于日常社会实践中现实的和可能的事物之间潜在的紧张也有所关注。对费斯克（Fiske 1993）来说，人们正是运用日常实践来定位自身，扩大对所接触环境的控制，进而发展出一种"抗衡力量"。"行动者处理他自己所做之事，这是一种社会关系行为，它始终牵涉对控制权的争夺"（Fiske 1993：21f.）。

此外，格罗斯伯格的摇滚乐研究（Grossberg 1992）强调，情感赋权可能是行动者的一个重要条件，因为它表达了对自身生活一定程度的控制感。通过"自下而上"的权力形式来改变权力关系，对于这种可能性，费斯克倾向于一种乐观态度，不过，他认为这种（再）联盟是暂时的。尽管如此，他在一个有关社会话语形态的情势分析中表明，"新右派"使用摇滚乐是为了维护其霸权地位。不过，在霍尔（Hall 1981）看来，格罗斯伯格的研究也是奔着为民众的斗争而来的。我所谓的"民众的政治"并不单单指大众文本的政治变化，以及这类文本与意识形态立场、主体性或快乐之间的关系，而是指大众文化、民众政治（或政治认同）和系统性结构之间的交叉点，以及政治和经济上不平等和宰控的力量（Grossberg 1997：

199f）。格罗斯伯格强调对当前历史性事态进行理论分析的重大意义，有助于让人们理解进步的文化和社会变迁最终是否以及如何可能。

在对日常实践衍生的任性艺术的分析过程中，我试图对当下进行一种"认知图绘"（cognitive mapping）（Jameson 1986），像葛兰西一样，这种认知图绘不仅要充分考虑日常行动者的个体视角，这种视角正如阿尔弗雷德·洛伦泽（Lorenzer 1974）深度解释学方法或汉斯·吉莉恩辩证心理学（参见例如 Straub, Rebane, Zorn et al. 2011）中多样的案例，也要充分关注经验和实践中的任性现象。这一做法不会让霸权的理论分析和模型成为多余，反而更进一步强调了日常实践中的创造潜力，以及任性与反抗之间的联系，而这一点对行动者而言至关重要。这也提出了有关政治性的问题（参见 Flügel, Heil, Hetzel 2004）。最近的占领运动（Occupy Movement）令人信服地证明了，政治性并非经常而是偶尔发生，不过它的确发生了。如此这般，一系列问题就被提出来：政治性如何从任性和反抗实践中衍生出来？文化的政治学和政治性的发展之间有什么关系？我认为，回答这些问题对如今继续进行有意义的文化研究课题来说至关重要。

为了更好地确定政治性的起源和大致模样，很有必要对哲学家雅克·朗西埃（Jacques Rancière）的著作进行探讨，在这之前，我首先要考虑米歇尔·福柯是如何构想反抗的。他和葛兰西都对这一概念做出了重要贡献，并推动了文化研究的演变，这从米歇尔·德·塞托、约翰·费斯克和劳伦斯·格罗斯伯格，当然也包括朗西埃等人的著作中可见一斑。与此同时，我特别检视了任性地反对权力关系的各种反抗形式。

当一种力量（行动）与另一种力量（行动）发生冲突时，它经历一种反抗，这种反抗使它偏离、动摇、抑制，或者促使它寻找一个新的出口。因此，福柯（Foucault 1997：113）认为权力是一张"图表"，"作为力量关系的叠加，它内在于其作用范围，并建构了自己的组织；作为一个过程，通过不断的斗争和对抗，变换、增强或逆转它们"（*History of Sexuality*, vol. 1, p. 26）。在此情形下，反抗形式呈现为一种异质形态，随情境产生并任意显现。反抗同时包含各种行动和反作用。它对事件做出反应，也从属于它所反对的权力。与此同时，它否认现状，从而彰显创造和任性的精神。

反抗与权力相随。它反映出无法屈从既有的情境。当赫尔曼·梅尔维尔（Hermann Melville）笔下的巴特尔比（Bartleby）在说"我宁愿不"时，表达了一种绝对的不服从，这种态度表明对普遍的日常惯例和期待的质疑。尽管这位书记员最终丧失了理智，但他的任性行为——他的反抗品质似乎与生俱来——让他能够集中精力去改变自身处境，并创造新的可能（尽管结果并不如人所愿）。类似地，社会运动中发生反抗，不过在可预见的未来，却无法提供切实可行的替代方案。居于全球首位的资本逻辑使劳工状况愈发不稳定。同样地，比如示威者要求实行每人每周 30 小时工作制和最低薪资水平。这种乌托邦式的基础并没有使反抗变得不可理喻；相反，恰恰是由于它动摇了现存秩序，从而为辩论和集体行动创造了新的机会。

"互联网时代"的社会——曼纽尔·卡斯特尔（Castells 2012）称之为"网络社会"——也见证了权力向网络的集中。

因此,旨在改变权力关系的抗衡力量形式也主要依赖数字媒介(Winter 2010)。新的社会运动,从西雅图的抗议活动、"阿拉伯之春"到"占领华尔街"运动,无不利用权力的数字化机制。"通过参与大众媒体信息的生产,发展横向沟通的自治网络,信息时代的公民逐渐能够利用他们的苦难、恐惧、梦想和希望等素材,为他们的生活创造新的节目"(Castells 2012: 9)。这种颠覆性的交往实践,通过创造性地运用媒体来表达个体经验,开展抵抗并创造团结关系。

这种抵抗可能确实显得缺乏理性,过于激昂,难以理喻,不计后果或缺乏目标。行动者在行动过程中,或者随着这一过程的推进,能够更清楚地认识到抗议活动的深层次动机,他们在活动一开始可能并没有感受到这一点。事实上,展开反抗行动,没有必要事先交流原因或评估其后果。社会运动的实例表明,抵抗过程产生出新的价值观和目标。抵抗似乎既是一个事件,又是一种存在法则,正如弗兰西斯科·普鲁斯特(Proust 1997)在她的抵抗哲学中所表述的——它与其说是一种伦理责任,毋宁说是现存权力结构产生的逻辑结果。尽管抵抗绝不会化约为这些事物,但它是一种自由的实验,也是自由的表达。因此,反抗形式总是与主体化形式如影相随。

米歇尔·福柯研究中的反抗与权力

反抗情境性地与它所反对的特定社会结构紧密相连。正如福柯(Foucault 2005: 917)指出的:"反抗总是基于它所对抗的情境。"福柯在分析权力时指出,现代人能够分辨反抗的不同形式,尽管这些形式彼此紧密相连:反抗各种制度力量中展示的规训权力(Foucault 1976);反抗忏悔中的同一性

（Foucault 1977）；反抗旨在通过国家管理、社会－政治措施以控制人口的生命权等。

此外，福柯运用谱系学的方法着手考察了权力、知识和身体彼此间的关系（参见 Dreyfus, Rabinow 1987：133ff.）。他诊断真实情境，或更确切地说，检视与反抗相连的背景实践。大卫·霍伊（David Hoy）认为，雅克·德里达、吉尔·德勒兹和米歇尔·福柯一样均采用了这种解释学方法。"后结构主义倾向于对具体社会情境的解放潜力进行彻底的谱系学批判"（Hoy 2004：5）。谱系学视角确定我们的实践和具身性的自我理解，以及由社会决定的权力关系背景实践，这种实践对我们而言并非全然不知，这是由于它们本身构成了我们的存在。因此，这些实践活动创造了特定形式的身份，建构了我们的自我指涉。伯特·考格勒（Kögler 2004：194）建议假定无意识也是一种"隐含的解释模式"。这些推测决定我们的行为，不过并非全部，因为由权威决定的前结构能够被改变，甚至可能被逆转。

尼采是推动后结构主义发展的中流砥柱，他的作品包含了一种解释哲学（或更准确地说是解释主体的哲学），这种哲学旨在对文化和社会实践进行解码，同时强调世界上有多种理解和存在方式。对尼采而言，解释的过程永无止境。此外，身体成了一个拥有多种互为竞争且不同解释的储藏库（参见 Blondel 1986, Chapter 9），这些解释以其各自的形式铸就了我们的形态。福柯抓住了这一要点：他的批判不仅要把我们的自我认知问题化，而且还介绍了"去主体化"（de-subjectivization）的过程。福柯并没有告诉我们，我们是谁，我们理应做什么。换言之，他的谱系学分析倾向于帮助我们，抵制经由文化和社会的实践活动传递给我们的身份，而我们置身于这些建构自身存在的实践活动之中。因此，他在采访中说道："我努力更好地去理解权力运作的有效机制，我之所以这样做，是为了让那些被权力关系束缚或牵绊的人们，能够以他们自身的行动、抵抗甚至反叛等方式逃离和变换这些权力关系。简言之，就是不再服从于它们。"（Foucault 2005：115）

从福柯的立场来看，组织化的权力结构生产出我们的身份。在《规训与惩罚》（1976）一书中，他不仅展示了身体是如何被规训的，还指出了当身体屈从于标准化程序时，身体会变得畸形，其发展的可能性也会受限。个体置身于这些过程之中，以至于他们逐渐学会了自我规范。福柯批评说，常态正在变为社会规范，并据此规范来评判人们的行为，同时人们还形成了这样一种想法，即只存在一种有约束力的规范行为。不过，当人们在强调权力的生产力时，他们通常倾向于不去质疑纪律和自律（如禁欲主义的技术）。只有当规范化程序如此之深地渗透到我们的日常存在，以至于这些规范似乎成为必需的、无可替代的和普遍的存在时，换言之，只有当人们忘记了现实只是反映出可能性的某一方面时（Tarde 1890 / 2003），批判和反抗这种统治形式才变得至关重要。"因此，批评性反抗源于以下认识：目前的自我解释仅仅只是众多可行性解释之一，应对不同的解释持开放态度"（Hoy 2004：72）。

福柯提出了一种关于反抗的社会本体论，因为反抗不仅仅是权力的后续效应。德勒兹（Delezue 1992：99ff.）也强调这一点，他吊诡性地坚持认为反抗先于权力。在《性史》第一卷中，福柯（Foucault 1977）观察到，一旦权力确立，反抗就形成了。它涉及多个反抗点，在这些反抗点上，片段整合并产生社会分化，而且导致新的联合和抵抗形式的产生。"社会本体论意义上的反抗从一开始就存在。如果没有权力网络，不论是谈论反抗还是统治都没有意义，反抗和统治的模式是权力网络存在的标志。"（Hoy 2004：82）权力最终需要反抗点才能得以运行，有时，权力甚至会因反抗而变得强大。福柯无法设想一个社会可以没有权力关系或组织化的统治形式。他认为谱系学分析的价值就在于，通过诊断性批评，帮助人们认识到权力关系，去化约统治的非对称关系，并使权力关系向更平等的方向发展。对福柯而言，权力常与社会实践纠缠在一起。在行使权力时，一个人试图对他人行为的可能性施加影响。约翰·费斯克（Fiske 1993：11ff.）指出，从属社会群体会努力去发展各种抗衡力量。这些抗衡力量往往具有地方性，这是由于它们旨在进一步深入和扩大对眼前生活环境的人为控制。这样一来，权力就变得不稳定或被延迟。

对身体的规训也能使健康、欲望和快感等价值的重要性超出原先的预期。诚然，这种反抗也可以被再次用来反对压制，譬如，在消费领域以更加精妙的控制方式，或通过外科整形等手段来实施。在他的后期著作中，福柯（Foucault 1993）描述了主体如何借助包括规训技巧在内的自我技术手段，来审美地形塑和彻底改造自我。如此一来，生活成了一件圆融的艺术品。自我实践被用来改变自我的生存方式，并以此来抵制主导性的常态观念。关键的问题在于，要隔离习惯上内化了的社会结构和权力机制，要创造机会远离它们，进而转变它们（参见 Kögler 2004：161ff.）。

基于此，福柯（Foucault 2005）更加明确地界定了批评的作用。它质疑自我理解的界限，肯定其他体验世界和自我形式的可能。因此，应扩展自我创造的空间，在其中我们将自身作为一件艺术品进行重塑。"因此，如果控制限制了行动者的可能性范围，那么它就必须被反抗。这就是为什么福柯认为自己的哲学精神就是不断地揭露和挑战压迫。他自身批评性反抗的关键之处就在于，尽可能地确保权力游戏中掺杂最少量的控制。"（Hoy 2004：92ff.）因此，福柯的谱系学旨在通过反抗和批评为个体开辟新的行动空间。

鉴于此，个体必须批判地反思自身、自我的起源及自我所处的社会语境。这就可能开启一个阐释性的自我形塑过程。伯特·考格勒（Kögler 2004：197）形象地将这一过程描述为"反思性叙事的自我定位行为"。在他看来，福柯呼吁一种具有重大政治意义的"主体批判反抗精神"（Kögler 2004：199），考格勒（Kögler 1996）也主张"自我赋权"。行动者们应了解自身的处境，质疑那些隐藏的、含蓄的、前结构化的阐释模式，由于这些模式限制了他们体验和行动的机会，同时，他们必须培养各项技能，扩大实践范围，以便提升自主决断力。"自我赋权是一个复杂的概念，既包括自主决断——行动者能控制自身行动的能力——也包括自我实现——选择和实现其理想生活方式的能力。"（Kögler 1996：14）与霍伊（Hoy 1994）一样，考格勒也把福柯的思想与解释学传统和批判理论联系起来。他们都发现，反思性是生活世界中必不可少的组成部分。可惜的是，福柯直到晚年才在他对自我实践的分析中纳入了反思性。持续的反思工作本身可以被视为对权力结构的反抗。所以，应当揭露和克服由权威决定的经验和实践的前结构。自我实践应当培养和鼓励打破陈规。

对自我实践的强调代表着文化研究的另一个重要路径，关于这一点，学界并没有明确地提出来，所以福柯关于"生存美学"的论述未能引起大家足够的重视，不过我在《任性的艺术：文化研究作为权力的批判》一书中对他的权力分析进行了集中探讨。这可能要归咎于这样一个事实，即文化研究长期以来热衷于对流行现象的分析。其风靡全球的魅力在相当程度上应归功于它对流行现象的认真反思，以及对流行文化的多样性和复杂性如何可能的揭示。它研究大众文化对社会主体性构成和政治机构所能做出的贡献。因此，了解流行音乐和电影如何被体验和理解从而得以（或可能）发挥其政治影响，这一点非常重要。总体来说，自我实践分析仍有待进一步深入（参见Winter 1995：190ff.）。

这里需要强调的是文化研究并不排斥审美；相反，它表明在社会中存在不同形式的审美，由此而来也有不同的价值判断。"文化研究提醒我们，除了在课堂上占统治地位的种种惯习，还存在着其他不同的观点、价值、欣赏和鉴别作品的方式。"（Felski 2005：35）迪克·赫伯迪格（Hebdige 1979）以朋克为例描述了亚文化的任性美学；保罗·威利斯（Willis 1991）详细分析了日常生活的残遗美学（rudimentary aesthetics）；类似地，约翰·费斯克等人（Fiske 1989a，1986b；Winter，Mikos 2001）深入考察了媒介文化的大众审美。通过对亚文化或流行文化领域中自我实践更为集中的探讨,使上述研究更富有意义。这将有利于识别、修改和远离结构的束缚,也打开了通向前所未知可能性的方便之门。

然而,据观察,自从针对1999年西雅图世贸会议的抗议以来,文化研究日趋关注对当下政治性现象的分析。继西雅图事件之后,全球民主化的社会运动浪潮席卷了整个世界(参见Smith 2008)。文化研究从一开始就可以被视为一个政治工程,它超越了福柯的权力分析,尤其借鉴了葛兰西的霸权分析。同时,其激进的社会民主化诉求不仅由积极分子所推动和延续,而且我们能看到在政治哲学领域中出现了类似的潮流(参见Flügel, Heil, Hetzel 2004)。鉴于雅克·朗西埃提出的问题和难题与文化研究相似,因此讨论其论著可谓切中肯綮。如此一来,我们要理解关于政治性是如何从反抗和任性中衍生出来的问题就变得轻车熟路了。

政治性的出现

2012年7月,雅克·朗西埃在巴黎召开的第九届"文化研究何去何从"的会议上发表了主旨演讲。总而言之,迄今为止他的研究仍被文化研究所忽视。在《新的文化研究:理论的冒险》(Hall, Birchall 2006)这样一部颇具雄心且富有创见的论著中,它以新颖且富有启发的方式,将现有的理论及进展与文化研究的传统联系起来,在其中你可以发现对阿兰·巴迪欧(Alain Badiou)、托尼·奈格里(Toni Negri)、迈克尔·哈特(Michael Hardt)或吉奥乔·阿甘本(Giorgio Agamben)等理论家的探讨,却只字未提朗西埃的政治哲学。这种现象在另一项著名的研究杰米·吉尔伯特的《反资本主义和文化：激进理论与大众政治》（2008）中同样如此。这些令人惊讶的忽视可能主要与人们对朗西埃研究的滞后接受有关，他的研究常因其非时间性（atemporality）而被认为很怪异。譬如，朗西埃（Rancière 2002）集中考察了希腊哲学。不过，我将表明他提出的议题与文化研究方法非常契合。诚然，他关于19世纪工人运动的研究（Rancière 1981）并没有明确地运用伯明翰学派的概念形态或文化的概念，但可以肯定的是，其研究最重要之处在于回应文化研究的挑战（参见 Niederberger 2004：132）。对朗西埃而言，福柯、布迪厄，甚至德·塞托都是其重要的参考点：在对他们的研究进行批评的基础上，朗西埃确定了自己的研究路径。然而，朗西埃并未囿于民族学或民族志学的路径，与福柯一样，他的分析建基于对历史档案文献的考察。

朗西埃的研究也以唤醒特别人物的不寻常声音而著称。例如，他探讨了一群19世纪的工人，他们晚上不是睡觉或休息，而是创作诗歌和其他形式的作品。工人们通过梦幻般的时尚和追求诗意的另类生存方式，超越了日常的刻板重复，并积极地利用上述机会以此反抗占统治地位的"感性的分配"（division of sensuality）。正如朗西埃（Rancière 1981）所揭示的那样，夜间的这种超越日常工作惯例的任性行动，随后以一个短暂的反叛而告终。工人知识分子的事例清楚地表明，工人运动并没有产生匀质的经验空间。朗西埃想要捕捉不同的声音和主体性、自我理解的多种形式，并观察文化生产的关联类型，进而理解政治性是如何发展的。他坚定地相信，政治性不仅产生于造反和反叛，还可以产生于审美实践、白日梦和任性现象。"在这个意义上，朗西埃的研究可谓处在反同一性这类文化研究的最前沿。文化概念上的文化研究从一开始就遭到摒弃，同一性事物扭曲成一种意义误识的流动的、非预定的、缺乏有效组织的体系"（Ross 2009：21）。

工人诗人或工人知识分子的经验和做法能够被推广吗？或者他们代表的只是反常的少数例外？朗西埃很清楚，尽管政治性只是偶尔发生，但它的确发生并质疑现状，尤其是传统的政治形式。它主张平等条件，朗西埃将其视为一个积极的原则。必须通过斗争来达成和赢得平等，这种平等区别于消极的平等，即由统治制度确保和保护的平等。这就是为什么在现有体制下，积极的平等无法通过一种更公正的分配来实现。积极的平等打着那些未从体制获利或被体制排除在外的人民的旗号，挑战系统性的体制和政治传统。它具有暴动性，并力图摧毁各种层级的不平等。"平等的本质与其说是统一，不如说是进行归类，破除所谓的自然秩序，并用引起争议的分配方式取而代之。平等是一种力量，它处于矛盾的、分裂的和始终博弈的分配状态。"（Rancière 1995：32f.）与雷蒙·威廉斯、理查德·霍加特、约翰·费斯克一样，朗西埃也认为每个人都能够思考，具有相似的智力，能够领会自身的社会处境，并且不受其可能从属的社会地位的支配。如此一来，要求平等就意味着主动抵触组织化的权力结构，并为此进行不断地抗争。

朗西埃用"治安"（police）来表示统治秩序，这种秩序按等级分配地点和功能，并建立起它们的合法性制度。在这里，他参考了福柯（Foucault 2004）的观点，后者确认治安这一术语源自 17 世纪。治安这样的实践，包括对大众行为的规范以增强、发展和壮大国家权力（Foucault 2004：471）。它们是统治实践的必要构件。朗西埃（Rancière 2002：73ff.）在福柯的基础上更进一步，他表示早在柏拉图那里就已推崇一种洽切的、结构化的社会秩序。一切事物都应该在和谐的秩序中找到并保持它合适的位置。在他的构想中，治安和政治可以典型地融合在一块。"政治的哲学家原则在于将政治原则视为一种治安行动，这种行动决定了感性的分配，从而规定了个体和各部分自身的分配"（Rancière 2002：75）。相反，追求平等则意味着取消将人指派给特定位置和角色的秩序。朗西埃将这种民主政治的概念与治安相对。"另一方面，政治开启了这样一个独特过程，其中无数人通过表达所遭受的不公来打破这种分割的空间，并挑战事物的自然秩序，进而使隐藏在自然法则浓厚面纱下的事物变得可见。"（Poirier，Rancière 2012：123）

治安秩序带来了感性的分配，并建立起针对集体世界的社会感知、解释和分类的框架与惯习。相关的事件和实践被挑选出来，而其余的则被视为是不相干的或可轻易忽略的。于是，朗西埃（Rancière 2006：25）写道："'感性的分配'就是我所说的感性凭证的任何制度。它使共享之物的存在立即变得可见，其中的分类规定了每个人各自的位置和配给。"分配建立起一个大多数人遵循的规范。当感性的分配遭到质疑和挑战时，政治就出现了。

要求平等意味着对主导秩序及其经验形式提出异议，它也表现在感性与其自身的间距上。在这种情况下，不存在任何利益和意见之间的冲突；相反，一个政治主体形成于为了平等而拒绝被指派的边缘化位置的过程。这类"人"可以由诸如少数族裔或性取向少数群体所构成。他们在治安秩序的框架内是不可见的,且无法参与公众讨论。对朗西埃而言,政治涉及对预定位置的拒斥和祛除分类的过程。随着被压迫群体的观点的放大和为得到承认而斗争的社会运动的展开,分类好的从属身份被取消了,然而它们并没有被新的身份政治所取代。要求平等恰恰意味着质疑分配类别本身,以便不再需要区分"白色"与"黑色"。

朗西埃认为,福柯(Foucault 2004)令人信服地描述了,要反抗治安秩序,唯一的办法只能通过政治,这种政治否认指派的身份,并呼吁相应个人主体的平等。在他的解释中,政治成为一种主体化的模式。"我认为,政治主体化是一种对共享的感性和构成它的对象进行重新分类的形式,采取的方式是主体指定客体,并对它们进行争辩"(Rancière 2012:127)。政治是一个通过声明策略和示威游行加以确定的集合体。与爱德华·P. 汤普森(Thompson 1963;Ger. 1987)和其他文化研究的倡议者一样,朗西埃还假定主体、群体或"阶级"等首先形成于政治冲突中。政治场域本身没有任何预定的利益或阶级。鉴于规则是以划界和分类为基础的,那么反叛就会创造出无序并生产出基于平等的主体。它带来感性和可见的重新配置。新的集合体分享相关的框架和模式,它们确定什么是可见的,可经验的和重要的,以及应该关照的。

最近的罢工、占领运动和示威赫然表明,对朗西埃而言,政治也具有戏剧性、奇观化和即兴的特点。主体在临时搭建的舞台上操演,游戏般地上演着冲突和对立,展示暂时的和局部确定的小型个体世界的存在。集体赋权和彼此改进发展的过程，为复杂的群体动力创造出一种新的空间，同时也为个体成长提供了机会。与平等原则相一致，这里关心的不是去展示一个坚持要得到承认的特殊身份。"上演的不是一个身份，而是一种间距，是在正在演讲的'我们'与'我们'声称所代表的'人民'之间的裂隙"（Citton 2009：133）。

因此，例如占领运动就使政治舞台变得随时可用，这促进了赋权的时空过程。通过巧妙上演舞台奇观，占领公共空间和运用数字技术，它成功地吸引了人们的眼球，并将自己展示为被排除的"99%"的人群。"风靡世界、象征阴谋和无名的盖伊·福克斯（Guy Fawkes）面具，迅速散布的运动口号和标语，作为游牧生活新象征的帐篷城市，无数互联网论坛全体会议上所报道的宗教仪式，以及'人类麦克风'和直接民主等，对许多人而言，这些共同点成为适合本土的自我赋权机制。"（Mörtenböck, Mooshammer 2012：87）比例高达99%争取平等权的人群并未从金融资本主义中获益，反而深受其害。"占领华尔街"这场戏并非以那些积极参与抗议活动的人的身份上演的。相反，它通过一种主体化的反抗形式表达抗议和不满，这一主体化也意味着包括那些未参与示威者（即那99%的人群）。

朗西埃强有力地表明，民主政治只有首先摆脱了国家的治安秩序才可能得到理解。在福柯关于治理术的研究以及他由此发表的大量关于生命政治的著作中，他所关注的焦点都不是民主政治（参见 Bröckling, Krasmann, Lemke 2000）。朗西埃总结出这些作品里常常传达出一种近乎绝望的不安："我认为[福柯]缺乏对政治的理论兴趣。事实上，他对政治概念理论上的兴趣，仅在于国家权力与人口管理方式及个体生产之间的关系。对我来说，这属于治安的范围。严格地说，福柯表达了一种治安国家理论"（Rancière 2012：128）。以功能主义导向的治理术研究在很大程度上忽略了政治行动者，以及他的任性和反抗等因素。这些研究并没有设想废除"治安国家"的状态。不过，批判理论的任务就是超越当下情境和展现变革的可能性，无论它们看似多么不可能。雅克·朗西埃就是以一种非同一般的方式从事着这一项工作。

结 语

通过对文化研究的检视，我在《任性的艺术：文化研究作为权力的批判》一书中分析了权力和反抗之间的关系。这种分析旨在表明，如果我们把对各种形式的任性的接受和挪用理解为时空上本土的反抗行为，那么福柯的权力分析就更具阐释力。即便这些过程实际上并不经常发生，不过它们的确存在。它们由文化研究意义上的流行现象所构成。"人民"并不是预先建立起的范畴，而是与"权力集团"斗争的各种形式（参见 Fiske 1993）。

朗西埃表示，当前的社会运动有力地证明了，政治性现象的罕见——不过它确实会发生。他的研究阐明了民主政治如何导致了各种主体化。反抗预示着平等，然而令人吊诡的是，反抗想要积极地创造平等首先就要借助集体行动。如此看来，朗西埃的论著将有助于富有成效地推进文化研究这一项政治工程。

(张忠梅　肖伟胜　译；原载《后学衡》第 1 辑)

参考文献

Blondel, E. (1986). *Nietzsche. The Body and Culture*. Stanford University Press: Stanford.

Bröckling, U.; Krasmann, S.; Lemke, Th. (eds.) (2000). *Gouvernementalität der Gegenwart. Studien zur Ökonomisierung des Sozialen*. Suhrkamp: Frankfurt am Main.

Castells, M. (2012). *Networks of Outrage and Hope. Social Movements in the Internet Age*. Polity Press: Cambridge.

Citton, Y. (2009). 'Political Agency and the Ambivalence of the Sensible'. In: Rockhill, G.; Watts, Ph. (eds.): *Jacques Rancière. History, Politics, Aesthetics*. Duke Univeristy Press: Durham/London, pp. 120-139.

de Certeau, M. (1988). *Kunst des Handelns*. Merve: Berlin.

Deleuze, G. (1992). *Foucault*. Suhrkamp: Frankfurt am Main.

Dreyfus, H. L.; Rabinow, P. (1987). *Michel Foucault. Jenseits von Strukturalismus und Hermeneutik*. Syndikat: Frankfurt am Main.

Felski, R. (2005). 'The Role of Aesthetics in Cultural Studies'. In: Bérubé, M. (ed.): *The Aesthetics of Cultural Studies*. Blackwell: Oxford, pp. 28-43.

Fiske, J. (1989a). *Understanding Popular Culture*. Unwin Hyman: Boston etc.

Fiske, J. (1989b). *Reading the Popular*. Unwin Hyman: Boston etc.

Fiske, J. (1993). *Power Plays-Power Works*. Verso: London/New York.

Flügel, O.; Heil, R.; Hetzel, A. (eds.) (2004). *Die Rückkehr des Politischen. Demokratietheorien heute*. Wissenschaftliche Buchgesellschaft: Darmstadt.

Foucault, M. (1976). *Überwachen und Strafen. Die Geburt des Gefängnisses*. Suhrkamp: Frankfurt am Main.

Foucault, M. (1977). *Der Wille zum Wissen. Sexualität und Wahrheit. Vol.1*. Suhrkamp: Frankfurt am Main.

Foucault, M. (1993). 'Technologien des Selbst'. In: Foucault, M.; Martin, R.; Martin, L. H. (eds.). *Technologien des Selbst*. S. Fischer: Frankfurt am Main. pp. 24-62.

Foucault, M. (2004). *Geschichte der Gouvernementalität. Vol.1. Sicherheit, Territorium, Bevölkerung*. Suhrkamp: Frankfurt am Main.

Foucault, M. (2005). *Schriften. Vol. 4.* Suhrkamp: Frankfurt am Main.

Gilbert, J. (2008). *Anticapitalism and Culture. Radical Theory and Popular Politics.* Berg: Oxford/New York.

Grossberg, L. (1992). *We Gotta Get Out of This Place. Popular Conservatism and Postmodern Culture.* Routledge: London/New York.

Grossberg, L. (1997). 'Re-placing Popular Culture'. In: Redhead, S.; Wynne, D.; O' Connor, J. (eds.). *The Clubcultures Reader. Readings in Popular Cultural Studies,* Blackwell: Oxford, pp. 199-219.

Grossberg, L. (2005). *Caught in the Crossfire. Kids, Politics, and American Future.* Paradigm Publishers: Boulder/London.

Grossberg, L. (2010). *Cultural Studies in the Future Tense.* Duke University Press: Durham/London.

Hall, G.; Birchall, C. (eds.) (2006). *New Cultural Studies. Adventures in Theory.* Edinburgh University Press: Edinburgh.

Hall, S. (1981). 'Notes on Deconstructing the Popular'. In: Samuel, R. (ed.). *People's History and Socialist Theory.* Routledge & Kegan: London, pp. 227-240.

Hall, S. (1992). 'Cultural Studies and its Theoretical Legacies'. In: Grossberg, L.; Nelson, C.; Treichler, P. (eds.). *Cultural Studies.* Routledge: London/New York, pp. 277-285.

Hebdige, D. (1979). *Subculture. The Meaning of Style.* Routledge: London/New York.

Horkheimer, M.([1937]1970). 'Traditionelle und kritische Theorie'. In: Id.. *Traditionelle und kritische Theorie.* Fischer: Frankfurt am Main, pp. 12-56.

Hoy, D. (2004). *Critical Resistance. From Poststructuralism to Post-Critique.* The MIT Press: Cambridge, Ma/London.

Jameson, F. (1986). 'Postmoderne-zur Logik der Kultur im Spätkapitalismus'. In: Huyssen, A.; Scherpe, K. F. (eds.). *Postmoderne-Zeichen eines kulturellen Wandels.* Rowohlt: Reinbek, pp. 45-102.

Kögler, H. H. (1994). *Michel Foucault.* Metzler: Stuttgart/Weimar, 2. Ausgabe.

Kögler, H.H. (1996). 'The self-empowered subject. Habermas, Foucault and hermeneutic reflexivity'. In: *Philosophy & Social Criticism* 22 (4), pp. 13-44.

Lorenzer, A. (1974). *Die Wahrheit der psychoanalytischen Erkenntnis.* Suhrkamp: Frankfurt am Main.

Mörtenböck, P.; Mooshammer, H. (2012). *Occupy. Räume des Protests.*

Transcript: Bielefeld.

Negt, O.; Kluge, A. (1981). *Geschichte und Eigensinn*. Rogner & Bernhard bei Zweitausendeins: Hamburg.

Niederberger, A. (2004). 'Aufteilung(en) unter Gleichen. Zur Theorie der demokratischen Konstitution der Welt bei Jacques Rancière'. In: Flügel, O; Heil, R.; Hetzel, A. (eds.). *Die Rückkehr des Politischen. Demokratietheorien heute*. Wissenschaftliche Buchgesellschaft: Darmstadt, pp. 129-146.

Proust, F. (1997). *De la résistance*. Le Cerf: Paris.

Rancière, J. (1981). *La nuit des prolétaires: archives du rêve ouvrier*. Fayard: Paris.

Rancière, J. (1995). *On the Shores of Politics*. Verso: London/New York.

Rancière, J. (2002). *Das Unvernehmen. Politik und Philosophie*. Suhrkamp: Frankfurt am Main.

Rancière, J. (2006). *Die Aufteilung des Sinnlichen. Die Politik der Kunst und ihre Paradoxien*. B_books: Berlin.

Rancière, J. (2012). 'Die Politik deckt sich weder mit dem Leben noch mit dem Staat'. Interview mit Nicolas Poirier (2001). In: Id.. *Die Wörter des Dissenses. Interviews 2000-2002*. Passagen Verlag: Vienna, pp.123-140.

Rockhill, G.; Watts, Ph. (eds.) (2009). *Jacques Rancière. History, Politics, Aesthetics*. Duke University Press: Durham/London.

Ross, K. (2009). 'Historicizing Untimeliness'. In: Rockhill, G.; Watts, Ph. (eds.). *Jacques Rancière. History, Politics, Aesthetics*. Duke University Press: Durham/London, pp. 15-29.

Smith, J. (2008). *Social Movements for Global Democracy*. The John Hopkins University Press: Baltimore.

Straub, J.; Zorn, D.-P.; Rebane, G. et al. (2011). 'Hans Kilians Dialektische Sozialpsychologie. Ein vorausschauender Rückblick auf die Psychoanalyse als Sozial- und Kulturwissenschaft'. In: Köhler, L.; Reulecke, J.; Straub, J. (eds.). *Kulturelle Evolution und Bewusstseinswandel. Hans Kilians historische Psychologie und integrative Anthropologie*. Psychosozial Verlag: Gießen, pp. 27-100.

Tarde, G. ([1890] 2003). *Die Gesetze der Nachahmung*. Suhrkamp: Frankfurt am Main.

Thompson, E. P. ([1963] 1987). *Die Entstehung der englischen Arbeiterklasse: 2 vols*. Suhrkamp: Frankfurt am Main.

Willis, P.; Jones, S.; Canaan, J. et al. (1991). *Jugend-Stile. Zur Ästhetik der gemeinsamen Kultur*. Argument Verlag: Berlin.

Winter, R. ([1995] 2010). *Der produktive Zuschauer. Medienaneignung als kultureller und ästhetischer Prozess.* Herbert von Halem Verlag: München/Köln, 2nd expanded ed.

Winter, R. (2001). *Die Kunst des Eigensinns. Cultural Studies als Kritik der Macht.* Velbrück Wissenschaft: Weilerswist.

Winter, R. (2010). *Widerstand im Netz. Zur Herausbildung einer transnationalen Öffentlichkeit durch netzbasierte Kommunikation.* Transcript: Bielefeld.

Winter, R. (ed.) (2011). *Die Zukunft der Cultural Studies. Theorie: Kultur und Gesellschaft im 21. Jahrhundert.* Transcript: Bielefeld.

Winter, R.; Mikos, L. (eds.) (2001). *Die Fabrikation des Populären. Der John Fiske Reader.* Transcript: Bielefeld.

Zaretsky, E. (2006). *Freuds Jahrhundert. Die Geschichte der Psychoanalyse.* Paul Zsolnay Verlag: Vienna.

3 文化研究的过去和现在：斯图亚特·霍尔访谈

我们的访谈是在斯图亚特·霍尔夫妇的家里进行的。那是 2008 年 1 月 21 日早上，我既激动又充满期待。20 多年来，我一直从事文化研究以及霍尔思想的研究。我的教授资格论文《任性的艺术：文化研究作为权力的批判》（2001）重建了文化研究自 1950 年代兴起以来的发展史，分析了霍尔在伯明翰大学当代文化研究中心所发挥的关键作用，同时也特别对大众文化进行了批判性分析。作为社会学家，对我和我的研究来说，最有意义的是文化研究与社会学的关系，特别是文化社会学。

我与蔡嘉慕·阿齐佐夫（Zeigam Azizov）、伊丽莎白·内德尔（Elisabeth Niederer）一起去拜访霍尔。蔡嘉慕·阿齐佐夫是一位来自阿塞拜疆的艺术家和文化理论家，他已在伦敦居住多年。伊丽莎白·内德尔是社会学家和教育学家，她正在克拉根福大学做关于贫穷文化的博士论文。那天下午特别令人难忘，我们觉得特别有收获，特别兴奋。在霍尔家的客厅里，霍尔热情地招待我们，给我们泡茶，提供点心。与我之前遇到的一些有名的社会学家和哲学家不同，尽管霍尔在全世界享有盛誉，却是一位特别谦虚、特别能理解别人的人。他对我们的研究和我们看待事物的方式很感兴趣，想了解更多。在这样融洽的氛围中，对话和互动就特别舒服。这样的谈话特别难得，我们打心底希望能够永远进行下去。

蔡嘉慕·阿齐佐夫整理了这份访谈稿，但它只是我们那天下午谈话的一部分。斯图亚特本想对文稿进行修改，不幸的是，他没能完成这项工作。令人欣慰的是，这次访谈能够发表。斯图亚特在去世前不久同意并鼓励我们发表这个访谈。非常感谢您，斯图亚特！

赖纳·温特
克拉根福沃尔特湖畔
2017 年 7 月

文化研究的形成

赖纳·温特（下文简称温特）：斯图亚特，首先，我想问你一个我一直想问的问题。对您本人的研究和文化研究的形成来说，法兰克福学派传统有多重要？在德国，批判理论的观念经常被等同于这个学派的思想……

斯图亚特·霍尔（下文简称霍尔）：由于各种原因，法兰克福学派起初并不那么重要。法兰克福学派的大部分文本没有被翻译。而且很多人不会说德语。所以，在当代文化研究中心开创之初，我们并没有法兰克福学派的关键文本。我们不了解西奥多·W. 阿多诺（Theodor W. Adorno）的著作，也不知道瓦尔特·本雅明（Walter Benjamin）。阿多诺等人（Adorno et al. 1950）的《权威人格》是一本很好的书，但这本书不是阿

3 文化研究的过去和现在：斯图亚特·霍尔访谈

多诺的经典文本。后来，我们读过赫尔伯特·马尔库塞（Herbert Marcuse），但那是他在加利福尼亚时期的作品。我们说的是文化研究中心的早期，1960年代到1970年代早期。我们并没有太多涉及哲学。我们有从事历史学、图像艺术理论、语文学研究的人员，但没有从事哲学研究的人员。我们也思考过英国语言哲学的状况，但不喜欢欧陆的形而上学。读德国的形而上学，比如海德格尔，就会在哲学的迷雾中走失。我们没有读过太多盎格鲁－撒克逊语言哲学，比如，J. L. 奥斯丁（J. L. Austin）。后来，我们对他们都产生了兴趣。这就是早期的文化研究没有进入哲学领域的一个原因。你应该对此不会感到惊讶。当我们进入政治问题之时，我们通过路易·阿尔都塞（Louis Althusser）及其对黑格尔的批判才与哲学相遇。他对某种黑格尔哲学的批判特别深刻。后来，我们才得到他的一些书。当马克斯·霍克海默（Max Horkheimer）的著作被翻译过来之后，我们才明白，文化研究是一项多么严肃的工程。这是历史中失去的瞬间（moment）。文化研究与社会学之间的对话很多，包括德国社会学、曼海姆、韦伯，但在哲学方面就不是这样。这确实是早期文化研究的弱点，但也有优点：可以帮助逃离理论的空谈。

温特：从当代文化研究中心早期的文本看，比如《文化研究工作论文》，显然，德国文化社会学，特别是马克斯·韦伯的著作，起初备受关注。

霍尔：是的。韦伯特别重要。我们这样看待他的著作：我们把韦伯、涂尔干、马克思一起视为现代社会学的"三杰"。涂尔干和韦伯被纳入社会学的方式十分特别。在文化研究中所发生的事情是，我们是在对社会学一无所知的情况下面对社会学的。我们读过涂尔干的方法论著作、韦伯的著作和书信，但是，我们没有接受传统的马克斯·韦伯。我们也没有因循守旧地解读韦伯，我们对涂尔干的解读也是如此。例如，我们批判地解读了《自杀论》（1897；参见 Durkheim 1951），但是，激起我们兴趣的是它的政治偏向。因为我们没有接受社会学训练，所以我们无法用其他方式解读。我们唯一所用的社会学是美国的阐释传统，但是我们也对欧洲关于劳动的社会学感兴趣，而且欧洲社会学本身哲学味十足。此外，我们对韦伯感兴趣，因为他鼓励我们批评现有的还原论（reductionism）。理解韦伯的方式是多种多样的。我的理解是，韦伯特别关注与资本主义历史有关的问题，这与马克思的基本关切多有重合之处，而且韦伯还开启了很多关于当代资本主义问题的讨论。我们从中学到了一些东西。我们在当代文化研究中心所读、所教的文本是韦伯的《新教伦理与资本主义精神》（1904—1905）（Weber 1930）。这本书写道，资本主义和资本主义变革当然存在，但问题是，早期资本主义是如何占有人民的主体性的。所以，他提出了关于资本主义本质的文化问题。而且他关于新教教义对资本主义作用的分析十分有见地。当然，我们借鉴韦伯的方式不止这些，我们借鉴韦伯的观点但不是要成为韦伯。就文化研究而言，我们摘取所阅读、借鉴、汇编的一切东西为我所用。有些取自社会学，有些不是；有些取自理论，有些不是。"文化研究"是跨学科的研究领域，概念并不纯粹。

从概念上讲，文化研究一直都很弱。我的研究非常折中，这就是其中的原因。从来不是韦伯式的，也不是葛兰西式的，

3 文化研究的过去和现在：斯图亚特·霍尔访谈

也不是阿尔都塞式的。在《阅读〈资本论〉》（1965；参见 Althusser 1970）中，阿尔都塞指出："理论是完全自治的。"有一种佩里·安德森（Perry Anderson）所说的葛兰西，我并不认为他关于葛兰西的所有说法都正确。但是，我明白，我与这些人都有紧密关联，从他们那里借鉴了一些东西，例如，从葛兰西那里借鉴一些东西，也拒绝一些东西。最明显的是我借用马克思的方式：我从一开始就在马克思主义的基础上进行研究，后来才进入其他领域。人们说，你过去是马克思主义者，但是你现在已经不是了。这并不对，因为我从来都不是经济上的马克思主义者，我从来都不是经济还原论者。我从马克思那里借用一些东西，因为我认为这些东西用于分析意识形态和文化问题就足够了。发展这些大人物的理论的方式之一就是与之展开争论，从中借鉴有用的东西。在这一阶段，文化研究中心也是这样做的。

温特：直到20世纪六七十年代，帕森斯社会学理论一直在社会学领域占据主导位置。我作为社会学家，从您对他的批判中深受启发。您呈现出不必将当代资本主义社会合法化也可进行文化研究的可能性。

霍尔：是的。帕森斯社会学理论很像结构功能主义，在英国社会学中非常流行，第二次世界大战后取代美国社会学成为主流的社会学理论。英国社会学发展迅速。在英国，学者们跟随美国而不是欧洲的社会学发展趋势。因此，帕森斯特别重要。他确实赋予文化很重要的地位。他说有三种系统：社会系统、文化系统和性格系统，尽管他没有说文化是什么。他说在社会系统中有一种工作，特别是在涂尔干的著作里，你需要读《自杀论》

51

（1897；参见 Durkheim 1951）和《社会学方法的规则》（1895；Durkheim 1964），但是，不要在意他关于唯心主义文化观的东西。那么，他所说的东西中没有我们感兴趣的内容。我感兴趣的是象征符号，以及它与社会之间的联系，但他并没有相关论述。例如，对我来说，列维－斯特劳斯以及他对此类社会现象的解读很有意思，但是帕森斯处在另外一边。我必须去看帕森斯的理论，因为英国社会学在走向结构功能主义，而不是阿尔都塞的文化路线。

温特：还有其他两种不属于主流的社会学路线，对伯明翰大学当代文化研究中心的构成至关重要：阐释社会学和查尔斯·赖特·米尔斯的研究。

霍尔：我深受米尔斯的影响。我跟他很熟，在新左派时期，他经常来英国，随后他去了古巴。1962年他写过一本关于古巴的书。他也是拉尔夫·米利班德（Ralf Miliband）（现任外事大臣大卫·米利班德 [David Miliband] 的父亲）的好友，拉尔夫是一位好战分子。米尔斯是他很亲密的朋友。他骑着摩托车去过苏联。他写过一本书，名为《白领》（1951），和韦伯的《新教伦理与资本主义精神》一样重要，这是关于美国中产阶层的一本书。我对他写的另一本书《权力精英》（1956）也很感兴趣。这是在文化研究中心之前的事情。在主体性、阐释学、社会互动论、符号互动论方面，美国社会学的影响十分巨大。这是美国社会学一种潜在的传统，而且是非常重要的研究。当代文化研究中心对青年文化的所有研究工作，以及后来关于主体性的研究工作，主要是符号互动论的产物。我们把它当作"次要的传统"（the subaltern tradition）。它并不声称能够揭示全部真理，它通过不同的方法研究了符号意义问题、表征问题、主体性和社会立场等问题。这对我们的研究非常重要。没有互动论传统，《通过仪式抵抗》（1976）以及后来的《控制危机》（1978）就无法完成。

温特：您已将互动论传统与批判理论结合起来。知识社会学，尤其是彼特·L. 伯格（Peter L. Berger）和汤姆斯·卢克曼（Thomas Luckmann）的《现实的社会建构》（1966）发挥了什么作用？

霍尔：我们确实读过知识社会学。在一定意义上，我们认为知识社会学或许是更社会化或社会学化地看待文化和观念的方式。但它并不是我们真正的兴趣。我们所吸纳的观点是，任何社会行动都以意义为媒介，并不是说人们真正意识到意义是什么，而是说，任何社会行动都要受到特定的文化观念的调节。马克思最早说过，任何建筑师的价值都超过最灵巧的蜜蜂，因为蜜蜂只是按照本能来建造，而建筑师根据计划来建造。建筑师头脑中的东西与其行动一致。社会行动既包含社会维度，也包含符号维度，这就是问题的大部分内容。在这方面，美国意义上的符号互动论比占主导地位的结构主义和功能主义讲得更好。

解读大众

温特：能否请您谈谈大众文化在您研究中的角色？您写过一些非常重要的文章，对重新理解这个主题有重要贡献。您能告诉我，自 1960 年代以来，您对大众文化的看法有何变化？

霍尔：嗯，我认为（大众文化）有三个阶段。第一阶段是《大众艺术》（1964），这是我写的第一本书，是与派迪·瓦内尔（Paddy Whannel）合著的。它源自地方大众文化，写于文化研究中心成立之前。瓦内尔是英国电影学院的电影系教员。他过去是教电影的，比任何大学或学院更早开设有关电影的课程，我替他上过课。我们去过很多电影协会，这是唯一可以看到外国电影的地方。你在任何电影院都看不到。英国电影学院电影系开始设置系列课程。我教的课程是黑帮电影。抱歉，我太个人化了。我们经常探讨大众文化。每到周末，我们就听音乐，我听爵士乐，派迪听主流音乐，就在那时，我不仅知道了伯曼和黑泽明的重要性，而且也知道了约翰·福特（John Ford）的重要性。我才意识到，作为一位极其著名的电影导演，福特将西部电影塑造为一种大众风格。我们讨论过这一点，我们也讨论过爵士乐，我们更争论过摇滚，那是摇滚爆炸的年代，但派迪一点也不能忍受它。我喜欢其中的一些，但并不多。所有这些争论都引向对大众文化的理解。学校老师对其产生了兴趣。他们说，我们必须搞懂它，因为我们看电视、听音乐，但是我们对此一无所知！所以，《大众艺术》的写作目的是教学。如果你想了解西部电影，就看约翰·福特；如果你想了解流行音乐，就听流行音乐……所以，这属于伯明翰文化研究工程开始之前的那个时刻。而且，它受一个方面的限制，那就是对批评不感兴趣。那时的兴趣在于什么是好、什么是坏！弗兰克·西纳特拉（Frank Sinatra）很好听，其他歌手还可以，你知道，只是做出这样的区分就可以了。当然，现在，我们可以告诉这些老师更重要的东西，它们不仅仅是噪音。你们对阳春白雪的文学所做的研究，也可以用到这里。有好的西部电影，也有坏的西部电影，应该做出区分。这是很重要的评价工作。我认为，应该看看这些篇章是如何书写的。这或许被称为"原始的文化研究"（proto-cultural studies）。那是很早的事情。

当代文化研究中心大众文化研究工作的第二阶段是《通过仪式抵抗》（1976）、迪克·赫伯迪格的《亚文化》（1979）、媒介研究、肥皂剧研究，总之，我们对大众文化的兴趣浓厚。我认为，人们感兴趣的是两个方面：第一，人们认识到大众文化是高度商业化、高度技术化、高度市场化的文化工业。尽管如此，其中有一种共同的元素：大众的态度和情感并没有过度商业化。它与阿多诺所说的相反。阿多诺的文化工业观认为，文化工业不但影响到所有人，而且生产了文化傻瓜，完全被外界塑造。我并不认为是这样的。当然里面有情感。在肥皂剧背后的现代城市现实中，我们不再有任何可讲的故事。我每周去医院三次。在候诊室，病人们讨论《邻居们》或《加冕街》，但它们不仅仅是一个故事，其背后有很多情感元素。他们不懂精神分析，不懂心理学。他们没有激发理解的其他方式。唯一的理解方式就是讲述。第二阶段纯粹是受操纵地建构起来的，它已经进入了大众意识。如果某种东西流行起来，那么它所用的是什么感人的叙事？而且它还不是仅由制片公司所制造的叙事。

到了第三阶段，人们谈论的一种形式是快乐形式，是人们力图从堕落的形式中努力发展出来的，从人们觉得感人的、严肃的、客观的质料中发展而来的，这就有点超出文化工业了。在此之外，有人认为所有制度都是堕落的，但这并不是说人们只是空白屏幕，只按照工业所喜好的方式运转。你可以读到关于大众意识变化的东西。不管是通过堕落的中介，还是通过消费主义的中介，你必须看到这一点。对文化研究来说，此类批评很有意思。

好了，你问的是现在的状况（大笑）……我不了解现在的状况！我是说，我仍然对文化研究的上述方面感兴趣。但是，我认为大部分做文化研究的人对这方面根本不感兴趣。我不知道我能否胆敢这样说。我以为，他们更感兴趣的是分析大众文化的审美维度。他们对简单的故事进行复杂的解构，非常复杂的符号学研究，这当然没问题！这是因为，在媒介中，即使是糟糕的艺术作品（art work）也被视为艺术品（artwork）。我认为，这并没有什么问题，但是令我不安的是，这其中的利益是什么，你不必回到我们之前谈过的问题，例如，如何区分操控性元素之类的问题。我认为，他们没有回到这些问题。第二，当代文化已经被高度技术化了。在我们以前讨论当代文化的时候，它还没有被如此技术化。商业电视在1950年代来到英国，此后，形式的高度技术化、形式和意义的全球撒播就发生了。

温特：在谈论《大众艺术》（1964）以及成人教育的时候，您提到过文化研究与教学之间的关系。在一定程度上，成人教育是文化研究的开端之一。

霍尔：理查德·霍加特、雷蒙·威廉斯、E. P. 汤普森和我都在成人班教过书。不是在正式场合下，不是为了考试，不是为了考证，只是在周五晚上上课。我去过几年，教过俄罗斯小说、乔治·艾略特（George Eliot）的小说……一位80多岁的老人对我说："不错！不错！这是我第五次听《米德尔马契》！"

（大笑）……在某种自由的、非学术的情景下，谈论你的日常生活，意味着要调整你的概念、语言甚至你的整个教学方法。你谈论他们已知的东西。对我们几个人来说，那是具有重大影响的瞬间。而且，正如我在《大众艺术》中所说，它与大众形式也有关系。那么，它当然也是教学问题。它是关于如何教授未知领域的问题。在当代文化研究中心，教学问题涉及什么，你就教什么。你在周一找到关于涂尔干的重要资料，到了周五你要如何教给学生？我们真的只是在不断设计、补充。我们年纪比较大，读的东西多一些，想法多一点，但是，很多教学材料不是读社会学或人类学就能得到的。我接受的是文学训练。我从未接受过正规的社会学训练。最后，我成为开放大学的社会学教授……

温特：……而且您还曾经是英国社会学学会的主席（大笑）……

霍尔：有一个严肃的教学问题。在未得到正常教学支持的情况下，如何将研究环境设置成教学实践？学生们知道他们在同我们一起做。学生们和老师们一起写作。《控制危机》（1978）就是我与五位研究生合著的。迪克·赫伯迪格的成名作《亚文化：风格的意义》是他的硕士论文。这是一项浩大的工程，除此之外，我们不应该忘记它的语境。那是20世纪六七十年代，那时全是团队合作，每件事都是阅读小组共同完成的，师生之间没有区别。那么，传统教学、课堂教学，算了吧！按照那种教学，完全不可能做到。你可以从我的话中感觉到，这是不可思议的经历，有点冒失。但这并不是传奇。再也不可能这样做了！现在完全是不同的教学问题。

理论与介入

温特：在一些美国学者的著作中，如亨利·吉鲁（Henry Giroux）、皮特·麦克拉伦（Peter McLaren）、道格拉斯·凯尔纳（Douglas Kellner），批判性的教学被视为一种介入社会和文化领域的形式。我以为，批判性的教学和文化研究工程在这一点上紧密相关。介入的思想对伯明翰规划也很重要……

霍尔：是，绝对是！我们曾尽力找到将每一种概念发展视为介入的方法。必然是在理论领域的介入吗？不仅如此。它应该成为连接特定实践的纽带，连接在大学之外所发生的事情的纽带，或者成为连接纯知识或纯学术之外的生活的纽带。你可以在葛兰西的著作中发现这种教学观。他说，每个人都是知识分子，因为每个人都有自己的计划，都有自己想做的事情。如果你在建造一面墙，你头脑中已经有了墙的模型。这是不同的教学计划。他们不是专业化的知识分子。这是葛兰西所谓的"普通知识分子的功能"。人们如何思考社会关系？能否改变他们的理解？能否改变他们的相互理解？或者还有其他的东西？它是教学生在语境中学，它是这种意义上的介入。若将介入作为政治运动的指南，也许有人会问：你为什么在意它的概念方面，倒不如直接参加政党或政治组织，或者介入阶级斗争。我一直坚持认为，理论反思绝对是必不可少的。政治的视角当然也是极其重要的。但你首先必须到达概念层面。

当代文化研究中心有共产主义者、劳工主义者，还有一些保守主义者、社会民主主义者，以及一些批评工党的人。我坚持要求所有工作都要为作为一个团队的当代文化研究中心服务。否则，当代文化研究中心就会走偏，或者走向托派，或者走向保守派……关键在于如何对其进行反思。它必须是一种反思。但是反思仍然是纯理论的。如葛兰西所说，它必须是具体的。不仅是特定的政治运动，而且还有特定的角色，比如他所谓的"有机知识分子"。我曾说过，当代文化研究中心的目的是培养没有党派的有机知识分子（大笑）……像共产党一样，在一定程度上将体力劳动者和脑力劳动者组织成更广泛的政治架构，如何将这种党派扩大，并纳入更广泛的社会和政治架构。不仅局限在当代文化研究中心。这就是我们创办期刊、不定期发表论文的原因，因为我们想把它们推出来，超出学生文化（student culture）的限制之外。

温特：这使我想起让－保罗·萨特的思想，为了改变自身的状况，获得解放，一个人是如何理解自身状况，尤其是理解权力关系的。

霍尔：是的！你知道，萨特对我们很重要。但是，奇怪的是，我们根本没有涉及存在主义。你看过萨特的《寻找方法》（1963）吗？我对萨特关于过去的说法很感兴趣：每一个瞬间都由过去构成。未来是去总体化（de-totalisation），也是再总体化（re-totalisation）的，历史是这样发展的：过去的构成与未来有关。这就是未来的构成方式。《寻找方法》是一部非常重要的著作，而且有一段时间，我常常使用去总体化和再总体化的语言。这是完全投入黑格尔和马克思之前的萨特。在两个萨特之间存在一个有趣的瞬间。

反对被指责为"文化民粹主义"

温特：我想问您怎么评价吉米·麦克圭根（Jim McGuigan）那本挑起争论的著作《文化民粹主义》（1992）。我认为他的批判有些夸张，很不公平。文化研究的敌人喜欢它！

霍尔：是的，它对敌人非常重要，而且被没完没了地引用（大笑）……我想，我在谈论"大众"的概念时，已经说得够多了。所以，我认为他说文化研究有民粹主义取向是错误的。这与"大众"是什么以及葛兰西所谓的"大众"概念紧密相连。葛兰西说，有健全的理智（good sense），也有常识（common sense）。健全的理智是对常识的批判，常识十分混乱，但是他认为工人可能虽未觉察到资本主义，但是他们在一定程度上知道资本主义是什么东西。这就是健全的理智。我认为，文化研究不是民粹主义的，但我认为，有些研究大众文化的文化研究工程在某种意义上确实在赞颂大众。我以为，我自己对大众文化的兴趣并不是这样的。它介于大众文化的真实性与彻底的商业性之间。在我看来，麦克圭根并没有看出这些区别。

其中的第二个问题是，自起初以来，文化研究做了哪些事情？政治经济学又做了什么？经济学又怎样？首先，它是一个"编码"（code word）：马克思在哪里？哪个是好问题？什么是政治的、功能的、社会的和经济的？在这个意义上，我们将经济与文化联系在一起思考，而那时我们并不仅仅对文化理论本身感兴趣。我们对文化及其与社会批判的关系感兴趣。我认为，人们并未意识到它与今天的实践有多么不同。我们处于文化与社会、文化与经济、文化与政治（的互动）之中。它们（文化、经济、政治）三者是什么关系？这就是阿尔都塞为什么对我们如此重要的原因：不是经济结构决定一切，而是把三种实践综合起来。我们没有在经济还原论的框架下思考经济问题。我对此仍然有兴趣。我感兴趣的是，文化如何与全球资本主义相关。全球资本主义的性质是什么？全球资本主义如何嵌入文化？文化如何越来越依赖高度技术化的经济？在这三者（文化、经济、政治）的接合（articulation）中，其中任何一种都不可还原为另一种。不可以。如果你不能将其中之一还原为另一种，那你就必须考虑多元决定（overdetermination）。这些瞬间的结果，的确是多元决定的。这是早期文化研究的范式。这样，一旦你读阿尔都塞，你就会回想起这个等式：经济是最终的决定因素。他说过，即使是革命瞬间也具有某种透明度，即在意识形态、政治、社会状况下，经济变化并未被悬置。在苏联和古巴，经济没有被悬置。我认为，没有还原论和特定的反映论，谈论经济的接合是非常困难的。你没法说，经济已经全球化了，所以意识形态也全球化了。事实并非如此。这就是早期文化研究的一个重要领域，引发了威廉斯所谓的"文化与社会"问题。

关于接合与决定的复杂问题在某一点上发生了断裂，所以，这个问题就变成了不同的文化理论问题。文化理论开始按照自己的方式运行。在这个瞬间，天知道经济在哪里！这个瞬间与如下高深理论的发展紧密相关：结构主义、后结构主义、解构主义、精神分析等。这些激进的高深理论的大爆发改变了我们的大脑。这是一个文化转向。但是，这个瞬间已经逝去。这是一个在文化框架内谈论经济的瞬间。当人们离开文化谈论经济的时候，他们无法理解它。就接合与文化而言，没有接合的文化演进是不可能的。

这就是我此刻为什么不太喜欢文化研究的原因。我们仍然可以找到从全球化的角度谈论它的方式。文化如何超越这个范围？在20世纪八九十年代，我们沿着这条线索，但是现在我们处于绝对意义上的后理论状况。我并不是说，从事理论研究不可能了，而是说，从一种理论生产出另一种理论已经不再可能了。文化与意义的理论关系密切。我认为，客观世界中的万事万物并没有将其意义镌刻在它们自己身上。桌子、图片并非自然存在之物。说一个对象并不存在，并不是说我是一个康德主义者。我只是创造了它，但是依据文化系统，我们必须通过与意义的关系与之互动。它无法超出对象世界，因为它自身是由某种实践建构而成的。你无法从表征返回参照物，因为它并非像一片金属一样真实存在，它不是这样的。这不是返回完全受限制的世界，但是你不能说，世界上没有参照物。在看《阅读〈资本论〉》（1970）的时候，我就明白了这一点。在这本书中，阿尔都塞问道，我如何知道这种理论正确与否？理论是没有保证的。我不相信文化中的简单的再现观——通过语言或符号的形式，但我同样不相信文化就是最终的世界。它是被建构的。如同在比赛中一样，当人们打球时，他是在打板球还是踢足球？这取决于人们打球时所用的不同动作，它与将板球和足球区别开来的比赛规则有关。人们问，话语在哪里？它在其所在！他们是追着真实的球跑动的真实的人。最终，接合是由话语和意义所建构的。这是对你关于经济问题的一个很长的回答。为了理解经济，你总要找到文化，找到不同的东西。

我常常称之为"第三条道路",但在该死的托尼·布莱尔(Tony Blair)之后,我就不再这样称呼它了!

艺术、流散与移民

温特:在您最近的著作中,艺术占据重要的位置。您能否解释一下,您的研究方式为什么做出这么大改变?当今艺术具有哪种功能?

霍尔:过去十年来我一直在研究视觉艺术。我也写了一些东西,但是大部分与政治有关。我写了一篇关于托尼·布莱尔的文章,名为《新工党的双重洗牌》(2003),深入讨论了此类特殊问题。但是我很少写别的东西。我在组建……我组建了国际艺术协会(Iniva),刚刚开放。我在两家视觉艺术组织任职:国际艺术协会和签名黑人摄影师协会(Autograph Association of Black Photographers),与年轻的艺术家们一起工作。今年,我已经退休10年。这些年来,我一直与视觉艺术对话。我对其知之甚少,但是我一直对图像、艺术都感兴趣,而且受过文学训练。但是我不是视觉艺术方面的专家。这种改变部分与我想在有生之年做些不同的事情有关,因为我觉得,大的理论时代已经结束,我想有所改变。退休之后,我想做些不同的事情。

我之所以喜欢艺术,是因为艺术关涉真实世界,真实世界无法直接通过经验理解。艺术源于真实经验,但又不同于真实经验,而是以符号形式呈现。它与文化相似:为了使万事万物可以理解,文化必须远离经济。我认为这是艺术的原理。除此之外,在1990年代,我感兴趣的是艺术的多样性,因为我对身份、后殖民主义、黑人流散以及其他方面的问题感兴趣。我对视觉艺术的兴趣十分广泛。在视觉艺术方面，我所做的具体工作是拓展我早期关于流散、身份的研究，将自己带入另一个领域。我从中收获颇多。我关于身份的许多文章认为身份不只是一种事物（one thing）。在关于多元文化主义的争论中，我认为，我已经明确地扩大了身份的概念。也就是说，人不是永远固定的，而且他们的生活脚本也不是永远被其传统所书写。事实上，文化传统不是固定的，没有本质。人来自别处，他们受到不同的影响，许多人从不同的角度被解读，如同身份一样，文化不是稳定的。

在此语境下，我会说我感兴趣的不是根源（roots），而是路线（routes）。与此同时，我通常还对自己的出身问题有兴趣：我所出身的加勒比海文化的本质是什么？是不是非洲（文化）？是不是非洲在新世界中变化而成的（文化）？我一直在思考。它是如何被当代全球进程所改变？非洲如何影响加勒比地区？加勒比如何受英国、西班牙和葡萄牙影响？这种文化的本质是什么？没有根深蒂固的文化根源，而是混杂（hybridization）的问题，是克里奥尔化（creolisation）的问题等。对我来说，这都是很重要的问题。

但是现在！现在是后多元文化主义、后殖民主义、后伊拉克……对许多人来说，身份似乎又固定下来了！我们又有很多研究工作要做！我认为，我所说的没错，但是当下的情势（conjuncture）将这些研究工作置于新的批判框架内。我总是说，在流散情况下，文化可以选择，或者前进或者防卫性地退守，既免受种族主义之苦，也不会担负多种身份。

为了理解当下的情势，尚需做很多研究。我对自 15 世纪以来的资本主义的抽象规律不感兴趣。我感兴趣的是工业资本主义与全球资本主义之间的区别。从经济、政治、社会方面看，每一种情势的转变都在重来，而我们现在正处于这个瞬间！

现代化与全球化

蔡嘉慕·阿齐佐夫（下文简称阿齐佐夫）：您刚才说的很有意思的一点是，理论如何能像"工具箱"一样被使用，以新方式来理解一些旧概念。您已提及流散和多元文化主义随着时代的变化而变化。我自己对移民范式的兴趣与之相似。在 1990 年代，我的处理方式非常不同，但自"9·11"事件以后，自俄罗斯富翁寡头移民伦敦之后，移民的概念好像开始转变。移民者不再是穷人，而是千万富翁。我的问题与您在 1980 年代的撒切尔主义现象中所用的概念有关：逆向式现代化（regressive modernization）。您能否解释一下这个概念，它与我们现在的状况有何关系？

霍尔：我用"逆向式现代化"这个概念所要表达的意思是，撒切尔主义现象已被明显地纳入新自由主义的现代极端变种，但同时在社会层面发生了一场向威权主义立场倒退的运动。我认为，你不能仅以撒切尔处理社会民主终结、福利国家所采取的方式将其简单地称为反动的人物。撒切尔所采取的唯一方式是向后退，退到亚当·斯密（Adam Smith），退到过去，使其在新语境下发挥作用。我认为，在 1980 年代，这是一个非常重要的瞬间。我说过，这是反对老右派的论战。她无法容忍老右派，同时她又喜欢传统仪式。在入侵福克兰岛的时候，她喜欢派遣海军旧部去作战。这是一个非常奇怪的组合，倒退和前进的矛盾组合。但是，在历史上多见吗？我不知道这种维度是什么：以传统价值观之名跳出现有框架向后退。没有其他种类的价值观。但是又不能靠直接革命完成。这就是撒切尔主义时代的有趣之处。

我还没有想过它现在是什么，真的。现在我们在另一个逆向式现代化的瞬间。在思考撒切尔主义时，我大部分是根据英国民族政治对其进行界定的。它是英国政治新情势的开端，这其实是一个全球现象。它是福利国家的终结。但是若没有找到新资源，譬如全球化生产、全球消费、全球投资、全球军事地缘政治，福利国家也不可能终结。这个瞬间就是开端，我们知道，里根和撒切尔共同开启了一种新情势。我现在从更加广泛的全球化语境下解读撒切尔主义，与之前稍有不同。我对全球化问题十分关注。

阿齐佐夫：您能否谈一下关于全球化的新关注点？

霍尔：我认为，资本主义的内部动力机制已基本在全球范围内进行了重组。资本主义自始至终都是如此，如马克思所说，资本主义的目的就是创造世界市场。不论市场的社会组织形式终端为何，它都是资本市场的开端。在获得所在地方准许之前，你就可以在拉丁美洲、在中国进行贸易。这是全球化的另一个瞬间。当代资本主义的演进必定走向全球化情势。它从1970年代末开始，我们现在正在其中间。所以，我说，文化研究需要自我反思，因为在新的治理情势下，文化有一种特殊的功能。

全球化的第二个方面由两个瞬间构成。一是我所谓源自上层的全球化，二是源自下层的全球化。源自上层的全球化是指目前的国民生产，比如，莫桑比克的工人每天工作只为了挣一美元。人们问，英国制度发生了什么变化。它已经走向全球！这种制度现在已跨越无限空间，接合而成时空压缩！时间和空间的凝缩完全是一种新的瞬间。这就是源自上层的全球化。源自上层的全球化的文化意义就是现代化。每个人都成为现代商品市场的一部分，信息应该传播到任何角落；每个人迟早都要放松，穿牛仔裤、运动鞋；每个人都应当去街角的麦当劳，全世界的食物都被麦当劳化。大体上讲，全球化还有其文化功能。当布什说，你和我们一样行走，和我们一样做爱，和我们一样做梦，梦见我们，梦见曼哈顿！我想，这是现代化。

但是，这样的可能性总会发生，因为在一个更加多姿多彩的世界里，中心不止一个。同时，令人震惊的是，为了增加经济机会，人们被迫背井离乡，离开他们的居住地。例如，他们通过媒体得知其他地方的机会，他们就说，"我为什么要待在这里，我什么时候可以去加利福尼亚"。所以，人们一直在流动，有的将自己置于人贩子之手，有的加入性产业。这类全球流动的人口就是迈克尔·哈特和托尼·奈格里在《帝国》（2000）中的乌合之众、难民、移民、居住在临时营地里的人，几乎一生都生活在临时营地，哪里也去不了。这种人口流动就是源自下层的全球化。这导致的结果就是我所谓的"本土现代性"（vernacular modernity）。它受到的限制更多，来源有限，只能实现并使之成为新世界的一部分，但也必须与之保持距离。这是全球化的另一番景象。在关注多元文化主义、流散、身份等问题时，我思考这些事情的出发点就是本土现代性，而不是均质化（homogenization）。我认为，全球化是一个矛盾的系统，根本没有一个全球，根本不可能。在全球范围内发生的任何事情，都是这个矛盾系统的运作平台，但是它在阿富汗、巴西、印度或纽约有完全不同的运行方式。马克思称之为不平衡发展。

温特：人们也对"别样现代性"（alternative modernity）进行过激烈的争论，讨论过用不同方式变成现代的可能性，十分令人振奋。劳伦斯·格罗斯伯格刚写过这方面的东西。

霍尔：这也是一种可能性！实际上，没有人想按照老样子生活，人人都想要一点现代性。在理想的世界里，你原本能够得到印度版的现代性、中国版的现代性，我们确实有这些。它们被压缩成霸权系统的一部分。这种运动结果真的就是所发生的事情。我不认为，现代化是终结，我不认为它是成功的，我不认为它将构成霸权，"现代的"（the modern）不同版本不断地自我彰显。非洲变成现代的方式与中国变成现代的方式不一样，我想，这就是它应该如此而已，但是这些形态将受到侵略、征服、中立化等方面的考验。朝这方面发展是极其可怕的趋势。

温特：目前知识界讨论的另一个重要概念是世界主义及其在跨民族的、21世纪的世界中的作用。例如，乌尔里希·贝克的说法是"世界主义的社会"（cosmopolitan vision of society），而且他提出过不同的概念，主张一种"生根的世界主义"（rooted cosmopolitanism）。

霍尔：若你说的世界主义是世界文明、世界和平、康德式命令（Kantian imperative）的话，那么我就不太相信它。我认为，世界并没有向某种世俗版本的制度演进。我认为，（造成）差异部分是历史原因,部分是发展原因,部分是语言原因,部分是文化原因,部分是政治原因,部分是经济原因。即使是在一个星球运行之内,事物之间彼此相连,但它们仍然彼此不同。差异是真实持久地存在着的。并不一定永远存在,但能持续很长一段时间。在多元文化主义之中发现差异、找出可协商的差异,或者在政治伊斯兰教或基督教福音派中找出原教旨主义的差异!但是,我认为你无法清除这些差异。在这种意义上,乌托邦式世界主义的概念就不是对差异问题的介入。这不是去说服美国或英国,在一国之内(如阿富汗),任何易于识别的事物都有其传统和宗法。西方政治体制将持续存在下去。但是,你的意思是,全球化已经造成了每个地方对每个其他地方的觉察意识。在民族这个箱子内,你无法再创造任何现代生活,大家都彼此了解。我想,这就是我所谓的"本土世界主义"(vernacular cosmopolitanism)。这就是所谓的接受差异。我相信这种世界主义。源自上层的世界主义,大部分根源于资本主义企业家的能力,也是资本主义的后果,当人们在不同的大洲都拥有房产,他们不知道,他们所做的和与其处于同样位置的人所做的一模一样,他们不会说外语,因为人人都说英语!我认为这种世界主义不会奏效!它只是全球文化的新霸权。而且我认为,赋予其一个乌托邦式的名字就是让我们忘掉世界上不断增加的不平等。

温特:与之紧密相关的一个概念是跨民族的市民社会(transnational civil society),它能够开创一个新的全球民主领域。不受限制的市场关系和民族国家的政治受到批判和挑战。有各种乌托邦式的可能性,有各种形式的全球抵抗。它明显是一个哈贝马斯式的概念。

霍尔：哦，是的，我知道！我知道它来自何处！我对"全球市民社会"感到怀疑。你知道，我确实读过一些当代理论，我读过吉奥乔·阿甘本：真正全球性的是"赤裸生命"（bare life）。很多人未受到法律保护，没有人道主义关怀，得不到分配制度的照应，没有个人生活，真是悲剧！我认为，"全球市民社会"这个概念太过乌托邦，太过乐观，也太过以西方为中心了！

（李开　译，陶东风　校；原载《文化研究》第 34 辑）

参考文献

Adorno, T. W. et al. (1950). *The Authoritarian Personality*, New York: Harper & Row.

Althusser, L. et al. (1965). *Reading Capital*, London: New Left Books.

Berger, P. L. and Luckmann, T. (1966). *The Social Construction of Reality. A Trea- tise in the Sociology of Knowledge*, New York: Anchor Books.

Durkheim, E. (1951). *Suicide: A Study in Sociology* [1897], Glencoe: The Free Press.

Durkheim, E. (1964). *The Rules of Sociological Method* [1895], Glencoe: The Free Press.

Hall, S. and Whannel, P. (1964). *The Popular Arts*, London: Hutchinson Educational.

Hall, S. and Jefferson, T. (eds.) (1976). *Resistance through Rituals. Youth Subcultures in Postwar Britain*, London: Harper & Collins.

Hall, S. et al. (1978). *Policing the Crisis: Mugging, the State and Law and Order*, London: Macmillan.

Hardt, M. and Negri, T. (2000). *Empire*, Cambridge (Mass.): Harvard University Press.

Hebdige, D. (1979). Subculture. *The Meaning of Style*, London: Routledge.

McGuigan, J. (1992). *Cultural Populism*, London: Routledge.

Mills, C. W. (1951). *White Collar: The American Middle Classes*, New York: Oxford University Press.

Mills, C. W. (1956). *The Power Elite*, New York: Oxford University Press.

Sartre, J. - P. (1963). *Search for a Method* [1957], New York: Alfred A. Knopf.

Weber, M. (1930). *Protestant Ethics and the Spirit of Capitalism* [1904-1905], New York: Scribner.

Winter, R. (2001). *Die Kunst des Eigensinns. Cultural Studies als Kritik der Macht*, Weilerswist: Velbrück Wissenschaft.

4 反思文化研究

引 言

在我看来，我的文稿是"复兴文化研究"的必要组成部分（Smith 2011）。文化研究时常招致人们的批评，他们的理由是，它缺乏一整套研究方法的有效路径（参见 Cruz 2012: 257）。为了反驳这一点，我将展示在文化研究中的质性研究（qualitative research）方法的共同点。为了达成某一特定目标，其中有着可使用和共同作用的一系列理论、观点和方法。我们生成不同形式的质性数据，旨在用来分析当前的特定情势。提出研究的问题，对问题予以回应并生产出有用的知识。在此背景下，是时候对批判性方法论、质性研究方法和数据分析方法进行深入讨论了。

文化和权力的情势分析

文化研究的跨学科方法，通常是将人文社会科学不同的学科视野整合起来，用来分析生活经验、社会实践和文化表征等,从权力、差异和能动性角度来看,上述这些处于网络状的或互文的链接之中。从文化研究的早期衍生到发展成形,其旨趣就是平等、民主和解放(参见 Williams 1961)。它不是去分析孤立的实践或事件,而是试图彻底还原文化过程(Grossberg 2010)。每一项实践都与其他的实践相关联。实践的聚合是情势的一部分,也是话语、实践、权力技术和日常生活的交汇点(Grossberg 2010:25)。情势和语境都在变化。文化研究正是对这些变化做出回应。它是一种坚定的、承载着智识-政治的实践,这缘于它企图描绘文化过程的复杂性、矛盾性和关系特性。它想要生产出(政治上的)有效知识以便理解情势的难题和问题。它希望帮助人们反对和改变权力结构,以促成激进民主关系得以实现。

文化研究通向文化的路径不是将其视为一个子系统或领域,而是认为它渗透并建构了社会生活和主体性的每个方面。从这个角度看,文化因此不归属于单一个体,也不必对它们做出区分,而是一种媒介,借此共享的意义、仪式、社会共同体和身份得以产生。位于"内部文化"的研究者(Couldry 2000)必须考虑在 21 世纪的全球化时代,现实所呈现的复杂、矛盾且多层次的脉络(context)。经由文化研究产生的知识应该提升那些日常生活中行为的自反性(reflexivity),它由权力关系形成,并由一种再现的话语秩序所建构,向他们揭示了改变受限制的、受压抑的生活境况的可能性。

尽管理论可以帮助探究和阐明语境,但仍不敷使用。要理解一种情势,只有采用一种跨学科路径方才可能。这种定位可能导致一种基于不同方法的复杂理论工作,它旨在仔细地描述和分析话语和实践活动（参见 Grossberg 2005）。它也可以包括质性的经验研究。自从伯明翰文化研究（Birmingham Cultural Studies）首先使用和发展质性方法以来（参见 Willis 1977，1978），在文化研究的情境下，质性数据分析的核心特点就是对特定语境中的经验、实践活动和文化文本之间的关系进行理论的和实证的检验。研究者必须建构或重构这一脉络。

关于文化研究中的调查研究活动，我们可以在言语数据和视觉数据之间做出区分。言语数据主要通过质性访谈、小组讨论或叙述等方式生成；分析和解读媒介文本（如照片、电影、肥皂剧等）则是视觉数据的主要生成方式。经验、实践和文本这三重文化研究的聚焦点带来了对其数据分析的不同方法论取向，自文化研究伊始，它们三者之间的相互关联性就宰制了研究的方法。它的奇异性和创造性关涉相互背书和彼此强化，也会涉及产生摩擦的起因，这缘于不同理论和方法论上的选择，以及它们是否被有效地运用（Saukko 2003；Johnson et al. 2004）。

例如，关于媒体接受和挪用的质性实证研究，一方面有着一个现象学–诠释学的焦点，因为它处理的主要是以言语数据形式呈现的文化经验，旨在理解不同社会情境中经验和实践的"生活现实"。就拿我持续数年对恐怖电影的接受所开展的民族志研究来说，我意识到这种实践活动是被嵌入不同情境且非常多样化的（Winter 2010，1999）。我与我的研究小组整合了各种不同方法：参与观察法、叙述法、传记式访谈法、小组讨论法、电影和报纸分析法、现场记录法和田野日志法等。为了让各种不同形式的接受实践活动情境化，有必要检视受众在所处生活圈中的生活方式、社交活动和社会关系。受众对媒介或特定媒介类型的使用和挪用,形成了一种特殊的媒介文化。存在着一个由恐怖电影粉丝组成的(国际性的)社交界,这是再清楚不过的事实。这种基于文化研究和符号互动论的民族志方法,弥补了这一领域中许多研究的不足。一旦研究者着手研究特定文本,且针对成问题的文本或类型主要聚焦于文本－受众互动时,问题便出现了。在开展民族志田野调查中,我冀望对这一粉丝文化进行"深描"(Geertz 1973)。这种对恐怖电影粉丝社交界的民族志研究主要基于对言语数据的分析,这种分析表明粉丝们的经验和惯行是多么不同且具有多样性。所以,他们在一个独特的社交界中成长发展,积极地参与这个世界的建设,将情绪管理技巧与社交界的情境联系起来。正如米歇尔·马费索利(Maffesoli 1995)所言,粉丝们的经验、情感投入和他们的运营网络(如粉丝俱乐部)等,这些明显的标识表明了存在着一个"新－部落"(neo-tribe),这个"新－部落"是一个审美和情感的共同体。这一理论陈述了这样一个事实,即后现代生活的日常事务("情势")可以通过对众多的地方理性主义和截然对立的价值观的表达来进行区分。

对文本接受和挪用的社会政治背景的分析,比如描述媒介接受得以达成的脉络,或是把握由越来越多媒介之流所编织的全球网络,必须具备一种现实品格。此外,对媒介文本(视觉数据)的分析常采用的是结构的或解构的方法。我们通过揭示潜藏在文本二元逻辑中的文化价值,通过检视用于结构媒介现实的话语框架,或者通过公开媒介文本之间的互文关系(这一点凸显了我们的知识和现实经验的中介特性),就可以推断出一部影片或电视剧的逻辑。

　　文化研究的特点是集中分析生产过程和数据分析中引起的紧张、矛盾和冲突，同时在不同视角的连接处偶尔产生令人意外的洞见。研究过程的"拼贴"（bricolage），依解决的问题而定的不同方法和理论的三角关系，表明了该研究传统已与实证主义议程相决裂。该研究的目的显然是要产生一些有关世界"事实上"发生了什么的假说或理论，如果它是"真实的"，那么我们就可以通过有条不紊地对（确凿的）数据进行生产性和控制性分析来予以查证。此外，文化研究表明，研究的问题、方法和旨趣有着社会的、政治的和历史背景上的特征。在研究中，现实不能被"客观的"分析，而研究本身构成了现实的一部分，现实借由社会性（共同）生成和（共同）建构起来。由于研究者的方法论和写作风格没有反映现实，那么不同的方法产生并呈现出对现实不同的数据和观点便合乎情理。因此，视角的特殊性越明显，就越要重视它们对现实的不同建构。我们所获得的知识往往受社会性和政治性局限，这就要求研究者必须对体现自身思想的话语和立场持有一种批判性的质疑态度。不过，其目的是要明白语境关系的复杂性。

　　从认识论的角度来看，文化研究像实用主义或社会建构论那样支持反客观主义的知识观。它总是针对由局部的和历史性形成的特定语境（Grossberg 2010）。其知识对象并非独立于研究而存在，相反这些对象是由研究（共同）建构的，它们是偶发的、理论上的对象建构。唐娜·哈拉维（Haraway 2004）对自认的"偏好"（partiality）进行了定义，她既描述了时间的、物理的和社会的因素对研究的限制，以及由意识形态、利益和欲望所引发的动机，也描述了权力结构中的定位。这种退让与这种方法区别开来，因为它并不企图追求传统意义上的"客观性"，而是寻求对话、反身自省和自我理解。所以，自从英国在成人教育中开展文化研究以来，就激发学生们去反思他们自身的生活状况、社会背景和个人发展，并把这些反思带入他们的研究之中，以便用这种方式来解释他们所处的社会地位以及与研究对象之间的关系（Winter 2004）。

然而，对所采用方法的立场、知识的情境化和局部化的确认，并不意味着文化研究采用还原论的方式，更不是要放弃对严谨研究和系统知识的要求。与之相反，研究者要根据研究问题，将各学科的理论路径和方法相结合，以便采用多层面的、复杂的方式去建构研究对象。"……从一开始，文化研究的任务恰恰是要开发一些方法，去处理那些以前从未做过的事情。"（Turner 2012：53）在理想情况下，要从不同理论和方法的对话中多角度分析文化实践和表征（Kellner 2009）。这就暴露并回避了单一方法论或学科方法的必然局限。文化研究要求对研究构想和研究成果有共同的反思，同时为了达成对数据生成和分析的不同角度，它要求超越单一方法论或学科方法，这样才能运用其他方法，甚至将它们整合在一起使用（Johnson et al. 2004：42）。这里没有给"怎么做"留下任何余地，即在文化研究领域中，没有任何可用的步骤或其他严格的规范化程序的列表。该方法激进的互文性特点，要求研究者运用生成质性数据的恰当方法来审慎地建构（重构）特定语境，进而去把握它。

在研究过程中，有反身自省的意识是基本要求。只有这样，研究者才可以明白他们的时空定位如何在研究中起作用。甚至与其他人的对话也强化了反身自省的要求。所以，文化研究的新方法完成了"操演转向"（performance turn）（Denzin 2003）。当研究者对文化进行研究或记述时，他们认识到文化是在矛盾和冲突中进行的"操演"。"反身自省操演"和（自我）民族志是最新的质性研究的焦点。

反抗的视角

在英国新左派的背景下，文化研究一开始就考察社会的权力结构及其转变的多种可能。承续安东尼奥·葛兰西对霸权的分析（Gramsci 1971）和对流行文化的反思，尤其是米歇尔·福柯对现代权力的分析（Foucault 1977，1979），"反抗"成了文化研究的一个基本概念。尽管这一概念备受指责，但在对生活经验和惯行的分析中，它仍然扮演了一个非常重要的角色。它之所以仍然如此重要，是由于文化研究认为，在社会和文化不平等语境中的文化和传播流程是权力结构的一部分。此外，它的视角始终是下层阶级、服从者或边缘化族群，这一视角指示并分析来自社会的痛苦和世界的不幸，但同时也揭示了乌托邦和社会转型的可能（Kellner 1995）。

因此，"反抗"成为20世纪八九十年代批判性介入理论与研究实践的核心范畴，这丝毫不令人意外。恰恰是在文化和媒介文本的日常使用中，在对它们的接受和（生产性的）挪用中，反抗实践和创造性的"任性"（创造自己感觉的能力）的踪迹和特性才得以发现。对媒介文本的解读不同于它们当初是如何预期的，而是被读者用于表达他们自己的观点（Winter 2001）。所以，问题就来了，这种对权力的反抗到底能达到什么样的程度？在当前情势下，它应该被赋予什么样的意义？这种反抗（仅）具有象征性吗？抑或它也能产生一个"实际的"效果？当然，在方法论层面，要去把握日常经验的创造性和反抗性成分，事实证明很困难，这是缘于它们一直被统治精英的话语所知会和建构。通常，对媒介文本复调特征的分析可以洞察颠覆性解读（subversive readings）的可能，这种解读方式旨在反对迎合主流意识形态。

对反抗的早期研究并未真正显示出存在着一个统一的惯例，继而产生出一套程序，不过文化研究的核心面向已清晰可辨：它的（激进）语境论（contextualism）（Grossberg 2009, 2010）。只有当反抗实践发生和它们共同建立的语境（重新）建构起来时，它们才能得以理解。所以，保罗·威利斯可以在他的经典民族志研究《学做工》（1977）中展示出，"小伙子们"即工人阶级的男孩子是如何创造活跃的、叛逆的反文化的，这种文化不喜欢学校的中产阶级规范，而以颠覆性方式规避它。诚然，他们的创造性实践拒斥了教育社会化的无聊与异化，但并未导致"现实"权力结构的转变，因为对那些接受不良教育的"小伙子们"来说，离开学校后他们没有别的选择只能去干体力活。因此，他们的抗议，只是他们主观上所感觉的自由，这反而让他们积极地参与到社会不平等的再生产之中。威利斯通过对当地一所学校进行民族志调查（参与观察法）并分析了与"小伙子们"的访谈和讨论，最终才得出了这一结论。他通过研究他们的观点和他们是如何反抗的，发展出一种有关社会不平等再生产的社会学理论，并将其应用到自己的民族志调查结果之中。

贾尼思·拉德威（Janice Radway）在她同样著名的《阅读浪漫小说》（1984）一书中，采用综合方法进行多层次的编排，并历史性地反思了小说的叙事分析和读者视角的实证研究（言语数据），作者据此推断，对浪漫小说的接受首先要不受其内容的支配，才有可能对女性有本质上的积极意义。她认为定期的激情阅读和忘情阅读，尤其可以帮助女性远离社会义务和日常关系，从而在日常的家庭喧嚣中营造出属于她们自己的一片天地，另外，她们期望这是一个专属家人相聚的空间，并与她们各自的自我实现相连。更进一步，拉德威通过文本分析表明了浪漫小说是如何提升女性感受性并与父权统治秩序（patriarchal order）相对抗的。事实证明，阅读相对标准化的浪漫小说这种表面上无害的做法是任性的，并导致了一种充满活力的、反抗性的亚文化的形成。不可否认的是，拉德威认为渗透在家庭和社会关系中的现实父权结构并未被改变。反抗甚至有助于强化它们的宰制。

文化研究对反抗的分析关注的是从属群体的实践活动和日常经验，乍一看这些都很琐碎且微不足道。它们的独特性，特别是它们如何反抗现实的权力结构，均在文化研究中予以检视。虽然在文化研究的阐释中，意识形态和霸权文化传达出主体与世界之间的关系，但他们知道，这些仰赖他们实践性知识的结构是他们抵抗的必要前提。然而，一般来说，这种反抗只停留在臆想中，所以徒劳无效。

在方法论上，要认真对待日常经验和惯行。例如，要进行深度访谈和小组讨论并予以分析。应当承认，研究者将言语数据情境化，运用福柯著作中的权力分析、葛兰西的霸权理论或其他的方法，这些理论方法旨在处理文化和权力的关系，实际上也就决定了这些数据资料的意义。在这种背景下，经常会招来这样的批评，即研究者理论上的基本观点阻挠了他的反身自省。因此，他不可能意识到，例如在他分析"现实的"权力是如何结构的时，由于他自己的理论预设，最终只能得到一个抽象的外形（Marcus/Fischer 1986：81ff.）。不可否认，这是所有实证研究因允许理论预设而导致的盲点，因此威利斯和拉德威均遭到了批评。在新近的一些民族志讨论中，有时会有一些略带夸张的批评：研究者从自己的理论视野中，比从被检视的对象群体中获益更多。这种批评首要针对的是约翰·费斯克（Fiske 1989），他被认为是"反抗范式"最重要的代表人物。对许多人来说，他对在"生活世界"（Lebenswelt）中发挥能动可能性的分析所得出的结论太过乐观。

在对当前流行现象的分析中（Fiske 1989），他很好地利用了福柯（Foucault 1977）对权力与反抗的区分。"反抗"可以在特定的历史情境中出现，这种情境与话语结构、文化惯行和主观体验相连。追随米歇尔·德·塞托（de Certeau 1984），费斯克也把后现代日常生活设想为一场持续的战斗，这场战斗在"强者"的策略和"弱者"的游击战术之间展开。在资源利用上，有诸如媒介文本和其他消费对象等系统可以被利用。日常行动者试图独自地确定他们的生活条件并表达自己的喜好。因此，他不仅对促成社会再生产的挪用过程感兴趣，而且也关心隐秘的消费，在德·塞托（de Certeau 1984）看来，消费是意义的制造（fabrication）和生产，也是一种享受。消费者利用这些是为了让他们自身的问题变得更清楚明白，并且（也许）可以促成文化和社会的逐步转型（Winter 2001）。

在费斯克（Fiske 1994）的分析中，他对麦当娜（Madonna）从《虎胆龙威》（*Die Hard*，1992）到《拖家带口》（*Married... With Children*，1987—1997）等影视剧中的表演进行了批判性解构，其目的是揭示这些通俗文本所蕴含的多重意义的潜力，这种潜力是由观众根据他们特定的社会和历史状况而有区别的实现的。他运用结构主义（对叙事符码的结构分析）和后结构主义方法（对风格的分析）揭橥了媒介文本的不一致、不完整性、矛盾的结构或复调特征，他盘算着通俗文本是如何与后现代情势的特定现实紧密相连的，以及它们是如何通过不同意识形态的表达来阐明社会差异的。正如我的研究结果所显示的（Winter 2010，1999），参与观察法所检视的文本接受和挪用与对访谈的分析成为社会实践，它们根据语境去锚定，其中作为对象的文本并未预先确定意义，意义是在社会经验的基础上产生出来的。通过结合不同的方法和数据分析形式，费斯克（Fiske 1994a）成功地揭示了发生在特定时空中文化惯行的情境独特性和意义。要特别指出的是，他的后期研究（Fiske 1993，1994b）企图决定 1990 年代的美国情势，从而成为激进语境论的最佳例证。

与拉德威和威利斯一样，费斯克所询问的问题是，这些符号战可能有什么超越当前语境的意义。正如费斯克（Fiske 1992）有关麦当娜著名且引发强烈争议的研究所显示的，一种明摆着的批评意见是，由于反抗的媒介消费未能改变父权的权力结构，所以这种反抗是无效的。以这种方式进行争辩，意味着无论如何都会忽略这一方面，因此费斯克对此没有申张。此外，对他来说，更重要的是去认真考虑作为麦当娜粉丝的意义、粉丝的主观视角，以及（尤其是在他后来的研究中）处于特定背景中的文化经验和惯行的独特性。他根本不主张对权力结构的泛化或直接转换。诚然，费斯克也不得不接受这样批评，即作为一个研究者，他假装了解所检视惯行的意义，要胜过检视自身的意义。

通过从不同观点看取现象并对不同数据形式的分析，费斯克的后期著作试图逃离这种困境，这样一来，方法论工具对他者的经验应该更为敏感（Saukko 2003：55ff.）。例如，传记式访谈和叙事被用于理解研究对象的文化状况（参见 Winter 2010）。对通俗文化现象的分析要采用尽可能多的角度（Morris 1998），以便揭示与主流意义结构相抗衡的不同形式的符号战，同时揭示这些斗争所造成的差异（discrepancies）和冲突。这些任性的或反抗的做法是否具有更广泛的系统性影响，许多人对此深表怀疑。所以，对一种特定的局部反抗能够产生何种具体影响，以及这又如何影响在社会生活不同领域中的其他经验、事件和惯行（Winter 2001），都必须予以检视。此外，对处于多个局部情境中的经验、惯行和话语进行分析，从其结果中就可以揭示出从属和反抗的不同形式（Saukko 2003：40ff.）。在文化研究中，对颠覆性媒体消费的分析起到了进一步的作用，即使与之相关的乐观希望不再是反思的中心。

在当前对文化研究的讨论中，各种主题都得到了关注，从媒介奇观（Kellner 2012）、文化工业（Hesmondhalgh 2007）、体育运动（Giardina/Newman 2011）到本土声音（Denzin/Lincoln/Smith 2008）等。一般来说，问题是在地方性情境下发展起来的，为分析选择特定的"对象"会产生出特殊视角下特定情境的知识。虽然如此，核心的目标是要建构不同的语境和理解特殊情势及其存在的问题和冲突（Grossberg 2010）。由于历史和地理的突发事件，它们会影响全世界的文化惯行和文化环境，这就形成了民族性或区域性的各种文化研究传统，在其中，文化既未获得与语言同等的地位，也没有被当作一个民族或区域的"本质"来对待，而是被视为一个开放的、经常陷入困难的、多音调的和关系性的过程（Frow/Morris 2003：498）。

文本和语境分析的视角

文化研究力图从尽可能多的角度分析文化过程，以便揭示建构这一过程的框架和话语、我们的研究策略，以及我们对日常生活的理解。"图绘田野"（mapping the field）（Johnsohn et al. 2004：31）是每一种文化研究至关重要的一步。研究者必须熟悉与他的研究主题相关的特定理论框架或方法。他的定位是跨学科的。他从不同学科那里挪用多种理论和方法，建构出特定的语境及其问题。在此过程中，研究者必须弄清楚那些由历史、政治和社会所形成的承诺、关切和概念。

文化研究中数据分析的一个核心方法论特征是，它不是将文化文本作为分离的实体，而是将其置于语境背景中加以检视。它关心的是具有社会、历史或政治背景的文本和话语如何表达。从一开始，它就拒绝了传统的马克思主义观点，即文化首先只有在主流意识形态的框架下才能被把握。最重要的是，斯图亚特·霍尔著名的编码-解码模型（Hall 1980）强调，在对新闻节目的生产和接受中存在着为了展示事件的意义而进行的斗争。媒介文本成了不同社会群体之间论辩的场所，他们希望申明属于他们自己的对世界的诠释和观点。

因此，对质性数据的符号学和结构分析起到了重要的作用。符号是多义的，具有一系列不同的语义重点，从文化研究的角度来看，能指与所指之间的联系主要受政治驱动。媒介文本，比如众所周知的对詹姆斯·邦德（James Bond）的研究（Bennett/Woollacott 1987），就是将其置于互文性情境之中，以便克服符号学和叙事分析往往流于形式的弱点，这主要是针对原初文本。相反，作者分析了"在特定阅读条件下文本之间关系的社会组织"（Bennett/Woollacott 1987：45）。阅读的社会语境建构了文本的意义。鉴于文本的和社会的语境，由于通俗文本的社会意义是被置于复杂的社会和文化权力的背景下予以分析的，所以对这些文本的分析日趋加深和复杂。例如，道格拉斯·凯尔纳（Douglas Kellner）检视了《电影大战》（2010）中，在布什-切尼时代，右翼言论、军国主义和种族主义如何在流行的好莱坞电影中得以表达。他还表明了有一些电影在批评这一体系。此外，亨利·吉鲁（Giroux 2002）通过对有关种族、性别、阶级和性征的影像与话语的批判，解构了好莱坞电影中的表征政治（the politics of representation）。

视觉媒体数据的研究表明，细读方法已从文学批评领域转移到对电视连续剧的解读中，由于与媒介效果研究形成对照，对媒介文本文化意义的分析成了核心议题。然而，从一开始，这里的研究对象并没有被视为是孤立的、分离的，而是处于交互的（inter-）情境关系之中。文化研究的激进语境论（Grossberg 2009）假定文本与实践的意义只能由更复杂的社会和文化权力的关系所决定。

因此，关注点转变为研究对象的符号学"环境"，以及媒体和社会生活时空情境之间的关系（Frow/Morris 2003：501）。这是因为，诸如媒介文本对丑闻的报道被置于当代美国奇观化媒介文化的背景之下（Kellner 2012）。文化文本在网络中与一种文化和社会的惯行相连，它们在其中得以发动或修正。

我们从文化研究的研究活动中所获得的一个基本洞见是，解释总是不同的，每一个文本常常有几种可能的用途。约翰·弗罗姆和米根·莫里斯（Frow/Morris 2003：506）写道："结构总是在使用中的结构，我们不能提前控制其用途。"因此，从文化研究的视角看，对媒介文本的解读不存在任何"正确"或"真实"的说法。媒介文本不是独白式的，它们不是完整的实体，而是符号和意义的复杂星丛（constellation），这导致了在每一种社会背景里，人们对它们有着不同的，甚至相互矛盾的解释和理解。它们的社会存在是一个开放的、未完成的过程。在这一背景下，研究者的解读必须被限定，必须被置于语境联系中加以考虑。

因此，贾尼斯·拉德威在她的《阅读浪漫小说》中提到，她将受过文学批评训练的读者的解读与那些推崇此文类的粉丝的解读相对照。她的目标是尽可能地去全面研究那些与这种通俗类型相关的女性经验和惯行。因此，她把对文学文本的分析与对量化的和质性的数据（经由问卷调查、小组讨论和访谈等产生）的分析结合起来。此外，她还将精神分析和女性主义的理论立场引入讨论中。理论和方法之间从容的对话有助于她克服纯文本分析的局限，同时有效地展示文本如何在解释共同体中被不同地理解和体验。

就所关切的媒介文本的分析而言，结构主义解释策略起初在文化研究中占据主导地位。最重要的是，罗兰·巴特的《神话学》（1972）和弗拉基米尔·普洛普、安伯托·艾柯、热拉尔·热奈特的叙事学分析，它们都对通俗文本的分析提供了方法论基础。因此，对社会意识形态和背景的结构分析被置于语境之中。文类分析作为一种情境化的研究策略（Johnson et al. 2004：163ff）是针对互文性的，因为它检视电影如何重演、变异或引入新的元素到文类的惯例之中。此外，对一种文类在文化和政治层面的检视是通过语境中彼此相关的文本形式和接受惯行来进行的。电影类型的流行是与观众一起创造的，他们喜欢事件的可预见秩序，同时对被纳入其中的变化感到惊奇。人气势必与时间和地点、与媒介文本置身其中且提供故事的社会和文化背景相关。在日常情境中，这些故事可以导向个人化叙事。一个研究的重要问题是，文类以什么方式保持其趣味性，使它能成功地维持、改变观众，或者重新获得观众的青睐。

文化研究的其中一个目的，是要考虑在文本的生产情境及与其相连的经济关系情势下，它如何进行谋划。这种谋划是在一种更为广泛的文化情境和社会权力关系的背景下完成的。因此，文本和语境之间的紧张关系占据着中心舞台。媒介文本成了更大文化形态的精彩瞬间。

因此，在后结构主义的方法中，在社会情境中，多义的潜能、不同解读的可能性与矛盾性得以实现。为此，伊冯·塔斯科尔（Tasker 1993）展示了动作片不只是简单地复制男性主导思想，它们也戏弄这些范畴，甚至鼓励对它们进行批判性解读。所以在文化研究的框架中，文本是情境化的，而研究者所探讨的文本、经验和实践之间的传统分类常常被废除。

为了检视政治霸权的过程，我们会侧重于对政治演讲施以"细读"的方法，以便揭示通俗文化和主导文化之间的勾连。因此，对小的文化单元进行分析（比如布什和布莱尔针对反恐战争的演讲）可以洞察复杂的战略权力关系（Johnson et al. 2004：170-186）。对他们的演讲的细读表明，两位政治家在区别善与恶时带有强烈的道德色彩。正是由于他们对权力稳定和军事战略的辩护，在这里上述媒介文本才能被解读。

然而，这仅仅是众多方法的一种。文化研究的一个特点是其方法上的"偏好"，该方法允许与其他人对话，并讨论有关对象建构和开启阅读的问题。唐娜·哈拉维写道："客观性被证明是特定的、具体的体现，而绝不是允诺超越一切界限和责任的假象。寓意很简单：只有局部的透视才会有客观的看法。"（Haraway 2004：87）因此，对数据的详细分析可以表明，在文化生产和一种通俗文类传播和接受的单一情境时刻，复杂的文化和社会的争辩潜藏其中，同时包含了快乐（越轨）和意义建构的可能性。例如，费斯克（Fiske 1994a）表明了，在一所天主教大学上学的青少年观众在对《拖家带口》的接受中，是如何促使他们去反思自己与不在场的父母之间的关系的。但这仅仅是文化上意义和快乐传播特定的一小部分，它围绕着如此这般的后现代情景剧的生产和接受而展开。

后现代媒介文本的特性很早就被界定出来，它们是从可用的媒介文本档案馆中借用而来的，主要在它们循环参考的语境中被理解——而不是作为未被媒介建构的"原初现实"的参考文献（Denzin 1991）。因此，像《天生杀人狂》（Natural Born Killers，1994）这样颇具争议的电影，运用媒体影像，以及媒体提供给我们的有关连环杀手的知识，对自我进行了批判和反思。然而，并不是所有人都具备后现代的感受性，能够将电影视为对媒体暴力的戏仿（parody）。因此，文化研究强调，每一种解读都必须情境化且具有政治性。具有时空特性的文本和惯行知识，必须总是处于特定语境中的知识。对通俗文化的研究表明，文本和惯行是特定人群在特定地点和特定时间的表现（Jenkins et al. 2002）。因此，媒介文本的意义永远不能最终确定。在通俗文化场域，当消费者和研究者在他们自己的社会生活和文化身份的语境中去理解文本时，其意义就会增殖并变得多样化。在文化研究的框架下，与媒介文本打交道的个人经验往往是批判性分析的起点（Johnsohn et al. 2004）。因此，接下来要探讨以自我反思的方式所确定的解释和这些解释限度的社会基础。

后结构主义取向的文化研究作品，也采用谱系的和解构的分析方法（参见 Saukko 2003，Chapter 6 and 7）。福柯（Foucault 1977，1979）的谱系学分析可以揭示我们的看法、我们的想法和我们对问题的描述，抑或我们的科学真理，是如何从历史背景和特定的社会、政治进程中发展而来的。因此，我们所了解的自己、我们的社会和我们的历史形象永远不是完整的或独立自洽的。这些形象仍然与它们得以出现的社会惯行相连。谱系学分析试图理解我们文化的媒体实践，这种实践既让我们与他人分享，也塑造了我们今天的形貌。

解构主义使对媒介文本内在逻辑的批判性分析成为可能（参见 Bowman 2008）。因此，在这些隐藏的价值、意识形态预设和文化等级的背后，二元对立得以被揭示和探讨。更进一步，解构式阅读揭示了媒介文本的意义在本质上的不确定性，这些文本由一种差异的无限嬉戏构成，对其的接受是在不同语境下以多种解读方式展开的。因此，解构性的文化研究也具有介入的特点。它旨在"揭露组织起文本的潜在的'结构性'前见（preconceptions），并展现其所压制的自由状况"（Denzin 1994：196）。

自我民族志和新形式的民族志

在对接受和挪用过程的分析中，民族志研究视角在文化研究中脱颖而出。不过与此同时，一般来说，这并不意味着为了生成社会学和人类学的质性数据，需要进行一种广泛的民族志田野调查，而是说要（短期）采用参与观察法去检视处于现代和后现代生活中的文化惯行。这应该使探究意义传播的方法成为可能，由此进入文化传播之中（Johnson et al. 2004）。此外，民族志的视角往往与自传式的元素相连。

例如，伊恩·昂（Ang 1985）在对《达拉斯》（*Dallas*, 1978—1991）所进行的研究中，把她对女性观众反应的分析与自己对这部连续剧的评价勾连起来。对研究对象的个人亲和力，甚至是作为一名粉丝的确切事实和反身自省，都是文化研究过程的重要资源。"我作为一名粉丝的经历，连同任何其他的可用来描述通俗惯行领域的反应，以及它们对社会和政治立场的表达，都是批判性研究的原材料和起点"（Grossberg 1988：68）。

正如上文已提到的，对研究过于理论性的批评，表明了研究者的理论观点胜过所研究的生活现实，这导致在文化研究界兴起了对新的研究策略的讨论和发展，这些新策略应该更宜于对生活经验和现实的检视。因此，研究者自我与他者的视角，以及研究对象之间的对话，就被赋予了重要的意义（Lincoln/Denzin 2003）。研究者的世界不应该从外部来描述，而应从不同世界之间的互动或汇合来操演，其中，他者的视角由于其积极的贡献应尽可能地被理解为是"真实可靠的"。因此，研究者必须首先弄清楚到底是什么妨碍了自己去理解他者的世界，诸如那些看恐怖电影或听帮匪说唱之类的经验。为了意识到自身理解框架的局限性，就需要研究者具备对陌生和完全不同经验世界的感受性。鉴于此，文化研究的研究者要强调他们所承担的道德责任，尽可能地公平对待他者的世界。研究者和受试者之间的对话应该成为可能。如果做到了这些，偏见肯定会减少，个人理解的局限性也会被克服。从参与者的视角来看，这恰恰应该是一种更切合生活经验纹理的途径。

在此背景下，自我反思是这种新的民族志形式的一个重要特征。研究者应该仔细地反思自身的处境、自己承担的社会和政治义务，以及自己的理论前提，以便找到更易进入受试者世界的入口。因此,反身自省并不意味着有关世界的"真实"知识是可能的(Haraway 2004);相反,它显示出我们的世界观的局限性,甚至有可能展现出对我们自己和他者的世界的不同解释。在批判性自我民族志的形式中,反身自省有助于研究者检视哪些事件和社会话语确定了自身的经历(Bochner/Ellis 2002)。反思的这一过程经由新的写作形式而变得完整(Richardson 2000)。以这种个人的、文字的和实验的新途径,它们展现了研究者经验的多重面向,这种经验并不合理,它所关切的是他者的(媒体)世界。

因此,在21世纪的全球媒体世界中,文化研究框架下的民族志实践被证明是一种道德话语(Denzin 2010),它使(不确定的)生活和媒体经验可资利用,并且能够洞察社会和文化不平等的(新的)形式。更进一步,即便是日常存在的权力关系也应该被质疑。"具有更充分参与意愿的研究旨在利用研究过程本身,赋权给那些被研究者"(Johnson et al. 2004:215)。

此外,在民族志研究里所捕获的田野中的多重声音也很重要。生活经验应该由不同的声音来描绘,以避免代表了经验"真相"的单一声音,这样才能恰当地把握个人经验的特性(Saukko 2003:64ff)。在研究成果的展示中,它涉及研究者声音与他者声音之间的交互。考虑到自传式经验会导致研究成果的展示具有实验性,甚至可能成为一场经验和惯行的"表演"(Denzin 2003,2010)。比如在质性媒体研究中,这种方法论上的重新定位被赋予了重要意义。一方面,对话关系呼吁研究者对其自身的媒体经验和惯行、喜恶偏好进行挑战;另一方面,那些指出了各种有问题的媒介消费形式的报告者,也应该像那些发展出自己观点的人一样被认真对待。此外,他们还被要求把这些带入情况介绍之中。研究者不扮演独立观察者的角色。他更多扮演的是一位支持同伴。像他的研究合作伙伴一样,他的主体性是通过现代社会中的媒体实践,特别是通俗文化来辨识的,在研究过程中他应该明白这一点。"通俗文化的矛盾……恰恰是因为它的意义、效果、影响和意识形态不能被板上钉钉地确定下来。作为消费者和批评者,我们同这种意义的增殖做斗争,恰恰是为了让我们弄清楚我们自己的社会生活和文化身份。"(Jenkins et al. 2002:11)

我业已表明,在研究恐怖电影的接受和挪用过程中,我整合了不同的方法,以便分析接受和挪用的微分过程(differential processes),以及确定观众赋予自身实践的意义。据此,观众,特别是恐怖电影粉丝,可以把他们的生活现实描述得尽可能的真实可信,并被当作研究过程中的受试者予以认真对待。在新闻或学术论述中,恐怖电影粉丝主要被表现为负面形象。他们通常被描绘成孤独的偏执狂(obsessive lone wolfs)或心理失常且脆弱的人。由于这个原因,问卷调查的目的是从他们自身的视角来描述他们的文化惯行。我很快就发现,将自己置身于恐怖电影,特别是学术研究少有涉猎的暴力电影之中很有必要,这样才能开展此研究。我曾撰写了一本日记,记述了我观看这些电影时最初的惊吓和负面体验。我努力观看了这一类型中最重要的电影,这对我来说毫无愉悦可言。不过,只有在自己亲身体验这些电影之后,我才能理解粉丝们的做法。

以问题为中心的访谈和小组讨论的第一阶段是令人失望

的。我意识到，因为粉丝们认为自己是学术研究的纯粹对象，所以他们不想谈论私人的和禁忌的经验。此外，他们相信自己不会对这项研究有深刻理解，而且，这项研究将被用来反对他们，正如在其他调查中的情况一样。为了获得他们的信任并与他们建立起对话关系，这是一项很乏味的工作。只有当我开始谈论自己观看恐怖电影的亲身经历，并且讨论我对他们的态度时，他们才对我敞开心扉。一旦发生这种情况，随着时间的推移，我们之间就会建立起一些个人的，甚至友好的关系。在明了他们自身的个人状况和经历的背景下，我现在已经能理解他们的文化惯行。

持一种反身自省的态度使我能够反思自己的假设和构想，并让我对新的体验持一种开放的心态。如果缺少这一点，就无法深入地理解粉丝们的生活现实。我甚至就我的问卷调查结果与他们进行了深入探讨。他们意识到调查中他们自己的观点，并且很感激这些观点没有被褫夺。在这一民族志研究期间，我意识到自我民族志是实证研究的一个重要组成部分。投入自己的亲身经历中，这可能成为理解不同经验和实践的基础。只有保持对话的意愿，才能达到理解他者观点的目的。质性研究涉及受试者，因此包含了道德承诺。总之，现实生活的本质要求研究者必须公正对待受试者的观点。

即使在民族志这种新形式中，对不公正社会形态的批判性分析仍然是重心（Denzin 2009; Niederer/Winter 2009）。应该揭露这些不公正现象，并从不同的角度予以分析，同时检视改变的可能性，并提高那些研究对象的能动性。总而言之，文化研究领域的批判教育学的目的在于,将知识奉献给这场斗争，以改善那些受到社会不公平影响的人的生活（参见 Kincheloe/McLaren/Steinberg 2011）。

结　语

　　长期以来，文化研究中没有任何对方法论和数据分析的明确讨论。其实践者拒斥学科的界限，运用和整合不同知识领域的理论、观点和方法，以便使人文科学和社会科学之间实现跨学科的对话与协作。为了写作本文，我考虑了不同方法论上的注意事项与路径。在最近的 10 年中，研究者已经开始讨论质性方法及其方法论上的问题。这可能与如下事实相关，即跨学科取向的研究本身形成了一些学者所认可的学科。不过，文化研究仍然忠实于它的起源，寻求把对权力的批判与介入和民主变革的机会联系起来。文化研究总是被用于分析和理解语境。因此，它没有发展出一种普遍的理论，它所应用的方法取决于各自的问题。对个体文化元素的分析包含了它与其他文化元素及社会力量的复杂关系。

　　文化研究在广泛的文化与社会分析框架里进行质性研究，其理论和模型的开发是作为对社会问题与特定情境和情势中的问题的回应。文化研究的取向既是建构主义的，比如在语境的生产中，又是批判性的，比如在对权力关系的分析中。斯图亚特·霍尔认为，其目的在于"使人们理解什么正在进行，尤其是给他们提供思考的方式、生存的策略和反抗的资源"（Hall 1990：22）。

　　　　　　　　　　（王琦　肖伟胜　译；原载《后学衡》第 1 辑）

参考文献

Ang, Ien (1985). *Watching Dallas. Soap Opera and the Melodramatic Imagination*. London: Methuen.

Barthes, Roland (1972). *Mythologies*. London: Cape.

Bennett, Tony & Woollacott, Janet (1987). *Bond and Beyond. The Political Career of a Popular Hero*. London: Macmillan Press.

Bochner, Arthur P. & Ellis, Carolyn (Eds) (2002). *Ethnographically Speaking. Autoethnography, Literature, and Aesthetics*. Walnut Creek, Ca.: Altamira Press.

Bowman, Paul (2008). *Deconstructing Popular Culture*. New York: Palgrave.

Couldry, Nick (2000). *Inside Culture. Re-imagining the Method in Cultural Studies*. London/Thousand Oaks/New Delhi: Sage Publications.

Cruz, John D. (2012). 'Cultural studies and social movements: A crucial nexus in the American case'. In: *European Journal of Cultural Studies*. Volume 15, Number 3, June: pp. 254-301.

Denzin, Norman K. (1991). *Images of Postmodern Society. Social Theory and Contemporary Cinema*. London/Newbury Park/New Delhi: Sage Publications.

Denzin, Norman K. (1994). 'Postmodernism and Deconstructionism', in: David Dickens/Andrea Fontana (Eds) *Postmodernism and Social Inquiry*. London: UCL Press, pp. 182-202.

Denzin, Norman K. (2003). *Performance Ethnography*. London/Thousand Oaks/New Delhi: Sage Publications.

Denzin, Norman K. (2009). *Qualitative Inquiry Under Fire. Toward a New Paradigm Dialogue*. Walnut Creek, Ca.: Left Coast Press.

Denzin, Norman K. (2010). *The Qualitative Manifesto. A Call to Arms*. Walnut Creek, Ca.: Left Coast Press.

Denzin, Norman K. & Lincoln, Yvonna S. & Tuhiwai Smith, Linda (Eds) (2008). *Handbook of Critical and Indigenous Methodologies*. London/Thousand Oaks/New Delhi: Sage Publications.

Fiske, John (1989). *Understanding Popular Culture*. London/Sidney/Wellington. Unwin Hyman.

Fiske, John (1992). 'British Cultural Studies and Television' in: Robert C. Allen (ed) *Channels of Discourse, Reassembled*. Durham/London: Duke, pp. 284-326.

Fske, John (1993). *Power Plays-Power Works*. London/New York: Verso.

Fiske, John (1994a). 'Audiencing: Cultural Practice and Cultural Studies', in: Norman K. Denzin/Yvonna S. Lincoln (Eds) *Handbook of Qualitative Research, First Edition*. London/Newbury Park/New Delhi: Sage Publications, pp. 189-198.

Fiske, John (1994b). *Media Matters. Everyday Culture and Political Change*. Minneapolis/London: University of Minnesota Press.

Foucault, Michel (1977). *Discipline and Punish: The Birth of the Prison*. London: Allen Lane.

Foucault, Michel (1979). *History of Sexuality. An Introduction*, vol. 1. London: Allen Lane.

Frow, John & Morris, Meaghan (2003). 'Cultural Studies', in: Norman K. Denzin/Yvonna S. Lincoln (Eds). The Landscape of Qualitative Research. Theories and Issues. London/Thousand Oaks/New Delhi: Sage Publications, pp. 489-539.

Geertz, Clifford (1973). *The Interpretation of Cultures*. London: Hutchinson.

Giardina, Michael D. & Newman, Joshua L. (2011). 'Cultural Studies: Performative Imperatives and Bodily Articulations', in: Norman K. Denzin/Yvonna S. Lincoln (Eds). *The Sage Handbook of Qualitative Research, Fourth Edition*. London/Thousand Oaks/New Delhi: Sage Publications, pp. 179-194.

Giroux, Henry A. (2002). *Breaking in to the Movies. Film and the Culture of Politics*. Oxford: Blackwell.

Gramsci, Antonio (1971). *Selections from the Prison Notebooks of Antonio Gramsci*. Q. Hoare und G. Smith Nowell (ed. and tr.). London: Lawrence & Wishart.

Grossberg, Lawrence (1988). *It's a Sin. Essays on Postmodernism, Politics & Culture*. Sidney: Power Publications.

Grossberg, Lawrence (2005). *Caught in the Crossfire. Kids, Politics and America's Future*. Boulder/London: Paradigm Publishers.

Grossberg, Lawrence (2009). 'Cultural Studies. What's in a Name', in: Rhonda Hammer & Douglas Kellner (Eds). Media/Cultural Studies. Critical Approaches. New York. Peter Lang, pp. 25-48.

Grossberg, Lawrence (2010). *Cultural Studies in the Future Tense*. Durham/London: Duke University Press.

Hall, Stuart (1980). 'Encoding/Decoding', in: Stuart Hall/Dorothy Hobson/Andrew Lowe/Paul Willis (Eds). *Culture, Media, Language*. London: Hutchinson, pp. 128-138.

Hall, Stuart (1990). 'The Emergence of Cultural Studies and the Crisis of Humanities'. *October* Jg. 53, pp. 11-23.

Haraway, Donna (2004). 'Situated Knowledges: The Science Question in Feminism and the Privilege of Partial Perspective', in: Sandra Harding (Ed). *The Feminist Standpoint Theory Reader*. New York/London: Routledge, pp. 81-102.

Hesmondhalgh, David (2007). *Cultural Industries. An Introduction*, 2nd edn. London et al.: Sage.

Jenkins, Henry/McPherson, Tara/Shattuc, Jane (Eds) (2002). *Hop on Pop. The Politics and Pleasure of Popular Culture*. Durham/London: Duke University Press.

Johnsohn, Richard & Chambers, Deborah & Raghuram, Parvati & Tincknell, Estella (2004). *The Practice of Cultural Studies*. London/Thousand Oaks/New Delhi: Sage Publications.

Kellner, Douglas (1995). *Media Culture*. London/New York: Routledge.

Kellner, Douglas (2009). 'Toward a Critical/Media Cultural Studies', in: Rhonda Hammer & Douglas Kellner (Eds). Media/Cultural Studies. Critical Approaches. New York. Peter Lang, pp. 5-24.

Kellner, Douglas (2010). *Cinema Wars. Hollywood Film and Politics in the Bush-Cheney Era*. Oxford: Wiley-Blackwell.

Kellner, Douglas (2012). *Time of the Spectacle*. Oxford: Wiley-Blackwell.

Kincheloe, Joe & McLaren, Peter & Steinberg, Shirley R. Steinberg (2011). 'Critical Pedagogy and Qualitative Research. Moving to the Bricolage', in: Denzin, Norman K. & Lincoln, Yvonna S. (Eds). *The Sage Handbook of Qualitative Research 4*. Los Angeles et al.: Sage, pp. 163-178.

Lincoln, Yvonna S. & Denzin, Norman K. (Eds) (2003). *Turning Points in Qualitative Research*. Walnut Creek, Ca.: Altamira Press.

Maffesoli, Michel (1995). *The Time of the Tribes. The Decline of Individualism in Mass Society*. London et al.: Sage.

Marcus, George E. & Fischer, Michael M. (1986). *Anthropology as Cultural Critique. An Experimental Moment in the Human Sciences*. Chicago: University of Chicago Press.

Morris, Meaghan (1998). *Too Soon Too Late. History in Popular Culture*. Bloomington: Indiana University Press.

Niederer, Elisabeth & Winter, Rainer (2010). 'Poverty and Social Exclusion: The Everyday Life of the Poor as the Research Field of a Critical Ethnography', in: Norman K. Denzin/Michael D. Giardina (Eds).

Qualitative Inquiry and Human Rights. Walnut Creek, Ca.: Left Coast Press, pp. 205-217.

Radway, Janice A. (1984). *Reading the Romance. Women, Patriarchy, and Popular Literature.* London/New York: Verso.

Richardson, Laurel (2000). 'Writing: a Method of Inquiry', in: Norman K. Denzion/Yvonna S. Lincoln. *Handbook of Qualitative Research, Second Edition.* London/Thousand Oaks/New Delhi: Sage Publications, pp. 923-948.

Saukko, Paula (2003). *Doing Research in Cultural Studies. An Introduction to Classical and New Methodological Approaches.* London/Thousand Oaks/New Delhi: Sage Publications.

Smith, Paul (Ed). (2011). *The Renewal of Cultural Studies.* Philadelphia: Temple University Press.

Tasker, Yvonne (1993). *Spectacular Bodies. Gender, Genre and the Action Cinema.* London/New York: Routledge.

Turner, Graeme (2012). *What's Become of Cultural Studies?* London et al.: Sage.

Williams, Raymond (1961). *The Long Revolution.* New York: Columbia University Press.

Willis, Paul (1977). *Learning to Labour: How Working-Class Kids Get Working-Class Jobs.* Westmead: Saxon House.

Willis, Paul (1978). *Profane Culture.* London: Routledge and Kegan Paul.

Winter, Rainer (1999). 'The Search for Lost Fear: The Social World of the Horror Fan in Terms of Symbolic Interactionism and Cultural Studies', in: Norman K. Denzin (Ed). *Cultural Studies. A Research Volume* No. 4. Stamforf, Co.: JAI Press Inc., pp. 277-298.

Winter, Rainer (2001). *Die Kunst des Eigensinns. Cultural Studies als Kritik der Macht.* Weilerswist: Velbrück Wissenschaft.

Winter, Rainer (2004). 'Critical Pedagogy', in: George Ritzer (Ed). *Encyclopedia of Social Theory*, Vol. 1. London/Thousand Oaks/New Delhi: Sage Publications, pp. 163-167.

Winter, Rainer (2010). *Der produktive Zuschauer. Medienaneignung als kultureller und ästhetischer Prozess.* Second enlarged edition. Köln: Herbert von Halem.

5 平等理念与质性探究

引 言

诺曼·邓津（Norman Denzin）在他的开创性著作《质性宣言：战斗的号令》中呼吁进行质性研究，其目的是为参与研究的受试者赋权。最典型的表现是，他们经常遭受来自晚期资本主义异化和不平等状况的痛苦。因此，在研究情境中，他们应该有机会去解决自己的问题，反思他们所处的情境，并探索以新的方式来进行重新设计的可能性。邓津热切地呼吁要竭尽全力地支持一个由社会正义理想主导的研究过程。

> 作为世界公民，我们不再被要求只是解释世界，这是传统质性探究的使命。今天，我们的使命是改变世界，以道义的方式改变世界，同时庆祝自由的和充分的、包容的和参与式的民主。

羞辱性和压抑性的社会关系理应得到认识，并改变其影响。为此目的，对个体而言，处理、表达和践行他们所处的情境就变得很重要，而研究者的任务是去鼓励他们塑造自己的命运。记住这一点，就不会把研究者误认为是这样的专家，即他想把知识传授给那些并不拥有它的人。相反，在与研究者的对话中，研究主体应该通过学习为自己和他人讲述和表演自己的处境来认识自身的处境。如果这种赋权成功了，它随后可能会导致他们生活上的改变。不公正的社会生活状况可以受到质疑、批评和改造。

邓津（Denzin 2010）也看到了质性研究与政治行动主义（也可称为"政治激进主义"）之间的紧密联系：

> 我们的愿望是创建一个道德上负责任的议程，该议程具有如下目标：
> （1）它将受压迫者的声音置于调查的中心。
> （2）它通过调查来揭示和改变行动主义的场所。
> （3）它用探究和行动主义来帮助人们。
> （4）它通过让决策者听取批评意见并采取行动来影响社会政策。
> （5）它会影响探究者生活中的变化，从而成为他人改变的榜样。（p.103）

他强调所有研究的政治特性。质性探究应有助于世界的积极变化，使其变得更加民主和公正。

> 但我们坚定地支持这样一个信念，即受社会想象力启发的批判性质性探究可以使世界变得更美好……批判性学者……致力于创造新的方法，使批判性质性探究成为自由民主社会运作的中心。（Denzin 2015：41）

自 2005 年以来举办的质性探究大会（ICQI）也致力于实现这一目标，并为研究者提供了一个重要的论坛，他们将自己的工作与促进社会公正的伦理动机结合起来。如果我们将这次会议与同样致力于质性探究的柏林方法论研究中心（Berliner Methodentreffen）的年度活动相比较，就不难发现，同样在柏林，这些活动也为研究路径和方法的多样性提供了一个空间。参与者应该有机会接触和学习这些方法，其主要目标是促使他们在其学习和职业生涯中进行有效和成功的研究。柏林的不同之处在于，通常情况下，人们对研究的政治性质关注太少。在那里，社会正义根本不是讨论的主题，而政治激进主义则是一个触及禁忌的话题。在这一背景下，我想在下述内容中深化和充实始于美国厄巴纳-香槟分校（Urbana-Champaign）的改革运动的批判性观点。

批判性社会研究的基础和新视角

批判性社会研究以前主要由法兰克福学派、西奥多·W. 阿多诺以及其他人来进行，这与保罗·拉扎斯菲尔德（Paul Lazarsfeld）传统中的管理社会研究有所区别（Adorno 1977：707ff.）。对阿多诺来说，批判是其社会学方法的基本要素，具有科学价值。他坚决反对马克斯·韦伯的"价值中立"（主张对价值漠不关心；Adorno 1976：xxiii）概念。社会学知识应该使社会变得更美好。在《知识与人类旨趣》（Habermas 1971）一书中，尤尔根·哈贝马斯（Jürgen Habermas）突出地确立了一种作为人类学常数的解放性认知旨趣。这种见解主要基于保罗·利科（Paul Ricoeur）在《弗洛伊德与哲学》（1970）一书中所定义的"怀疑解释学"。他指出马克思、尼采和弗洛伊德都是怀疑大师。他们不相信表面现象，想要揭露"真相"。解释工作应该为存在打开新的可能性。对哈贝马斯来说，他认为自己的工作就处在这一传统中，即研究者认识到隐藏着的权力关系和导致痛苦和压迫的无意识结构。他的知识应该帮助那些参与他研究的人解放他们自己。特别是以深度解释学的概念和社会理论为导向的方法能够产生解放性知识。它们表明，我们对社会现实和自身的传统理解是一种虚假意识形式。例如，精神分析学家鼓励他的被分析者去反思他行为背后隐藏的意义。他帮助他理解决定他行为的潜意识动机。去除无意识的强迫性使新的行动形式在更大程度上是有意识的。批判理论家和社会行动者之间的关系也是为了克服作为一种社会支配症候的虚假意识。

诺曼·邓津和其他同事提出了一种不同的批评方法。遵循保罗·弗莱雷（Paulo Freire）的传统（参见 Freire 1970；Kincheloe & McLaren 2005），对诺曼·邓津来说（Denzin 2003，2010），这是一个将质性研究导向对话的问题，让研究伙伴为自己说话，同时让其他人通过他们的经验表现来加以思考并施以关心。显然，把研究人员变成专家的法兰克福学派模型在这里没有什么助益。大多数不以批判为导向的质性研究人员也被认为能够很好地理解研究对象的生活状况。

我认为这种研究人员和研究对象之间的结构性不平等的观点是有问题的，并恳求将研究人员和研究对象之间的社会公正和彻底的平等作为质性探究的核心要素。这也可能对明确和强调他们的政治性质有所裨益。为此,我将转向法国哲学家雅克·朗西埃的工作,他在质性研究中很大程度上被忽视了。然而,他的工作对政治的概念至关重要。在我的发言中,我想邀请大家参加一场对话,我希望在这场对话中看到,令人惊讶的亲切感和富有成效的联结。

雅克·朗西埃工作中的激进平等和政治性

在他工作的各个领域,雅克·朗西埃处理的是社会学研究,特别是皮埃尔·布迪厄的工作,并对他进行了强烈的批评。他指责布迪厄在《区隔:趣味判断的社会批判》(1984)中所作的实证分析是决定论的、还原的,最后在政治上还是无效的(Rancière 2003)。与路易·阿尔都塞的方法类似,布迪厄预测在幕后秘密工作的社会结构,对生活在日常刻板生活中的人们来说仍然是不清楚的,只有通过社会学分析才能被发现。因此,特定的社会环境会决定我们的品味以及我们思考、感受和行动的方式。惯习(habitus)是社会形成的,它定义了社会世界及其实践的观念。尽管布迪厄(参见 Bourdieu & Wacquant 1992)后来承认,惯习能够做出新的举动,但它仍然会将个人锚定在一种社会地位上,在大多数情况下,他或她将在他们的余生中一直拥有这个地位。布迪厄通过实证社会研究的手段,生动地展示了社会不公涉及面的巨大及其广泛的社会影响。他把社会痛苦作为社会不公产生的后果加以描述,对它进行强烈的批评,并呼吁施以政治抵抗(Bourdieu 1999; Bourdieu et al. 2000)。布迪厄区分了社会世界的实用知识和科学知识。社会

| 105

学家利用他的研究会帮助"他人产生他们在不知情的情况下所知道的东西"（Lane 2013：36）。社会不平等和智力不平等有着密切的联系。

对朗西埃来说，他尤其批评了布迪厄早期工作中的悲观论调、决定论和顺从性。其早期工作没有考虑可能导致重大社会变革的各种形式的抵抗。他的分析描述了一个似乎无处可逃的监禁社会（society of imprisonment）。在这样做的过程中，它们复制并强化了它们所诊断出的政治麻木。朗西埃甚至指责他加剧了社会的不公，因为他的研究成果将成为法国精英教育体系的一部分，并反过来导致社会差距延续的行政后果。

对精英主义的批评很快就成为等级制度的新理由。大学教授分析了郊区学校教师的精英主义方法。这位来自高等教育学院（Écoles des Hautes Études）的教授揭开了次等大学精英主义意识形态的面纱。而国家教育部长则从总体上勇敢地进行了旨在压制其属下的精英主义的改革。（Rancière 2003：18）

布迪厄的工作主要有助于统治的社会再生产，当然，这种曲意逢迎已走得太远了，朗西埃仍然指出了一个重要问题，该问题也是法兰克福学派方法上的典型问题。布迪厄的社会学提出了一项草案，该草案比人民本身更好地了解人民受压迫的原因。研究者希望将他的知识给予人民，这被认为是他为研究对象说话和思考的理由。这种地位赋予研究者教育特权，并仍然支配着社会关于不平等的辩论。这一点被朗西埃断然拒绝了，因为他认为这是不恰当的和自以为是的（参见 Davis 2010：25）。

相反，他自己的哲学方法起源于一种激进的平等观念。当人们在对话中被视为平等的伙伴，在没有专家指导的情况下被认真地看待他们了解世界的能力时，平等就实现了。这一观点与弗莱雷（Freire 1970）的批判教育学和诺曼·邓津（Denzin 2010）的质性宣言相一致，它主要致力于社会正义的目标。接下来，我将使用一种对比方法来详细讨论朗西埃的平等概念，并询问想要在政治上采取行动的质性探究可能会产生什么影响。

朗西埃为杂志《反叛的逻辑》（*Les Révoltes Logiques*，1975—1981）所做的早期档案工作可以被理解为一种从下而上的视角所撰写的历史，类似于爱德华·P. 汤普森（1963）在英国从事的研究，该研究成果成了英国文化研究的奠基之作。他以各种工人命运的故事为例，表明他们是如何进行社会等级的抗争，以及如何拒斥不平等的劳动分工形式的。在《劳动之夜：19 世纪法国的工人之梦》一书中，他描述了 19 世纪工人阶级知识分子的生活，他们不是通过睡觉来再生产他们的劳动力，而是保持头脑清醒，利用晚上的时间进行文学和诗歌创作。他们中的大多数人是在没有任何外界影响或进一步指导的情况下开始写作的。他们的智力劳动对既定的劳动分工提出了质疑。工人们拒绝了与他们的社会地位相关的预想期望。他们在从事体力活动的同时，也投身于脑力劳动。

龚特（Gauny）的行为，或在《劳动之夜》中所描写的其他工人诗人的行为，尽管他们物质匮乏，但他们都决心表现出他们无功利的审美静观的能力,因此在布迪厄的问题域(problematic)中,这些行为是完全不可想象的。(Lane 2013:31)

就像托德·梅(May 2008:38ff.)所说的那样,他们主动宣称平等受到了压制。因此他说,主动平等和被动平等是有区别的,后者是现代国家机构指派给公民的。它创造了作为一种特定行动模式的政治,使传统的政治机制受到质疑。

只有当这些机制被一种对它们来说完全陌生的前提所产生的影响阻止时,政治才会发生,如果没有人人平等这一前提,那么所有机制最终都无法发挥作用。(Rancière 1999:17)

但正是他与教育家约瑟夫·雅科托(Joseph Jacotot)的对抗,使朗西埃(Rancière 1991)更详尽地发展了激进平等的概念。雅科托是一名法语老师,他逃离了波旁王朝的迫害,流亡到弗兰德斯的鲁汶大学。他不会说弗兰德斯语,他的学生也不会说法语。于是,他给学生提供了费雷隆(Fénelon)的《特勒玛科斯》(Télémaque)一书的双语版本,让他们一遍又一遍地重复背诵课文。然后他让学生用法语翻译课文。令他吃惊的是,他的大多数学生写得很流利,且能很好地理解文章,这表明他们能够很好地胜任外语事务。在雅科托看来,这导致了对解释原则的根本怀疑,而这在教育中是分层学习情境的特征。他的经验告诉他,从一开始就认为教师和学生在智力上是平等的更富有意义。不知道要教什么内容的教员给予的教训是，它赐予我们这样一个观念，即在平等的条件下，知识甚至产生于无知。

与保罗·弗莱雷（Paulo Freire）类似，雅科托的抱负不是把知识从老师传授给学生，而是让他们明白，如果他们认为自己和其他人是平等的，他们在智力上可以取得什么样的成就。老师也可能是平等的，虽然如此，不过他体现了一种权威。他会邀请学生"说出他所看到的，他对它的看法，以及他对它的了解"（Rancière 1991：20）。他想帮助确保学生相信他自己的能力，找到并遵循自己的方式（Rancière 1991：91）。与此同时，当谈到他的教学内容时，教师是无知的。他表现得好像所有形式的智力都是平等的。这种使通用学习成为可能的初始假设，永远不可能被经验证明或进行推广。我们必须假定这样的平等是可能的，并且存在着它可以被验证的环境。

> 就像康德的道德自由理论一样，智力的平等永远不能被经验证明，也不是从经验存在中派生出来的。我们必须预先假定这样的平等是可能的，我们有充分的理由希望它是可验证的，即使是在经验背景下，它也很难以任何确定性而被证明。（Lewis 2012：79）

在雅科托的教育实验和他提出来的激进平等概念中，朗西埃看到了巨大的政治潜力，我将在质性探究上做进一步评论。在教育关系中，平等需要加以提供、解释和最后验证。如果每个人在智力上都是平等的，那么每一个行动都是可能的。在最后，它取决于人民的意愿和承诺，正如在雅科托的教育实验中，如果他们成功地成为自学者（自学的个体），要是他们这样做了，那么就验证了平等的可能性。"事物秩序的破裂"（Rancière 2003：219）的发生会导致解放。它暗示了不认可一个被赋予社会属性的地方的自然性。

此外，一次断裂使主体性的出现成为可能，或者更准确地说，断裂就是主体性的出现。这样，解放就可以被理解为主体化的过程……主体化是关于一种——"进入存在"（Biesta 2006）——存在方式的出现，这种存在方式在现有的事物秩序中没有任何位置和地方。（Bingham & Biesta 2010：32f.）

很明显，朗西埃从根本上对制度持怀疑态度，而要让事情发生，他将它建立在人们对自己知识和能力的认识上（参见 Winter 2001）。如果激进的平等付诸行动，那么布迪厄作品中极为重要的社会背景就不再具有决定性影响。做、看、说的方式和特定地点之间的任何一致性都可能受到挑战。

拒绝将政治主体化视为一种既存的、由社会决定的身份的表达，也就是拒绝从登记在册的物质上的不平等下移到假定这些必然对应智慧能力上的不平等。（Lane 2013：44）

对朗西埃来说，平等这一前提是思考解放和民主变革的可能性的必要条件。保罗·弗莱雷还考虑到，在教育过程中，教师和学生在智力上是平等的，这一条件需要被要求、解释和验证。

质性探究的政治含义

诺曼·邓津所描述的质性探究也是基于研究者和研究对象的激进平等，而没有明确讨论平等的概念。在反思性对话访谈中，研究者应尽量减少或消除自己作为"专家"的存在感，要试图发起对话，使自己成为访谈讨论的一部分，并为受访者提供表达的可能性。

> 我寻求一种解释性的社会科学，它同时具有自我民族志性（autoethnographic）、脆弱性、操演性（performative）和批判性……它将文化视为一个复杂的操演过程，试图理解人们在日常生活中如何制定和建构意义。这是对叙事作为一种政治行为的回归：一种社会科学学会了如何批判性地使用反思性对话进行访谈。这门社会科学以一种赋权方式将自己置入这个世界。它用叙述的语言和故事来塑造表演文本，这一表演文本想象新的世界，在这个世界里，人类可以成为他们想成为的样子，他们之间没有偏见、压制和歧视。（Denzin 2001：43）

不同于精神分析互动的情况，其中分析师是专家，而在反思性对话访谈中，平等——尽管没有被明确地表达出来——

被认为是一个必要的要求。在我看来，平等的前提是反思性对话访谈的出发点和主要目的。一个独特的人（正在受访者）通过自我叙述阐明了他或她的生活故事，并将自己置入故事的中心。因此，个人不必依赖于接受研究者或专家的陈述。此外，双方都可能陷入生活困境，也可以互相帮助。研究者需要假定平等，即使他可能拥有更多知识，并让他的研究伙伴充分发挥他的潜力来讲述他的生活故事。一个主体化过程发生的条件是，拒绝接受对社会秩序的主导性认同，并发展出另一种思考和做事的方式。质性探究的进程可能会验证平等及其政治潜力。通过质性探究，以减少痛苦和抵抗主导权力关系为目的，相关当事人可以组成自助团体或成为政治活动分子。

  质性研究学者有义务去改变世界，从事能够产生积极影响的伦理工作。正视不公正的事实，使历史上的不公正让大家看见，他们要积极应对这些挑战，并因此对变革和转型持开放态度。（Denzin 2010：115）

  这就是朗西埃把他激进的、积极的平等观念与新的政治观念联系起来的原因（May 2008）。在我看来，它可以让我们更深刻地理解质性探究及其政治意义。

  对朗西埃来说，工人知识分子和雅科托的解放教育法证明了，如果平等权利得到积极的使用，那么社会分配的职位是可以被放弃的。社会秩序是可渗透的、可变的和偶然的。在朗西埃看来，政治出现在平等质疑、暴露和重新配置基于不平等的社会秩序的情况下。他脱离了对政治的传统理解，传统意义上的政治主要指称官僚机构、公共关系和管理。其目的是产生一种共识，这种共识总是与特定的权力组织，特定的位置、角色和合法性形式的分配有关。朗西埃把这种政治分配模式称为"治安"（police）。

> 治安不是一种社会功能，而是社会的象征性构成。治安的本质既不是镇压，甚至也不是控制活人，其本质在于对感性的某种分配。……治安的本质在于对缺乏无效和增补的感性事物的分割：这里的社会是由一些群体组成的，这些群体与特定的行为方式、从事这些职业的地点，以及与这些职业和这些地方相对应的生活方式相连。（Rancière 2010：36）

他谈到了一种治安秩序，它试图让一切归位，并为每个人指派特定的社会角色。它假定人们有不同的能力，因此在等级制度中占据不同的位置。在朗西埃的措辞中，当治安秩序通过积极主张和确认的平等而受到质疑时，（民主）政治就发生了。对他来说，"政治是对边缘化和排斥的治安秩序的歧见"（May 2008：49）。

根据朗西埃的理解，政治是一种一直存在的可能性。在质性探究中，如果受试者阐明了他们的立场，并质疑导致他们痛苦和被指派的从属关系，那么他们会以比如一种自我民族志表现的方式来积极要求平等，并在研究过程中去验证它。在这样做的过程中，他们质疑治安秩序并挑战既定身份。此外，社会运动正试图对它进行重新配置。他们试图改变决定事物如何

| 113

运作的环境。

质性探究是朗西埃政治概念的一个例证,它总是地方性的、偶然的和临时的。与此同时,对那些受其影响,并要求在平等基础上发展他们自己的知识和行动能力的人来说,这是极其重要的(参见 Winter 2001)。如果我们的研究伙伴发现自己处在社会从属或边缘化地位,那么他们就成了"无主之地",即那些在共同体中没有任何份额的部分。治安秩序不承认他们的政治存在。质性探究可以被看作一种反抗,在这种反抗中,他们表明他们有被社会认可的权利。然而,他们仍然假装他们已经属于这里。质性探究应与政治主体化的过程相联系。在某些访谈模式和民族志类型中,这种主体化与争论和叙述紧密相连。表演使主体性的奇观和戏剧形式的生产成为可能。治安的工作包括否认那些需要注意的事情。相反,自我民族志的表演表明,每一个生命都值得表演,并且可能是对治安秩序的抗议(Denzin 2014)。质性探究作为民主政治的一种形式,通过创造性和戏剧性的表演,为主体的出现创造了条件。

> 政治的基本行为是其自身空间的配置。它是为了使它的臣民及其运作的世界得以被看见。政治的本质是歧见的表现,如同两个世界合二为一。(Rancière 2010:37)

朗西埃也指出了这样一个事实,即主体化并不一定会导致一个始终如一、同质的身份。一方面,它与拒绝接受治安秩序强加的身份有关;另一方面,它总是标志着一个中间位置。

主体位于现有身份之间。在这方面,朗西埃谈到了一种不可能的身份认同,这是他对身份政治持怀疑态度的原因(Rancière after Davis 2010:87f.)。然而,与此同时,他也指出可能会出现新的政治联盟。在这一背景下,质性探究可能有助于主体的去认同(disidentification),以及他们被听到和感知的可能性。就质性探究而言,朗西埃是从弱势和边缘群体的角度来看待世界的。

在朗西埃后期的作品中,他强调了美学的政治本质,这导致了感性的一种新分配("可感性")。他可能会创造感知、思考和做事的新方式。

> 当我们摒弃外表和行为之间的对立,并理解可见事物的分配本身是支配和服从结构的一部分时;当我们意识到看也是一种确认或更改分配的行为,而"解释世界"已经是一种改变它或重新配置它的方式时,解放就开始了。(Rancière 2007:277)

同样,新观点的产生也是质性研究的一个公开目标,在这个目标中他们不断证明他们的政治性质。特别是在表演的情况下,一个积极的、富有成效的(Winter 2010)或如朗西埃(Rancière 2007)所称的解放的观众是需要的。同时作为旁观者和参与者,解放的观众参与了正在发生的事情,并以自己的方式解释它。表演可以让我们以不同的方式看待自己和我们在世界中的位置,可能还想要改变我们生活的世界。

对积极平等的需要可以在质性研究中展现出新的视角。

115

我想通过移民的例子来说明这一点。民族-国家的政策和人们的日常认识都是建立在移民和非移民的区别之上的。移民的具体个人和文化特征没有得到认可。相反，人们期望他们应该屈服并融入外国的新文化之中。在这样的背景下，一种批判的移民教育法旨在通过质性探究来克服对移民的错误认识。移民应找到属于自己的声音，并表达他们自己的理解。只有把他们与非移民平等的前提付诸行动，才能克服移民和非移民的对立。移民可以采用行动研究、自我民族志、表演民族志和质性访谈或小组讨论等多种形式来表现他们已经平等的样子，并宣称他们作为自己存在的主体已得到承认。研究者的任务是激励他们与支配着他们生活的移民和非移民的分立作斗争，并表达他们的平等意识。二元分类应该遭到废黜。质性探究有助于打破移民的主导观念，并表达他们的声音。通过这样做，使移民成为行政实践对象的民族-国家政策遭到挑战和反对。

诺曼·邓津和雅克·朗西埃的政治观念都受到戏剧的强烈影响。对邓津（Denzin 2003）来说，最重要的是他期望表演的政治效果，这是他批判教育法的核心。而对朗西埃而言，要求采取行动，就像已经实现了平等。其结果是民主政治挑战治安秩序，并通过感觉的中断和重新配置，产生了一种新的感性分配。从这个意义上说，朗西埃的美学政治也具有戏剧性。

结　语

我的文章呼吁要强调质性研究的政治性质，并将其不仅与社会正义的理念联系起来，而且也与积极要求的平等联系起来。我已经含蓄地表明，平等已经在研究过程中发挥了重要作用。如果我们明确这一参照，它将给予政治一个新的和更深刻的理解，这种理解将允许我们更准确地说明质性研究在晚期资本主义中的政治意义。

（肖伟胜 译；原载《后学衡》第 4 辑）

参考文献

Adorno, T. W. (1976). 'Introduction'. In T. W. Adorno, H. Albert, R. Dahrendorf, J. Habermas, H. Pilot, & K. R. Popper (Eds.). *The positivist dispute in German sociology*. Translated by G.Adey & D. Frisby (pp. 1-67). London: Heinemann.

Adorno, T. W. (1977). 'Wissenschaftliche Erfahrungen in Amerika [Scientific experiences in America]' .In T.W.Adorno (Ed.). *Kulturkritik und Gesellschaft II* (Gesammelte Schriften 10.2, pp. 702-740). Frankfurt, Germany: Suhrkamp.

Biesta, G. (2006). *Beyond learning: Democratic education for a human future*. Boulder, CO: Paradigm Publishers.

Bingham, C., & Biesta, G. (2010). *Jacques Rancière: Education, truth, emancipation*. London, England: Continuum.

Bourdieu, P. (1984). *Distinction: A social critique of the judgement of taste*. Cambridge, MA: Harvard University Press.

Bourdieu, P. (1999). *Acts of resistance: Against the tyranny of the market*. New York, NY: The New Press.

Bourdieu, P., Accardo, A., Balazs, G., Beaud, S., Bourdieu, E., Broccolichi, S., Wacquant, L. J. D. (2000). *Weight of the world: Social suffering in contemporary society*. Cambridge, UK: Polity Press.

Bourdieu, P., & Wacquant, L. J. D. (1992). *An invitation to reflexive sociology*. Chicago, IL: The University of Chicago Press.

Davis, O. (2010). *Jacques Rancière*. Cambridge, UK: Polity Press.

Denzin, N. K. (2001). 'The reflexive interview and a performative social science'. *Qualitative Research*, 1, pp. 23-46.

Denzin, N.K. (2003). *Performance ethnography: Critical pedagogy and the politics of culture*. Thousand Oaks, CA: SAGE.

Denzin, N. K. (2010). *The qualitative manifesto: A call to arms.* Walnut Creek, CA: Left Coast Press.

Denzin, N. K. (2014). *Interpretive autoethnography (2nd ed.).* Los Angeles, CA: SAGE.

Denzin, N. K. (2015).'What is critical qualitative inquiry？' In G. S.Cannella, M. S. Perez, & P. A. Pasque (Eds.). *Critical qualitative inquiry: Foundations and futures* (pp. 31-50). Walnut Creek, CA: Left Coast Press.

Freire, P. (1970). *Pedagogy of the oppressed.* New York, NY: Continuum.

Habermas, J. (1971). *Knowledge and human interests.* Boston, MA: Beacon Press.

Kincheloe, J.L., & McLaren, P. (2005). 'Rethinking critical theory and qualitative research'. In N. K. Denzin & Y. S. Lincoln (Eds.). *The SAGE handbook of qualitative research* (3rd ed., pp. 303-342). Thousand Oaks, CA: SAGE.

Lane, J.(2013). 'Rancière's anti-platonism: Equality, the horphan letter", and the problematic of the social sciences'. In O. Davis (Ed.). *Rancière now: Current perspectives on Jacques Rancière* (pp. 28-46). Cambridge, UK: Polity Press.

Lewis, T. (2012). *The aesthetics of education: Theatre, curiosity, and politics in the work of Jacques Rancière and Paulo Freire.* New York, NY: Bloomsbury.

May, T.(2008). *The political thought of Jacques Rancière: Creating equality.* Edinburgh, Scotland: Edinburgh University Press.

Rancière, J.(1989). *Proletarian nights: The workers' dream in nineteenth-century France.* Philadelphia, PA: Temple University Press.

Rancière, J.(1991). *The ignorant schoolmaster: Five lessons in intellectual emancipation.* Stanford, CA: Stanford University Press.

Rancière, J.(1999). *Disagreement: Politics and philosophy.* Minneapolis: University of Minnesota Press.

Rancière, J. (2003). *The philosopher and his poor.* Durham, NC: Duke University Press.

Rancière, J. (2007). *The emancipated spectator.* London, England: Verso.

Rancière, J. (2010). 'Ten theses on politics'. In J. Rancière (Ed.). *Dissensus: On politics and aesthetics* (pp. 27-44). New York, NY: Continuum.

Ricœur, P. (1970). *Freud and philosophy: An essay on interpretation.* New Haven, CT: Yale University Press.

Thompson, E.P. (1963). *The making of the English working class.* London,

England: Victor Gollancz.

Winter, R. (2001). *Die Kunst des Eigensinns: Cultural Studies als Kritik der Macht*. Weilerswist, Germany: Velbrück Wissenschaft.

Winter, R. (2010). *Der produktive Zuschauer: Medienaneignung als kultureller und ästhetischer Prozess* (2nd rev. and enlarged ed.). Köln, Germany: Herbert von Halem Verlag.

中 编

6 文化研究和后结构主义理论与后现代日常生活中的"抵抗社会性"

引　言

欧洲的批判思想在本文中具有重要地位，因为它强调日常生活的重要意义。对日常生活激进变革的可能性的严肃探索，从乔治·齐美尔对日常生活（比如社会性和时尚）的现象学分析开始，经由超现实主义者在巴黎生活中所考察的梦想与现实的混合，直至语境主义者的研究，他们从对巴黎公社（1871）的分析中走出来，开始关注现时的生活实践。日常生活在某些方面具有反对全球资本主义现代化所带来的变革的要素，同时也灵活地吸取了同质化的总体趋向，并把这些趋向与过去联系起来。本雅明在探讨由城市资本主义所塑造的文化经验时，也试图将之与其他时代和空间联系起来，其目的是击破现时固有的那种明显的统一性。

第二次世界大战之后，亨利·列斐伏尔（Lefebvre 1977）融合了各种思潮，提出了一种日常生活的辩证法。虽然科层化（bureaucratisation）、消费主义和物化成了战后文化的主流，但超越性与越界性的因素仍然隐匿于日常生活之中。可以用社会学方法分析社会性与公共交流的形式，它们包含了对日常生活的循规蹈矩和政治生活（自发的）的批评要素。日常生活成了他研究的基础，其目的是批判、质疑并挑战社会的分化倾向、原子化倾向和（学术的）专门化倾向。法兰克福学派的批判理论也始于此：可以在被批判的现实中找到批判的标准。一个著名的例子便是阿多诺的《最低限度的道德》，在这篇文章里，他使用历史哲学的方法对奥斯维辛以后的日常生活进行了敏锐而多层次的观察，对此既满怀疑虑又饱含期待。他以社会形式的变化和技术的规范化为例，说明了资本主义生活形式是如何被表达出来的，这些生活形式如何塑造或扭曲了自我及其与世界的关系。尽管社会关系几乎被完全工具化，但阿多诺仍在寻找"无意义关联的可能性"，这些都是社会变革的起始因素。在其《反思被破坏的生活》一文中，我们可以明显看出，在被规训的世界中，个体对权力关系难以觉察。个体可能做出的反应是有限的，因为他被这些权力关系所束缚并将其背负在身上。虽然如此，阿多诺仍然坚持真理的信念，批判社会环境，坚持公正社会的理念。"因此，'好的生活'是存在的，如果它确实存在，作为一种可能性，即使它会被扭曲也一定会存在于现实之中。"（Jaeggi 2005：127）

像列斐伏尔一样，阿多诺暗示，现实本身就包含着超越自身的东西。他反对狄尔泰所开启的历史相对主义传统，认为真理的意义只有在当下才能把握。即便是历史也要从当下获得意义，这与历史相对论的观点相反。因而，对现时的分析是先决条件："也许现在我们唯一所能讲的，就是真实生活存在于对虚假生活形式的抵抗之中，只能用成熟的意识才能理解后者并消解掉它。除此之外的其他东西都是多余的。"（Adorno 1963/1996：248）阿多诺是在理论层面上分析抵抗的。这些批判知识分子反对晚期资本主义的文化工业，把解放的希望寄托在另一种社会之中，因此后来阿多诺主要在艺术领域寻找抵抗。总之，批判理论意在当下的社会变革，并指向未来。

毋庸置疑，阿多诺的批判理论也许是更悲观的，可能会遭受更多批判，因此并不具有笔者所言的反抗性。此外，其典型的西方马克思主义式的"资本主义总体性"概念，只揭示了现今社会及其媒介文化的某些方面而非全部。社会文化的分化过程、多元化与全球化和当今世界冲突及其问题的大幅增加，都需要更合理的理论和分析工具。虽然我们不能再把批判理论与黑格尔的真理概念联系起来，但就像阿多诺和列斐伏尔的时代需要它一样，我们的时代也需要它。

后结构主义传统下的抵抗

首先要认识到，从后结构主义的视角来看，抵抗是与它所反对的特定社会结构相关联的。因此，福柯说："在现实中，抵抗总是以现状为基础，而现状正是抵抗所要反抗的东西。"（Foucault 2005：917）在现代社会中，反抗以多种形式与我们相遇，并经常通过媒介表达出来。萨帕塔主义运动（Zapatista）就是其中的一个例子。该运动产生于1990年代中期的恰帕斯（墨西哥），它成功地利用传真和互联网，反对墨西哥政府和北美自由贸易协定，并争取到世界范围内的支持。另外一个例子是对新自由主义全球化所进行的全球性抵制。两者都是政治或批判抵抗的形式，都背叛了新自由主义的权力关系，指向社会形态的公正，同时也把集体的不安链接进来，从而产生了一些不合常规的行为。批判与抵抗就这样被紧密地联系在一起。在性别群体、少数民族团体反对社会压迫或那些为犯人争取权利的社会运动中可以发现更多的例子。

福柯在分析权力时表明，在现代社会，我们能区分各种不同但密切相关的抵抗形式，比如对规训权力的抵抗在体制权力中被表达出来；对身份/认同的抵抗在忏悔活动中表现出来（Foucault 1977）；对生命权力（biopower）的抵抗则表现为通过社会-政治手段控制人口。此外，在文化研究的语境中，对媒介文本的反向解读也早已出现，它们都反对主流意识形态。在对性别或种族的表征中，某些固定形象遭到拒绝，某些司空见惯的概念被颠覆，同时由于链接了自己的利益在内，一些反叛性的阐释也得以发展。自从1960年代在伯明翰发端以来，文化研究已经开始思考抵抗性解读与社会行为和社会运动的联系。为了对社会和政治场域进行干预，文化研究者们在其研究中遵从述行性（performative）标准，战略性地引导理论与研究的发展。文化研究试图为解决经济、社会和政治等更重要的问题做出贡献。这种跨学科的研究自从1980年代以来就在后结构主义思潮中得以壮大，没有后结构主义就没有现在的文化研究。

后结构主义是对普遍原则、抽象理论和各种规范的批判。影响德勒兹、福柯甚至德里达的不是黑格尔的绝对精神，而是尼采及其谱系学方法。大卫·霍伊（David Hoy）对后结构主义做了现象学重构，他强调后结构主义思想源于亚里士多德或维科所定义的实践知识，其焦点是具体情境、实践智慧或实践知识。尼采的思想在法国被解读为一种阐释哲学（或更确切地说，他创造了阐释"身体"的哲学），对文化和社会实践进行解码，认为真理可以有多种理解。尼采认为阐释的过程永无止境。身体成了各种阐释的储存仓，它们的不同形式造就了不同的人，而这就是后结构主义的缘起。福柯认为，批判不仅意在对"自我概念"进行问题化，同时也指向"去主体化"的过程，因此他并不只说我们是谁、我们必须要做什么。此外，福柯的谱系学分析能帮助我们抵抗固定的身份：这些身份是通过实践而强加给我们的，我们被整合到实践中，实践也造就了我们。因此在一次访谈中他说："我努力想要去理解权力进行有效运作的机制，我之所以这样做是因为那些与权力相关、通过行动反抗权力的人，可能逃脱和改造权力关系。他们不能臣服于权力。"（Foucault 2005：115）在福柯看来，不是主体制造了权力关系，与此相反，是权力关系塑造了主体。在《规训与惩罚》中，福柯不仅说明了身体是如何被规训的，同时还表明当身体服从于常规化过程时，它就会变形，其可能性也被限制，个体通过学习如何规范自己而被纳入这个常规化过程。正常人的行为成为社会规范，这些规范又成为对人的行为进行判断的标准——福柯对此进行了批判，因为这样的话社会上就会只有一种规范性行为。霍伊总结说，福柯从根本上要探询的是，"差异"是如何在社会中被利用的。当他强调权力的生产能力时，他也想表明纪律与自律（比如苦行）既有有利一面也有不利一面。只有当规范化程序成为我们日常生活中不可或缺的一部分，成为自然而普遍的东西时，即便人们早已忘记当下的现实只是诸多可能现实的一种，也必须抵抗这种权力形式。"当人们意识到现时的自我阐释只是众多可行的阐释的一种时，批判性抵抗才会出现，并且会对其他的阐释保持开放的姿态。"（Hoy 2004：72）

霍伊和德勒兹认为福柯发展了一种抵抗的社会本体论（ontology），因此抵抗不仅仅是权力所带来的次级结果。福柯在《性史》第一卷中认为，有权力就有抵抗，这种抵抗并非来自权力结构之外。这样的话就存在多重的反抗场所，它们打破社会整体性，制造社会差异，但同时也能产生新的族群和新的社会抵抗形式。"抵抗从一开始就存在于社会中。没有权力网络，谈论什么抵抗与统治都是没有意义的，抵抗和统治的模式也是权力网络存在的标记。"（Hoy 2004：82）为了能够发挥作用，权力也需要抵抗。有时候权力甚至需要抵抗来加强自身的力量。福柯不能想象没有权力存在的社会，他认为自己谱系学分析的价值在于，它能对不对称的权力进行简化分析。

福柯的批评者声称由于抵抗被权力吸收，因此仍然是无效的。福柯认为有效的抵抗会利用权力机制去动摇权力的稳定性，甚或颠覆权力。比如，在对身体进行规训的同时也可使身体健康，使快感和享受变得比工作效率更重要。诚然，这种对压迫的抵抗也能被更微妙的控制所消解，比如在消费领域所出现的现象，或由整容业而带来的幻象。在福柯的晚期著作中，他阐明了批判的作用，认识到自我理解的界限：可能有其他的世界存在形式或自我经验，因此应该大大扩展自我创造的空间，也就是说扩展我们把自己当作艺术品而创造的空间。"因此，必须抵抗统治，因为它限制了向行为主体敞开的可能性。这就是福柯为什么把自己的哲学看成一种社会风潮，不停地揭露并挑战压迫。他自己那种批判性的反抗就是要尽其可能，保证把权力游戏所产生的压迫减少到最小。"

总之，在文化研究的传统中，从权力与统治的各个方面对后现代媒介文化所进行的思考、对个体或群体主体性的认同方式的思考等，都和福柯的研究相关，虽然并非总是系统性地有意为之。在谈论这些著作之前，首先要强调对日常生活进行批判研究的视角，因此，问题不是简单地与研究日常生活的方法相联系，而是从现代权力与统治关系的视角出发，发现日常生活转变的可能性。

反抗社会性与文化研究传统

为现时而斗争

为现时而斗争的趋向颠覆了传统社会学，旨在考察日常生活中存在的矛盾、冲突和各种潜能，认为它们都是由社会与历史变化的语境所限定的。该趋向也并不仅仅存在于文化研究之中。加芬克尔（Carfinkel 1967）认为，社会行为主体不是文化傻瓜，但他们的思想和行为也不是完全自明的。这种批判传统的（政治）品质在于扩展主体的能动性，以此来改变社会关系。

阿多诺认为，社会控制的技术和文化工业的渗透技术越来越精密，日常生活即使不被扼杀，也会越来越虚弱，因此日常生活也许只存在于先锋艺术或理论分析之中。然而，日常生活的空间和时间也有可能成为获得经验和社会变革的场域。至少，它反抗阿多诺经常攻击的同一性思想：那些由文化工业和技术统治论者、城市规划者和管理人员们持有的工具主义理想所表达出来的同一性思想。奥威尔描述的绝对集权国家尚未出现，因为依据列斐伏尔、巴赫金或德·塞托的理论，在日常生活中存在着各种表达出来的创造性、激情和想象，人们可以避免客观化、科层制和经验的同质性等逻辑。社会转变的动力机制深藏不露，而它应该得到认识、描述和实现。打破常规，打破那些人们惯常认为的事物之间的联系就可以建立新的联系，实现对生活的超越，使生活更加丰富多彩。超现实主义运动就是要发现精彩的、诗化的日常生活。比如，巴塔耶（Bataille）、雷希斯（Leiris）和社会学学院就要在平庸生活中制造神圣，列斐伏尔和巴赫金分别把晚会和狂欢当作集体事件的代表性事例，"对变化的社会关系所做的自发的、沉迷的集体强化"。

于是，阐释社会学的一个任务就是维护日常生活及其知识和价值。自从1980年代以来，米歇尔·马费索利就已经开始这样做了，他用"社会性"（sociality）这一概念指社会交往中那些不能被正式化（formalize）的因素。他认为日常性具有异质性和多维性，是流动的、矛盾的、不稳定的。他考察了后现代交流形式中的"活生生的经验"，把共通的感情经验和抵抗社会性的各种形式都考虑在内：它们都为日常生活打开了空间，但却不能克服以暴力体制结构为特征的现代性权力结构。他提出社会现象的活力，强调非理性的意义和后现代社会性所特有的表面化。因为对推翻资本主义现代性持更悲观的观点，马费索利的日常抵抗具有更强的非政治性特点。他认为，即便在一场成功的革命之后，仍会存在权力关系。这一点他与福柯的观点相近，虽然（就像文化研究一样）这种观点显得更加好战，更强调批判和介入的意义。

抵抗、大众与"人民"：费斯克的分析

文化研究的目标与大众文化研究合法地位的确立有密切关系，比如威廉斯对日常文化和共同文化的重新评估、对"高雅"和"低俗"文化之分的挑战就与此相关。费斯克与霍尔、德·塞托的理论联系紧密，自从1980年代起他对大众文化进行了影响巨大却颇具争议的分析，他强调创造性抵抗、强烈的快感与（对媒介）文本的消费之间的联系，重视对权力关系背景的分析。与马费索利类似，他把大众抵抗置于肉体快感之中，强调经验的感觉性特征，表面的、意义的刺激游戏和文本所带来的快感。此外，大众还有明确的政治特征。当被"人民"利用时，大众文本会产生解放的潜在力量。这种潜力在他看来不能通过高雅文化实现。在这种语境下，他对"人民"进行了更精确的定义（当然他并不认为自己的定义会永远有效，却是当前公共化或利益联合的一种临时形式）："人民、大众、大众力量是变动不居的效忠团体，它可能与所有的社会团体都有接触；不同的个体属于不同的大众团体，并在它们之间游移。我所谓的人民，就是这种变动不居的社会团体，最好把它描述为人民的感情团体，而非外在的社会性团体，如阶级、性别、年龄、种族、地域，或随便其他什么群体。"（Fiske 1989b：24）这并未去掉"人民"与"阶级"这样的社会范畴之间的重合部分。然而，社会结构与这些文化纽带之间并没有确定的联系。此外，费斯克在后结构主义的意义上视主体性为游牧状态，在日常生活的复杂性和社会的分化中自由游移，然后根据情况所需，进入团体继而改变它，最后创造出新的联盟。

　　费斯克吸收了福柯的权力理论与德·塞托的日常生活理论，对从属集团的反抗力量深信不疑。因此，他描述了购物中心如何在不同空间被改造，认为至少它们可以临时被弱者所控制。建造购物中心是为了牟利，但现在却被消费者各取所需地挪用，老人和穷人去购物中心是享受里面的空调，年轻人则可以在那里玩免费的电子游戏或购买牛仔服然后再把它剪破，使其成为新社群的象征物。费斯克用更多的例子表达了他的观点：在后现代社会中，没有秩序能够严格限定主体的位置或决定社会上的争论。社会系统的策略总是没有"人民"战术更有效、更成功。因此，"弱者"通过他们的战术性选择和策略决定哪些产品会在商业上取得成功。

　　他分析的中心是"大众快感"用来与"霸权快感"相区分。当然它被解释为在社会、道德、审美和文本等层面上存在的对抗力量。权力试图控制和管理快感。费斯克使用的概念把历史环境与狂欢快感联系起来，依据这种观念，大众快感经常被贬低、被看成不合理的并且受制于社会规范。一方面，根据这种观点，费斯克找到了一种有效能量，以发展他自己对社会经验的看法；另一方面，他看出快感可以帮助我们逃离社会规训和"权力集团"的道德约束。大众快感触及人民所要进入的社会关系，它们受时间和地点的限制，存在于特殊的社会语境、历史时刻和实践之中。费斯克认为，大众文化是在文化工业所提供的资源和消费者的日常生活的交界面上产生的。这些文化资源一定会有某些连接点，会在某些文化和社会条件下产生回响。它们之间的相关性无法得到定性说明，也无法解释它们是如何被链接的：因为它们的存在与文本所处的时空相关联，它们只是"可能性"。当大众自己的社会经验与从流行文本的博弈中所得来的意义产生关联时，大众快感便产生了。

费斯克看到了大众文化对日常生活微观政治学的重大意义：它能够扩展对自身生活条件的控制，扩大受权力关系所限制的自我决定的空间。各种关注共同社会的文化研究都不再使用意识形态理论或文化工业理论，因为这些伪装、策略和手段都没有系统化的组织，而是人民反抗权力集团的种种零部件。同福柯一样，费斯克没有将反抗视为一种本质，而是将其视为某种关系的组成部分，从属于权力关系。他由此得出结论，大众文化无法在文本中被找到，而只存在于日常生活实践之中。众所周知，德·塞托的"日常生活实践"理论是费斯克理论的基础，他将其统合到葛兰西、福柯与霍尔所提出的权力和权力集团与人民对抗这一模式中。德·塞托的理论更加复杂，且为后现代日常生活中的抵抗现代性提供了另外一种视角。

抵抗与德·塞托的"真实"

德·塞托不想提出一种系统化的或封闭的理论系统从而在意义和概念上控制日常生活，使日常生活成为可被理解的领域。因此，他的著作更关注日常生活实践。用拉康的话来说，这便是他者性场域（filed of otherness）。现代的日常生活都是通过科层制进行组织和构成的。德·塞托方法的特征是：创造性（即对身边物件的创造性利用）巧妙地改变、重组了日常生活，同时以不同方法对其进行调整。这些实践见证了文化的多

133

元性与异质性。德·塞托不只求助于实践，同时也唤起身体的韧性（stubbornness），孩童的记忆和形形色色的文化记忆，这些都有助于对给定社会进行改造。反抗源于差异、他者性和想象域，抵抗科层制管理和文化工业对日常生活的殖民化。他立论的基点是，日常生活是现代的权力模式、生产和消费的一种障碍。

与布迪厄把社会结构和现存的社会不平等现象当作中心的分析，以及福柯的权力微观物理学不同，德·塞托以"消费形式的组合与挪用"，以及在消费世界与当前的技术环境中的"偷猎"（poaching）过程，来揭示通过创造性挪用而产生大众文化的"程序的可能组合"。这种反抗是隐而不显的。他分析的中心是日常行为的策略性特征。"策略只具有他者性的地位……正是因为没有固定场域，策略才由具体时间所决定……它们必须与事件进行交涉，从而产生对自己'有利的机会'。"（de Certeau 1988：23）德·塞托在阅读、对话、散步、电视消费等行为中发现了一种对社会系统的巧妙挪用，这种社会系统是由权力策略和实用主义理性所组织起来的。"普通人"是"日常生活的英雄"，通过自己的行为或以颠覆的方式进行反抗。这种反抗与其说是通过颠覆性的内容或文本（媒介）而被生产出来的，不如说是通过挪用的技巧而把文本改造成了自己的东西。通过在生活中的战术性漫步，不同的快感和利益都变得真实不虚。这样，德·塞托强调，这种颠覆性首先是在生活中被体验出来的，与自由或阶级斗争这样的"宏大叙事"没有什么联系。

如果我们明白拉康所言的"真实"的意义，就能明白他的观点。在拉康那里，无限的时间和空间被理解为不可被传达或表现的东西，无论是用图像还是用语言。它存在于文本或媒介结构的边缘，无法在感性经验中被象征性地构想或表征。德·塞托则接受了前话语、思想、谈话与知识的无意识经验等概念，因此抵抗不是在意识层面上发生的，它不反抗霍尔和费斯克所主张的那种意识形态结构，它是在现实域、在日常生活中被无意识地连接在一起的。"它们改变了统治秩序，使现实生活在另一个地方发挥作用。"（de Certeau 1988：81）德·塞托表明，不能把日常行为的主体理解为反文化甚至是个体的英雄，他们是由各种关系所建构的。"日常生活行为"不像新自由主义全球化批评家或某些拉丁美洲研究所主张的那样，是从属阶级自发的反抗力量，而是在工业社会中那些"边缘的大多数"的反抗力量，他们不是文化的生产者但却巧妙地利用空间进行嬉戏。在这个空间里他们挪用了那些由奢侈经济所制造出的产品。德·塞托谈到了维托尔德·贡布罗维奇（Witold Gombrowicz），他在《宇宙》中讲述了一个小公务员，此人不停地重复"如果你没有得到所爱的东西，那就去爱你所拥有的东西吧"。伊恩·布坎南（Ian Buchanan）认为日常生活具有可识别的形式与逻辑，而这是"日常生活行为"理论的基本假设。他认为，研究和野外调查的真实主题是日常行为的特征，只有在文化运作逻辑的框架下进行才能得到合理的理解。德·塞托建立了新的文化分析形式，旨在实现日常生活的多元性和异质性。通过拉康可以对此进行更深一步的解读。显然，不稳定的、反复无常的、变动不居的微观实践不能被系统化地纳入体系中，这也可以解释阿多诺的非同一性概念。布朗肖的观点也有类似之处，他将日常生活定义为人类可能性的无限结构总体。德·塞托进一步强调动态和变化，而不是对身份认同进行辩证思考。在一个给定的社会秩序中，他将未得到社会承认的原则与矛盾和日常生活的开放性统一起来。甚至霍米巴巴的混杂文化身份理论（hybrid identity）也表明，不是对殖民话语的反抗，而是模仿性的习得、再定位等实践赋予了从属阶层破坏同质性进程的力量，从而开启了新的可能性。德·塞托将社会变革视为社会内部蕴含的一种潜能，而不是结构的彻底断裂，这无疑具有乌托邦性质。德·塞托"可能的地理学分析"就是要彰显日常生活中实在与可能之间的张力。

德·塞托与那些悲观的分析不同，他认为日常生活不可能被完全殖民化。至少在现实层面上，对体制的反抗会继续存在，异质性所具有的力量在源源不绝地制造抵抗。日常生活就是反抗的场所，但并不总会是费斯克所说的政治性抵抗力量，德·塞托更为关注的是精神分析对抵抗策略的启发，所强调的是过程与实践，它们都抵制权力关系及其表征。因此，他不仅关心挪用的想象性形式，同时也注意到日常生活不可能被完全驯化，不可能完全被权力所渗透。因此在日常生活中，客体和实践被意义、幻想与感情所包围。他的作品可以被视为与其自身相关的日常生活诗学。

本文旨在提供一种视角，考察日常生活的（批判性）抵抗概念。通过分析日常行为的不可驯服性和经验的感性模态，该视角拓展了媒介文化的语境，也为我们拓宽了"社会实践"这一概念的范围，从而让文化多样性得以彰显。这同时也阐明了在后现代生活中它们所起到的关键作用——尤其是当我们认识到其冲突与张力，当我们认识并且穷尽种种逃逸的可能性，或者试图理解社会转变所需的条件时。不理解日常生活所具有的内在反抗性，（全球）媒介文化批判理论就不可能有所作为。

（张道建 译；原载《江西社会科学》2009年第12期）

参考文献

Adorno, Th. W.. *Minima Moralia. Reflexionen aus dem beschädigten Leben*, Frankfurt a.M.. Suhrkamp 1973.

Adorno, Th. W.. *Probleme der Moralphilosophie* (1963), herausgegeben von Thomas Schröder. In: *Nachgelassene Schriften*, herausgegeben vom Theodor W. Adorno Archiv, Abt. IV, Bd. 10, Frankfurt a.M.. Suhrkamp 1996.

Bachtin, M.. Literatur und Karneval. Zur Romantheorie und Lachkultur, München: Hanser 1969.

Benjamin, W.. *Das Passagen-Werk*, Gesammelte Schriften Bd. 5, Frankfurt a.M.. Suhrkamp.

Bhabha, H.. *Die Verortung der Kultur*, Tübingen: Stauffenburg 2000.

Blanchot, M.. "Everyday Speech", in: *Yale French Studies* 73, 1987, S. 12-20.

Blondel, E.. *Nietzsche: The Body and Culture*, Stanford: Stanford University Press 1986.

Bourdieu, P.. *Die feinen Unterschiede. Kritik der gesellschaftlichen Urteilskraft*, Frankfurt a.M.: Suhrkamp 1982.

Buchanan, I.. *Michel de Certeau. Cultural Theorist*, London u.a.. Sage 2000.

Buck-Morss, S.. *The Origin of Negative Dialectics: Theodor W. Adorno, Walter Benjamin, and the Frankfurt Institute*, New York : Free Press 1977.

Castells, M.. *Die Internet-Galaxie*, Wiesbaden : VS Verlag 2005.

de Certeau, M.. *Kunst des Handelns*, Berlin: Merve 1988.

Dant, T.. *Critical Social Theory*, London u.a. : Sage 2003.

Debord, G.. *Die Gesellschaft des Spektakels*, Berlin : Tiamat 1996.

Deleuze, G.. *Foucault*, Frankfurt a.M.. Suhrkamp 1992.

Demirovic, A.. *Der nonkonformistische Intellektuelle*, Frankfurt a.M.. Suhrkamp 1999.

Fiske, J.. *Reading the Popular*, Boston u.a.. Unwin Hyman 1989a.

Fiske, J.. *Understanding Popular Culture*, Boston u.a.. Unwin Hyman 1989b.

Fiske, J.. *Power Plays-Power Works*, London/New York: Verso 1993.

Foucault, M.. "Nietzsche, die Genealogie, die Historie", in: ders., *Von der Subversion des Wissens*, München: Hanser 1974, S. 83-109.

Foucault, M.. *Überwachen und Strafen. Die Geburt des Gefängnisses*, Frankfurt a. M.. Suhrkamp 1976.

Foucault, M.. *Der Wille zum Wissen. Sexualität und Wahrheit 1*, Frankfurt a. M.. Suhrkamp 1977.

Foucault, M.. *Mikrophysik der Macht*, Berlin: Merve 1980.

Foucault, M.. *Schriften Vierter Band*, Frankfurt: Suhrkamp 2005.

Gardiner, M.. *Critiques of Everyday Life*, London/New York: Routledge 2000.

Garfinkel, H.. *Studies in Ethnomethodology*, Englewood Cliffs, NJ: Prentice-Hall 1967.

Gramsci, A.. *Gefängnishefte* (10 Bände), Berlin/Hamburg: Argument 1991ff..

Grossberg, L.. "The In-Difference of Television", in: *Screen* 28, 1987, S. 28-45.

Hall, S.. "Notes on deconstructing ‚the popular'", in: Samuel, R. (Hg.), *People's History and Socialist Theory*, London: Routledge & Kegan 1981, S. 227-240.

Hames-Garcia, M.. *Fugitive Thought. Prison Movements, Race, and the Meaning of Justice*, Minneapolis: University of Minnesota Press 2004.

Highmore, B.. *Everyday Life and Cultural Theory*, London/New York: Routledge 2002.

Hörning, K.H./R. Winter (Hg.). *Widerspenstige Kulturen. Cultural Studies als Herausforderung*, Frankfurt a. M.. Suhrkamp 1999.

Hollier, D. (Hg.). *The College of Sociology 1937-1939*, Minneapolis: University of Minnesota Press 1988.

Hoy, D.C.. *Critical Resistance. From Poststructuralism to Post-Critique*, Cambridge (Ma)/London: MIT Press 2004.

Jaeggi, R.. "'Kein Einzelner vermag etwas dagegen'. Adornos Minima Moralia als Kritik von Lebensformen", in: Honneth, A. (Hg.), *Dialektik der Freiheit. Frankfurter Adorno-Konferenz 2003*, Frankfurt a.M.. Suhrkamp, 2005, S. 115-141.

Jay, M.. *Marxism and Totaliy: The Adventures of a Concept from Lukács to Habermas*, Berkeley: University of California Press 1984.

Joußen, W.. *Massen und Kommunikation. Zur soziologischen Kritik der Wirkungsforschung*, Weinheim: Acta humaniora 1990.

Keller, R.. *Michel Maffesoli*, Konstanz: UVK 2006.

Kellner, D.. *Media Culture*, London/New York: Routledge 1995.

Kellner, D.. *Media Spectacle and the Crisis of Democracy*, Boulder. Paradigm Publishers 2005a.

Kellner, D.. "Für eine kritische, multikulturelle und multiperspektivische Dimension in den Cultural Studies", in: R. Winter (Hg.), *Medienkultur, Kritik und Demokratie. Der Douglas Kellner Reader*, Köln: Herbert von Halem 2005b, S. 12-58.

Lacan, J.. *Die vier Grundbegriffe der Psychoanalyse*, Weinheim/Berlin: Quadriga 1987.

Laclau, E./C. Mouffe. *Hegemonie und radikale Demokratie. Zur Dekonstruktion des Marxismus*, Wien: Passagen 1991.

Lefebvre, H.. *Kritik des Alltagslebens*, Kronberg: Athenäum 1977.

Leistyna, P. (Hg.). *Cultural Studies. From Theory to Action*, Oxford: Blackwell 2005.

Maffesoli, M.. *Le temps des tribus*, Paris: Meridiens Klincksieck 1988.

Maffesoli, M.. *Du Nomadisme. Vagabondes iniatiques*, Paris: La Table Ronde 1997.

Maffesoli, M.. *Le rhythme de la vie. Variations sur les sensibilités postmodernes*, Paris: La Table Ronde 2004.

Maffesoli, M.. *Éloge de la raison sensible*, Paris: La Table Ronde 2005.

McLaren, P.. *Rage and Hope. Interviews with Peter McLaren on War, Imperialism, and Critical Pedagogy*, New York u.a.. Peter Lang 2006.

Moebius, S.. *Die Zauberlehrlinge. Soziologiegeschichte des Collège de Sociologie*, Konstanz: UVK 2006.

Simmel, G.. *Schriften zur Soziologie. Eine Auswahl. Herausgegeben und eingeleitet von H.-J. Dahme/O. Rammstedt*, Frankfurt a.M.. Suhrkamp 1983.

Stallybrass, P./A. White. *The Politics and Poetics of Transgression*, Ithaca: Cornell University Press 1986.

Starr, A.. *Global Revolt*, London/New York: Zed Books 2005.

Volosinov, V.N.. *Marxismus und Sprachphilosophie*, Frankfurt a.M. u.a.. Ullstein 1975.

Williams, R.. *Innovationen. Über den Prozeßcharakter von Literatur und Kultur*, Frankfurt a.M.. Syndikat 1977.

Winter, R.. *Der produktive Zuschauer. Medienaneignung als kultureller und ästhetischer Prozess*, Köln: Herbert von Halem 1995.

Winter, R.. *Die Kunst des Eigensinns. Cultural Studies als Kritik der Macht*, Weilerswist: Velbrück Wissenschaft 2001.

Winter, R.. "Kultur, Reflexivität und das Projekt einer kritischen Pädagogik". In: Mecheril, P./M. Witsch (Hg.). *Cultural Studies und Pädagogik. Kritische Artikulationen*, Bielefeld: Transcript 2006, S. 21-50.

Winter, R./L. Mikos (Hg.). *Die Fabrikation des Populären. Der John Fiske Reader*, Bielefeld: Transcript 2001.

Winter, R./P. Zima (Hg.). *Kritische Theorie heute*, Bielefeld. Transcript 2007.

7 斯图亚特·霍尔的异类智识实践：文化研究与解放的政治

引　言

斯图亚特·霍尔（1932—2014）的实践是安东尼奥·葛兰西传统下的一个异类智识实践。凭借其在晚期资本主义社会现实中大放光芒的创造性思想与概念，他从1950年代末就为以创造解放的可能性为目的的批判性分析做出了重要贡献。他的著作背后的目的被新左派所塑造，同时他一直以理性的分析与介入追寻着这一目的，为世界民主改革做出了贡献（Winter 2014a）。

如果从一个固有的观点来叙述他的思想与研究，我们会获得这样的印象，即文化问题总是与权力相关联的，也就是说它们同样也是政治问题。对他而言，文化理论不仅意味着描绘与分析文化的角色与功能，更涉及从中推断出文化关系中被创造、被保持乃至被挑战的权力与支配力。文化不是其本质可以在语境中被自由定义为一种理论的稳定客体，而更是一个复杂的、变动不居的过程。文化是论争、持续斗争与可能介入的领域。

因此，那些从文化与政治中卷入的知识分子无法撤回到审美领域，去理解诸如"为艺术而艺术"（l'art pour l'art），或者撤回到纯粹的、抽象的思辨当中。他作为一名激进的学者甚至不能躲到公正的客观性概念与价值的中立性背后，他必须反映他如何成为资本主义社会的一部分，以及这个社会中的冲突与矛盾；反映他如何被由（传统）文化工业所定义的代议政治所塑造（Said 1994）。

查尔斯·赖特·米尔斯（Mills 1963）是霍尔在美国的同路人，正是他在1950年代末、1960年代初宣称，知识分子的使命是发现陈词滥调与模式化的观念如何被现代通信手段所传播，并产生或巩固业已存在的权力平衡。与此同时，他们也有责任去发展出可供转换的观点。"作为一个整体，文化机构是一个透镜，人类通过它来观看，它同时也是一个媒介，人们通过它诠释与报告他们的所见。"（Mills 1963：406）起初，霍尔批判性介入的目的在于解构文化机构，质疑强有力的、业已建立的定式，进而揭示出文化与社会的挑战所做出的贡献。举例而言，对权力与支配力的检视，存在于他那具有说服力的对"撒切尔主义"的定义与分析中（Hall 1988）。

自然，作为一个批判性的异类知识分子，霍尔代表那些缺少话语权的人、处于次级地位的人、少数派和没有权力的人。他考察他们是如何能够在与有权力者的论争中发展出一种对抗性的力量，以扩展自己的文化空间的。霍尔讨论了他那个时代流行的（意识形态）论争，通过理论上的方法与坚实的分析，他仔细思考并寻找解决方案与逃离路径。所以，在某些方面，他的思考可以被理解为对支配性政治与文化难题的解答。这意味着它通过展露与揭示新的冲突、新的斗争与新的问题来描绘自己的特性。因此，他揭示文化是社会变革的媒介，因而也是希望与乌托邦梦想的媒介。

罗森伯格（Rosenberg 1991: 263）描述了霍尔的智识特点，即"警惕性、公正的公开性与实际的现实主义，伴随他对新的社会发展的记录与接受。霍尔的确是正统思考者的对立面。虽然深深地承认一些平等与社会正义的基本价值，但他绝不坚持固定的理论，自然也绝不会陷入基于这样一个理论框架的标准评价的陷阱"。这样的描述使霍尔成为文化研究思潮中的一位杰出人物。

通过知识分子介入的视角，霍尔试图创造出对一种"可能性政治"的需求与条件。从一系列具体社会难题与问题出发，他集合了大量理论与方法，尽管它们通常看起来是不兼容的，如文化主义与结构主义（Hall 1980a），故而，将它们视为能够通过联结与修正而得以创造性地使用的"工具"，这同样也成了文化研究中跨学科研究的一项原则（Winter 2014b）。在它的英国范式中，这很大程度上要归功于霍尔对它的发展，并获得了国际性的成功与创新性的力量。这表明他的巨大影响不仅是基于他的学术活动，或他作为政治活动家所做的工作，还基于他在教学教育工作中的强烈介入。

举例而言，在伯明翰，霍尔引入了非等级制的教育与研究范式，以此试图让学生更深入地参与其中，甚至研究项目也以合作的方式组织。他在 1979 年到开放大学（Open University）任教，在跨学科、不合常规的框架中把普通人当作学生来指导，其指导的对象包括那些不具有学术背景的人。

他试图通过开放大学来使文化研究成为公共教育的一种范式。"如果你想要将文化研究的观念植入他们的生活当中，你必须对这些概念加以阐释，自愿地在更通俗、更容易被接受的层面上去书写。我想要让文化研究向这类挑战开放。"（Hall 1996a：501）

在这篇文章中，我将细致分析霍尔的智识实践，并展现其对现存实践的变革所做出的贡献。接下来，我从霍尔多维度的工作中选择了两个相关的重要领域，在其中，他的（政治）介入具有颠覆性，并导致了新方法的建构。这些是他对大众研究，以及媒介传播与意识形态分析的纲领性贡献。我的主要问题是，一个新左派传统中异类的批判性知识分子，是如何能够在批判性选项与可能性遭到压制的晚期资本主义社会中，对社会与文化变革做出贡献的？我们将看到霍尔视其作品为他所处时代的意识形态斗争的一个组成部分。新左派的任务是针对霸权的斗争进行分析并加以介入。政治性的和或多或少带有乌托邦特性的目标是，通过达成左派的霸权来转变当下的状态。

为了大众的斗争

文化研究项目与作为一个合理研究目标的大众的密切关系已确立。斯图亚特·霍尔承认他在伯明翰时期，支配阶层与次级阶层在大众文化领域的斗争每天都在发生并且互有胜负。其核心是他多年来的著作综合成的纲领性文章——《解构"大众"笔记》（Hall 1981）。这代表了一种对大众的社会化的批判观点，它将大众融入了历史与社会的语境中。这种观点检视了公民社会之介入和积极的作用,这种社会形态的基础是葛兰西对马克思主义经济学趋向的分析,以及他想要从马克思主义中发展出一种政治理论的意图(Gramsci 1971)。

大众反抗的特性源自特定公民社会中霸权斗争的历史情境。它为矛盾情绪与紧张不安建构出一个相抵触的空间。在这一空间中,"统治集团"想要保持意识形态支配权的努力被暗中破坏并颠覆。社会的支配阶层对这种反抗行为做出反应,通过策略从意识形态上与商业上吸收合并它们。就此而言,霍尔抵制这种已被广泛接受的观点,即宣称大众文化是霸权,是标准化与不真实的,他在资本主义发展的语境中历史性地发展出他的观点,他能够描述一个多层次的形象,一方面表现出在为资本家利益服务时的管理与变革以及通过支配性文化进行抑制的过程;另一方面又揭示出反叛、对抗与乌托邦梦想的行动。大众处在与支配性力量的张力的斗争关系中,通过其在历史语境中观察事物。霍尔的方法强调,大众能够在这一过程中获胜,但也会再次失败。这意味着内容与意义都能被改变,甚至社会用来评判与区分"大众文化"与"高雅文化"的标准也是如此。

霍尔同时果断抵制本质主义的观点,后者宣称大众文化是工人阶级的真实文化。大众文化形式不能被分配给某一个特定的阶级,或者说,在大众当中,争夺社会霸权的斗争发生了。"在我们的时代,抵抗与接受、拒绝与投降,持续不断地复杂地交织在一起,这使文化领域在一定程度上成为永恒的战场。在这个战场上,没有人能够一劳永逸地获得胜利,但永远有战略要地能够被赢得或丢失。"(Hall 1981:233)这就是为什么对霍尔来说，对此的分析是如此重要。基于沃洛希诺夫的符号复调理论（Vološinov 1975），霍尔寻求解决的是，文化形式能否代表"人民"的利益与"权力集团"对抗。斯图亚特·霍尔及文化研究的介入方法的特点是，他们努力去揭示大众中的权力关系，并由此展现社会冲突中所塑造的大众。

在葛兰西（Gramsci 1971）的后继者中，霍尔自视为一个"有机知识分子"，他不同于"传统知识分子"，他将自己的理论著作置于为"人民"服务的位置。就此而言，霍尔（Hall 1992）将有机知识分子的写作，定义为文化研究的知识分子实践的重要抱负，尤其是对伯明翰当代文化研究中心而言，这一机构从根本上是由霍尔在1960—1970年塑造的。为了广泛分析伴随权力与支配力的社会关系的复杂性，这些知识分子采用了最重要的理论与观念，肩负着分享其知识的责任，不仅与其他知识分子分享，更要与一切相关的人民分享。知识分子的论著应引领一个公开且具有批判性的教育，这在关于大众文化的跨学科与多媒体的负有盛名的U203课程中被意识到，这一课程于1982—1987年在开放大学开设，其时有超过6000人参与注册了这门课程。它讨论了不同的理论立场，它被葛兰西的思想所激励，由霍尔对大众的解构所引领，并为伊恩·钱伯斯（Iain Chambers）、迪克·赫伯迪格、劳伦斯·格罗斯伯格与约翰·费斯克及其他学者所采纳，这些学者共同将其进一步推进，转化成更有力的分析，即使有时带有争议。

媒介与社会中的意识形态斗争

　　延续葛兰西（Gramsci 1971）的观点，霍尔认为，一个社会的文化是由意识形态上层建筑组成的。文化带有强制的特性，是可规避的，它决定了现实如何被理解与传达。然而，它的"客观性"是霸权的产生地，是某一社会阶层或集团的文化支配力的表现。社会批判性知识分子的任务是弄懂用来创造意义的文化框架，这些是偶然的、可变的，并且积极地卷入争夺霸权的社会斗争中。在一次关于马岛战争（Falkland War）的访谈中，霍尔表达了涉及意识形态问题他特别感兴趣的是什么。"但是我特别感兴趣的是实际的理解、实际的框架，它们被人们使用且基本上没有被意识到。当人们对你说，'当然是这么回事儿，难道不是吗？'的时候，那个'当然'是最具意识形态性的一刻，因为在那一刻，你很少会意识到你在使用一个特定的框架，并且也很少意识到如果你使用另一个框架，你要谈论的事物将会表现出一种截然不同的意义。"（Hall 1984：8）

　　在媒体报道的例子中，霍尔清晰地揭示了甚至在媒介批判中也包含着意识形态。"没有空间是外在于——完全外在于——意识形态的，在那里我们对自己所提供的媒介分析是圈定了范畴的。"（Hall 1984：11）表现与意识形态领域被认为是一个有着支配权关系的变动领域。这在他著名的"编码－解码模型"（Hall 1974/1993）中体现得特别清楚，这一理论的目标是，通过给意识形态问题以合适的意义，在文化研究的视域下重新设计媒介研究，这是一种自 1940 年代就在大众传播研究中基本消失的观点。然而，在西方马克思主义语境中，意识形态、上层建筑的分析是中心主题（Anderson 1976）。

葛兰西（Gramsci 1971）观点延伸出的问题是，一系列的观点如何能够支配一个历史性集团的思考，又如何能够从内部统一，并在整个社会之上保持其支配力（Hall 1996b）。在与经典马克思主义文本的对比中，意识形态的概念没有被霍尔系统性地使用，对思考的复杂系统的分析是内在性统一的（举例来说，就像哲学）。相反，为了调查思考的所有形式，它被叙述性地使用，由此，焦点集中在了实际的思考与判断上，集中在了共同的感觉上。所以霍尔写道："提到意识形态，我指的是那种心理结构——语言、概念、分类、思想的形象化以及表现系统——不同的阶层与社会集团配置它们，以便能够搞清楚社会运行的方式，对其进行定义、理解它并使其变得明了"（Hall 1996b：26）。这种结构表明了那个经典的"曲解"问题仅仅扮演了一个次要的角色。所以，在传统的马克思主义观念中，意识形态不可以与虚假意识等量齐观，倒不如说，有意义的组织与社会现实框架是被意识形态所确认的。现实仅仅能够在语言与其他意义的文化系统中被感知与构造，所以它与我们如何生活、如何体验我们自身在社会关系中的立场相关（Hall 1996b：27）。

然而，基于这些问题，"大众传播"的领域必须被重新设计（Hall 1980b：117-121）。首先，被媒介直接影响的行动主义的有形模式，被一个理论概念所取代，它检视了媒介的意识形态角色。这些都被理解为支配性的、文化的和意识形态的力量，具备着决定社会关系与政治难题的能力，与此同时，生产着大众意识形态并将其传达给公众。"这种对媒介与意识形态之关注的'反馈'，是中心的媒介工作中最重要且始终如一的思路。"（Hall 1980b：117）其次，媒介文本不是像在有效的研究或令人满意的分析的传统形式中那样，被看作显而易见的意义传达者，取而代之的是，它们语言的与意识形态的结构成为被分析的对象。再次，对平常的"观众"的态度，变得像被广播公司与广告代理商利益所决定的传统研究中所展现出的同质的、被动的大众那样被拒斥。观众被视为是活跃的，他们在媒介信息的编码与解码过程——尤其是传达过程中的多义性——中被置于中心地位。最后，这种意识形态的占领导致了这样一个问题，功能性的媒介进入支配性意识形态的定义、框架与表现形式的循环与稳定化当中（Hall 1980b：118）。

就像许多成功且具有创新性的研究方法那样，霍尔的"编码－解码模型"同样也定位于不同理论关注点与问题的交叉领域，同时包含着雄心勃勃的研究计划。霍尔指出，媒介信息不可能被明确清晰地传达。一个媒介文本总有多种传达方式。在马克思的《政治经济学批判》（*Grundrisse der Kritik der politischen konomie*，1857/1953）的序言当中，他提出了这样一种观点，即不仅是生产决定消费，而且消费也反过来决定生产。这将被用于媒介传播领域，意味着传播过程的每一个组成部分，"编码"与"解码"都必须被理解为独立的表达，如同相对自发的事件，在其中，我们无法自动地看到其接下来的步骤。"但是它同样也是可能（且有用）的，对这样一个过程的思考，即凭借着具有接合与关联但又各自独立的环节——生产、流通、分配／消费、再生产——而产生并保存一种结构。对这一过程的思考将成为一种'支配性中的复杂结构'，通过相关实践的接合来维持,但每一部分又都保持其独特性并有各自的形式与存在条件"(Hall 1980c: 128)。

这在他对阅读立场的三种理想范型的著名区分中表现得十分清晰,在其中,一个媒介文本能够被解码(Hall 1980c: 136)。对一个媒介文本的首要阐释在观者充分地接受了"占统治地位的霸权符码"时得以呈现。观者"完全直接地把握了,比如说,电视新闻广播或时事节目的言外之意,并依据相关的符码来解码那些全部被编码的信息"(Hall 1980c: 136)。所以,那些信息甚至能被解码,依据相关的、能够对其编码的符码,而观者被置于占支配地位的、与媒介文本密切关联的意识形态中。霍尔写道,这种解码是"明晰传播的理想范型"。

在协商的阅读立场中,观者普遍接受了对国家性或全球性争论中的情景与事件的支配性定义,这些定义被嵌入更宽广的文化语境,然而,这些观者依然能够根据他们的经验建构出一个媒介文本。在霍尔(Hall 1974/1993: 33)看来,当下社会中的霸权情景,不只是决定了进行文化阐释时的框架范围,而是给予了它们自身合理性与自然性。协商的阐释被包含着适应性成分的事实所定义。观者基本上接受了支配性的阐释,但是他们同时也接受了对立的成分,因为基于他们自身的社会经验,他们采纳了对其自身现实处境先定的阐释。根据它的基本规则,这种运作符合阐释性的社会学(Denzin 1993: 117),"因而,这种支配性意识形态的协商转译充满着矛盾,尽管这些只在特定的场合带来完整的可见性。协商的符码通过所谓特别的或特定的逻辑来运作:这些逻辑产生自差异性的立场——我们在思想的各个层面上占据着这种立场,同时也来自他们对权力的差异性与不平等关系"（Hall 1974/1993：33）。所以，观者在这样的立场上没有简单地采纳政治手段编码出的意义作为优先阐释，而是借助他们自身的社会的与局部的意义系统，积极地在与文本的互动中建构意义，所以协商的阐释范畴便可以表现得很广。

最后，霍尔建构了第三种阐释。事件通过媒介所传达出的字面的与内涵的意义都可以被理解，但却是通过对立的阐释方式。这发生于观者察觉到媒介文本的优先阐释，却又完全拒斥它的时候，因为他从一种备选的相关结构中阐释了这条信息，此种立场尤其被那些发现自己处于与霸权符码直接对立的观者所采纳。霍尔引用了如下例子："这个案例是这样的，观者听到了关于限制工资之必要性的争论，但却在每一次提到'国家利益'时都将其'解读'为'阶级利益'。他所进行的操作，我们应当称其为'对抗性解码'（oppositional code）。"（Hall 1974/1993：34）

当我们审视这三种理想范式的"阅读立场"时，很明显地能够发现霍尔在寻找一条中间道路。一方面，在媒介文本中存在着被意识形态信息决定性影响着的理念，这对路易·阿尔都塞（Althusser 1971）所定义的结构主义立场而言是特有的，但同时，就相关媒介影响而言，对经验主义的研究深入其内部产生影响的部分也是如此。另一方面，关于观者的权力与活力的自由主义理念在"使用与满足理论"（Uses-and-Gratification-Approach）中被发现，这将权力置于编码一侧的首要位置，因为文本包含着优先含义并试图在一条特定的道路上建构出已经被提供的事件。然而，这些阐释并没有被强加在他的观点中，倒不如说他们只是被"暗示"或"建议"了。对于解码，下列说法是适用的："没有法律能够确保接受者会以精确的方式采纳一件暴力事件的优先或支配性意义，在这种方式下，意义被生产者编码。"（Hall 1974/1994：9）然而，观者并没有与媒介的生产者处于相同的立场，所以，对意义的媒介机器的控制，创造了对解码的决定性影响，这无法压倒编码得以建立的框架，或者说至少不容易压倒。如果观者像媒介生产者所预见的那样阐释文本，一个霸权的过程在这种透明性中被传达，如同葛兰西所定义的那样。次级阶层自动地将社会与政治事件的"阐释"许可让渡给统治阶层。

与此同时，霍尔还沿着沃洛希诺夫（Vološinov 1975）、巴特（Barthes 1967）与艾柯（Eco 1972）的路径，提出了媒介信息总是多重构造的，这对媒介研究而言是打破常规的。文本总是能够以不同的方式被阐释，这并不意味着它们是完全开放的。"我利用意识形态打断语言的无限符号化。语言是纯文本性的，但是意识形态想要制造出一种独特的意义。……我认为关键在于权力在何处打断论述，在何处过度打断了知识与论述。"（Hall 1994：263）所以意识形态是暂时终止通过在差异性游戏中建立一个中心的"差异化"（différance）过程的尝试。

它的初步结论与典型性的"编码－解码模型"，使借由它对观者与媒介文本互动的分析，以及这些文本对大众传媒领域中令人振奋的全新观点的阐释活动的分析成为可能。观者的活动，也就是他为了意义而与政治的——同时也是社会的——冲突的斗争取代了对结果或对个体为了满足需求而如何使用媒介接受的探索。霍尔的模型表明了文本的阐释不是一个个体的孤立活动——如同彼时在"使用与满足理论"中被接受的那样——相反它被社会化地锚定了。对文本的阅读总是社会化的活动,如同对语言的使用一样。观者分享理解与阐释的框架,在家庭、工作或朋友圈等之中的制度性锚定,决定了媒介文本的阐释(Hall 1994b:270)。结果就是,观众在社会团体与散乱的结构中都被概念化了。霍尔阐释的理想范型同样也鼓励了不同"阐释团体"的认同以及对他们的接受过程之重要性的发现。同样,研究者的角色是新近被阐释的,为了能够在语境中研究日常生活里的不同阐释,出现了民族志方法,它不仅关注不同观者团体的文化差异,也关注研究者与研究对象的差异(Morley 1992)。

通过"编码-解码模型",霍尔不仅对意识形态的检视做出了重要贡献,还成功地在媒介与传播研究中引入了一种批判的观点。在这种语境中,文化分析在意识形态分析中是首要的。霍尔在多部著作中,阐释了马克思的著作,并表示上层建筑并不由经济基础决定。每种经济主义形式都代表了理论上的还原主义(Hall 1996b:35ff.)。文化自身是一个多层面的总体,与权力具有相互依赖的关系。霍尔视它们为一个过程并以反本质主义的方式解读它们,这尤其延续了葛兰西的路径。"通过文化——在这里我指的是实在的、实践的确切地带、表达、语言与任何基于历史的特定社会风俗。我同时也指'共同感觉'的矛盾形式,它植根于并帮助塑造了大众的生活。"(Hall 1996c:439)

然而,霍尔不只受到葛兰西的影响,同样也受到阿尔都塞(Althusser 1971)的影响,尽管在很多方面霍尔批判性地反对阿尔都塞。他特别指出阿尔都塞在完全揭露公民社会上的失败，使其置于对"意识形态国家机器"的反映中。然而，他同意阿尔都塞对马克思的解读，即一个社会全部关系的总体，揭示出一个复杂的结构，其结果就是实践的某一层面无法在另一层面中使用（Hall 1985）。阿尔都塞对马克思主义的一元化概念的破除，在霍尔看来与马克思在1857年的《政治经济学批判》的序言中的立场是相关联的。具体的事物是许多决断的结果。一方面，不同的社会矛盾有着不同的起源；另一方面，历史进程中的矛盾并不是普遍的，也不具有相同的结果。霍尔（Hall 1985）在与阿尔都塞的论争中认识到"要在差异中或伴随着差异生活"，这一主题将永远伴随着他。所以他将接合定义为"差异的联合"（Hall 1996d：141）。作为差异的接合，与特定历史条件下的社会力量联结的偶然因素成为一个（暂时的）联合体。

《控制危机》（*Policing the Crisis*）同样介绍了与之前关于媒介、青年亚文化、种族主义等著作密切关联的政治介入。"这本书可能会令一些已经知晓残酷真相，并且已经卷入改变结构与环境——它们产生了本书中的分析成果——的斗争中的人失望。然而，我们希望我们所写的内容有助于报告、深化与强化他们的斗争实践。我们希望他们将会像我们试图书写的那样阅读它：作为一种介入——即使是一种存在于思想战场上的介入。"（Hall et al. 1987：x）这项研究始于1970年代，研究成果出版于1978年，它已经预言了撒切尔主义的兴起，因为它指出了即将到来的诸种力量间的此消彼长。社会的民主共识在消亡，而激进的右派却在崛起。在经过复杂详尽论述及多层次分析后,作者展现了媒介"道德恐慌"是一种意识形态结构,它产生于在经验主义上更加边缘化的"强盗"现象中存在的媒介。"粗略来看,'道德恐慌'得以以一种意识形态感知的主要形式展现给我们,其途径是使'沉默的大多数'被说服,同意支持施加于国家一部分的越来越多的强制性手段,并将其合法性出借给'比平时更多'的控制运动。"(Hall et al. 1987: 221)

第二次世界大战后关于福利国家的共识在国内外压力下的衰落以及由此而来的霸权危机被对一种"法律与秩序"的社会的普遍接受所取代,这像霍尔等人所确信能够展现的那样,是脱胎于民粹主义暗流的。霍尔等人批评公共权力预算的持续性缩减,虽然这越来越多地被视为在国家利益当中遵循了资本积累的逻辑。这项研究同时也表明了公民社会有来自国家的"相对的自治权",同时在这一领域,争夺权力的斗争在这个国家打响了。所以对建构一种共识而言,关于霸权的斗争导向了关涉不平等的阶级联盟的权力集团的构成。

随后,霍尔(Hall 1988)分析了延续着自由市场与私人所有权的意识形态教条并导向一种新自由主义权力集团构成的撒切尔主义所取得的成功,这驳斥了凯恩斯主义关于统合主义(corporatism)与共识政治的结构。私有化、对雇员权利的收回、对福利国家的削减以及法律与秩序的政治学获得了公众的认可。遵循葛兰西的观点,一个"新的现实"因而产生了,它与伴随着大众动员的市场拜物主义相关联。撒切尔主义不仅在指导国家机器上获得了成功,而且在扮演公民社会中主要的意识形态与知识分子角色上获得了成功。对霍尔(Hall 1978:

123）来说，这意味着一种"大众威权主义"的建立，在他的眼中这代表了一种"退化的现代化"，因为它利用了传统的国家与家庭的象征符号。最近才兴起的个人主义思想也是它的一个组成部分。

直到他生命的尽头，霍尔（Hall 2011）敏锐地、批判性地分析了撒切尔及其后继者当中的新自由主义霸权，举例来说，布莱尔与卡梅伦展现了它的历史偶然性并寻求可替代之物。

解放的政治：从霍尔出发超越霍尔

从大众的范围与媒介的领域所选定的例子，展现了斯图亚特·霍尔的智识工作可以被理解为一种政治实践。它们开始于提出社会难题，这些难题应该被分析所理解并通过介入被改变，他的文本作为"智识事件"进行介入，转换语境并重新创造它们。霍尔定义了权力的汇集与社会语境的发展趋势，以此暴露并撼动现存的霸权。葛兰西在狱中的写作主要是关于未来的，而霍尔则能够参与当下的政治论争。

争夺霸权的斗争持续发生于公民社会，这在经济与国家之间能够被发现。所以霍尔不仅撰写学术文章，也为日常的新闻报纸供稿；他与媒体进行访谈，为电影与电视节目出力并举办公开讲座。通过他的批判，霍尔想要帮助被支配者更好地理解这个世界，并为了他们自身的利益改变这个世界。对现存的偶然性的揭示为可能性政治创造了条件。

一方面，他的分析是公民社会的一部分；另一方面，它尝试转换它。在公民社会实践中，他们寻求文化霸权的达成以及国家与社会关系的民主化，霍尔的实践被一种解放的意图所定性。所以，霍尔传统下的文化研究，区别于主要来自葛兰西的批判性方法论。

我们知道，当下有许多并非源自葛兰西或霍尔的不同的文化分析与研究范式，这些研究范式也压根并不想要在民主观念上改变这个世界。然而，在有着经济、社会与生态危机的现代世界里，文化研究应该不只是服务于某人的个人事业或服务于晚期资本主义世界的稳定与合法性存在，而是应该再一次地考虑社会整体并坚持权力之平衡能够被转换的事实。这样做的先决条件是要承认我们自己陷入了新自由主义霸权的一元化之中，同时还要克服这一点并发展出可供替换的选项。他不知疲倦地与它抗争着，斯图亚特·霍尔因而完成了迄今为止对文化研究的发展最重要的贡献，尽管他的谦逊让他自己没有意识到这一点。文化研究的智识实践不仅可以理解这个世界，更能改变这个世界。所以，我们应该反复解读他的文本并在当下我们自己的分析中更新他的社会批判方法。

然而，如果我们想要切实地保存他的遗产，我们还必须以其他方式关联他。他在伯明翰期间，鼓励对更广范围的（批判）理论的接受，在这一过程中，他是一位至关重要的贡献者，他的目标是在当下建构出一种批判性的文化分析。如果我们想要接受斯图亚特·霍尔的遗产，我们就必须同时超越他的方法并发展出不同的针对资本主义的批判视域，这（也许）会打开新的行动路线。这不意味着武断地把它留给一个人的判断力，必须仍然有一种解放的实践，会揭示并创造出解放的机遇。斯图亚特·霍尔在1960—1970年代深刻地参与到与不同的具有代表性的西方马克思主义观点的论争中,其目的在于建构他自己的文化研究版本。我们应该在 21 世纪提出不同的批判理论范式,这能够帮助我们理解并改变当下文化与权力间的关系。理论仍然是一个重要的战场。安东尼奥·葛兰西与斯图亚特·霍尔传统下的激进知识分子对一个更好的未来是不可或缺的。

(王长亮 译;原载《英语研究》第 3 辑)

参考文献

Althusser, L.. *Lenin and Philosophy and Other Essays*. London: New Left Books, 1971.

Anderson, P.. *Considerations on Western Marxism*. London: New Left Books, 1976.

Barthes, R.. *Elements of Semiology*. London: Jonathan Cape, 1967.

Denzin, N. K.. 'Symbolic Interactionism and Cultural Studies', in *The Politics of Interpretation*. Cambridge/USA & Oxford/UK: Blackwell, 1992.

Eco, U.. 'Towards a Semiotic Inquiry into the TV Message', *Working Papers in Cultural Studies*, 1972(3), pp. 103-126.

Gramsci, A.. *Selections from Prison Notebooks*. London: Lawrence & Wishart, 1971.

Hall, S.. *Encoding/Decoding. Studying Culture*. A. Gray & J. McGuigan, London: Hodder Arnold, 1974, pp. 28-34.

Hall, S.. 'Cultural Studies: Two Paradigms', *Media. Culture & Society*, 1980a(2), pp. 57-72.

Hall, S..'Introduction to Media Studies at the Centre', in S. Hall, D. Hobson, A. Lowe & P. Willis. *Culture, Media, Language*. London/New York: Routledge, 1980b, pp. 117-121.

Hall, S.. 'Encoding/Decoding', in S. Hall, D. Hobson, A. Lowe & P. Willis. *Culture, Media, Language*. London/New York: Routledge, 1980c, pp. 128-138.

Hall, S.. 'Notes on Deconstructing "the Popular"', in R. Samuel. *People's History and Socialist Theory*. London: Routledge, 1981, pp. 227-241.

Hall, S.. 'The Narrative Construction of Reality: An Interview with Stuart

Hall'. *Southern Review*, 1984(17), pp. 3-17.

Hall, S.. 'Signification, Representation, Ideology: Althusser and the Post-Structuralist Debates', *Critical Theories of Mass Communication*, 1985(2), pp. 91-114.

Hall, S.. *The Hard Road to Renewal. Thatcherism and the Crisis of the Left*. London & New York: Verso, 1988.

Hall, S.. 'Cultural Studies and Its Theoretical Legacies', in L. Grossberg, C. Nelson & P. Treichler. *Cultural Studies*. London / New York: Routledge, 1992.

Hall, S.. 'Reflections on the Encoding/Decoding Model: An Interview with Stuart Hall', in J. Cruz & J. Lewis. *Viewing, Reading, Listening*. Boulder, San Franzusco & Oxford: Westview Press, 1994.

Hall, S.. 'The Formation of a Diasporic Intellectual with Stuart Hall by Kuan-Hsing Chen', in D. Morley & K. H. Chen. *Critical Dialogues in Cultural Studies*. London & New York: Routledge, 1996a, pp. 484-503.

Hall, S.. 'The Problem of Ideology: Marxism Without Guarantees', in D. Morley & K. H. Chen. *Critical Dialogues in Cultural Studies*. London & New York: Routledge, 1996b, pp. 25-46.

Hall, S.. 'Gramsci's Relevance for the Study of Race and Ethnicity', in D. Morley & K. H. Chen. *Critical Dialogues in Cultural Studies*. London & New York: Routledge, 1996c, pp. 411-440.

Hall, S.. 'On Postmodernism and Articulation. An Interview with Stuart Hall', in D. Morley & K. H. Chen. *Critical Dialogues in Cultural Studies*. London & New York: Routledge, 1996d, pp. 131-150.

Hall, S.. 'The March of the Neoliberals', *The Guardian*, 2011-09-10(13).

Hall, S., Critcher, C., Jefferson, T., Clarke, J. & Roberts, B.. *Policing the Crisis. Mugging, the State, and Law and Order*. Houndmills: Palgrave, Macmillan, 1978.

Marx, K.. *Grundrisse der Kritik der politischen konomie*. Frankfurt a. M. / Wien: Ullstein, 1953.

Mills, C.. W. *Power, Politics and People: The Collected Essays of C. Wright Mills*. Oxford: Oxford University Press, 1963.

Morley, D.. *Television, Audiences and Cultural Studies*. London & New York: Routledge, 1992.

Rosenberg, I.. 'Stuart Hall', in H. Heuermann & B. P. Lange. *Contemporaries in Cultural Criticism*. Frankfurt a. M., Bern, New York & Paris: Peter Lang, 1991, pp. 261-289.

Said, E.. *Representations of the Intellectual*. London: Vintage, Random House, 1994.

Vološinov, V. N.. *Marxism and the Philosophy of Language*. New York: Seminar Press, 1975.

Winter, R.. 'The Politics of Cultural Studies. The New Left and the Cultural Turn in the Social Sciences and Humanities', in I. Gilcher-Holtey. *A Revolution of Perception? Consequences and Echos of 1968*. New York & Oxford: Berghahn, 2014a.

Winter, R.. 'Cultural Studies', in U. Flick. *The Sage Handbook of Qualitative Data Analysis*. Los Angeles, London, New Delhi, Singapore & Washington DC.: Sage, 2014b.

8 雷蒙·威廉斯的著作及其对当今批判理论的意义

引 言

本文旨在考察雷蒙·威廉斯的著作对当今批判理论可能具有的借鉴意义。与让-保罗·萨特——威廉斯通常被视为英国的萨特——或者皮埃尔·布迪厄一样,威廉斯没有落入这样的窠臼:年轻时激进,老年时保守。他们三人不仅坚持理想,而且随着时光推移,老当益壮,他们的社会批评与政治参与从未有丝毫松懈。起初,威廉斯倾向于左翼改革路线,但是在1960年代末,其思想越趋激进。[1] 在学生运动和反越战运动中,他表现出自己的坚定,他关注核威胁问题并且积极思考社会主义民主。威廉斯最初置身于利维斯(Leavis)传统的左翼阵营,他通过对马克思理念的分析,提出了文化唯物主义(cultural materialism)这一概念。科学与政治在其著作中并行不悖,因

---

[1] 在其为《新左派评论》所写的讣告中,伊格尔顿如此写道,威廉斯不仅不知感恩,"恩将仇报",而且愈演愈烈。那些对《文化与社会》大加赞赏的持开放态度的自由主义批评家,因其后期论及第三世界崛起及资本主义丑恶的谈话而心灰意冷,大失所望。

为威廉斯的本意是"让希望更切实,而非让人陷于绝望"。

通过提出质疑,进行全面分析,并且通过为激进民主积极寻求答案与解决方式,来确立社会和经济正义,在理解(国际)社会的历史-政治环境的同时,认识权力的运作机制以及社会不公的诸形式,最后做出转变,这就是批判理论的目标。尽管如此,我们不应该将批判理论视为掌握了终极知识与终极答案的已完成的计划,新的社会格局和新的理论视野与阐释的形成和发展都会让批判理论做出调整。根据保罗·弗雷尔(Paolo Freire)的对抗式教育理念,批判理论应通过创造性对话而得以维持,这些对话涉及意义、知识和价值的相互创造与分享。这些对话应该让我们以富有建设性的方式共生共存,去改变权力结构,赢取权力以及最终的解放。

威廉斯的著作涉猎广泛,复杂深刻并富有创见,为以上计划提供了诸多起点、理念和概念。他对许多学科都做出了关键性的贡献,如观念史、文学符号学、文化研究、文化社会学和媒介研究。不管人们如何评价威廉斯的著作,他本人从没有将学术活动视为孤立的活动,而是将其看作我们全部生活方式民主化努力的一个组成部分,是其奉献整个思想与政治生命的计划,这一计划有其历史意义。他相信,严肃的理论工作既重要也应该关注生活。他希望以批判与改变前景的方式促进公众对社会现实的理解,并由此参与到当今社会的斗争与冲突之中。威廉斯期望的是激进民主与民主政治的社会主义,由此实现其共同文化(common culture)的理想。在霍尔为其所写的讣告中,有这样一句话:"他的严肃性就在于,他想要让所有人——批评家、政治家、学生、一般读者——都去关注唯一重要的主题，那就是，促进我们共同生活的尽快实现。"

认识到文化的双重形式——既是人工产品也是生活经验，威廉斯的思想有所转变。例如，他对剧本与小说的分析就说明，作者与读者如何去理解无法完全理解的现实，但是这种理解对个人的存在和自我实现却至关重要。因此，对精致文化形式的分析就包蕴在对社会的广泛分析之中。威廉斯从未放弃对其理论和阐释的发展。"继续思考"，这就是霍尔对其思想的概括。由是观之，他的著作——就像其他批判理论一样——没有揭示出可以直接致用于当下的永恒真理。反之，我们需要讨论并积极获取其文化理论中可资利用之处，就像他自己面对其他方法与视角时一样。他的实践就是与其他传统、立场以及观察和感觉方式进行对话，作为对某一正统的回应，因为"对话的社会性"就是他想象社会主义的方式。

威廉斯，就像1930年代的法兰克福学派或者布迪厄一样，代表了一个坚定的介入主义者对科学的认识，这种科学将学术世界与日常生活紧密相连。他在政治活动的语境中考察自己的著作，在"漫长的革命"中为正义与民主的社会而斗争。威廉斯的研究从根本上影响了伯明翰当代文化研究中心，他立意于超越学科界限，分析那些影响并规范大众生活的社会秩序。同时，他想要发现可以解决紧迫的社会、政治和经济问题的知识。他希望这种知识流传到那些反抗社会不公，同时寻求改变既存社会的群体，影响他们的思考方式。威廉斯将这种集体化称为"可知的共同体"（knowable communities）。当今的"社会正义"运动就是这样一个例子，它旨在寻求另类（alternative）全球化。根据威廉斯的看法，文化是十分缓慢但稳定发展的过程，在这一过程中，积极且富有创造性的共同意义世界得以产生。

文化唯物主义

为文化下定义的努力使威廉斯既涉足马克思关于文化的理论，也想开拓经济基础－上层建筑模式的新局面。在威廉斯看来，马克思认为，"所有的文化进程都由人类自己启动，同时，如果不将这些文化放在人类活动这一整体语境中，也是无法得到充分理解的"。威廉斯联系马克思关于社会进程的整体性观念，强调这需要对社会中各种实践形式之间的相互关系进行考察，物质生产是在更为广泛的社会生活中体现出来的。

另外，威廉斯认为，"脑力劳动的生产力"也具有物质性，因而也拥有社会性的历史。正如他在对马克思著作做出的富有新意的分析中所表明的那样，文化实践与物质生产相比，不应该被视为次级的活动，而应该被看作社会－物质进程这一总体的有机组成部分。既然上层建筑本身就拥有物质结构，威廉斯要求抛弃这一看法，即只有某些生产实践才具有物质性。在威廉斯看来，艺术、哲学、美学和意识形态领域内的文化实践应该被理解为整个物质社会进程组成要素的"真实实践"，它们并非作为一个领域、世界或是上层建筑，而是在特定的状况与目的下，诸多彼此相异的生产实践。

这也是威廉斯认为，作为物质生产的基础与物质基础所决定的上层建筑即思想活动这个隐喻，从方法与分析的角度来看，会产生误解、大谬不然的原因。反之，去考察具体的、相关的真实进程会更有效果。基于社会事件的程序性特征，威廉斯提出了如下的概念设计：

> 我们需要重新评估"决定论"。以确立界限，转化压力，同时脱离预定的、控制之中的内容。我们需要重新评估"上层建筑"，以确立文化实践的相关范畴，同时脱离得自他人的、再生的或者具体的依赖性内容。同时，最为关键的是，我们需要重新评估"基础"，以脱离僵化的经济的或者技术抽象的观念，认识到真实社会与经济关系中的具体活动，其中包含着根本的矛盾和变化，这些变化和矛盾总是处于变动不居的过程之中。

因此，威廉斯并没有将生产力局限于经济领域，而是包纳了所有活动与社会进程。直到资本主义诞生，生产的概念才化约为商品生产，即具体的生产。威廉斯同意卢卡奇的观点，即经济的首要地位并不是人类生活的普遍特征，而是资本主义经济的具体特征。

威廉斯以成熟老到的方式考察了沃洛希诺夫[1]的语言哲学，也将语言视为物质与社会实践。

> 赋义（signification）——通过形式符号的使用而进行的意义的社会生成，也是一个实际的物质活动；从字面上说，就是一种生产。它是实践意识中的具体形式，与一切社会物质活动紧密相关。

---

1 即巴赫金，参见巴赫金：《周边集》，李辉凡、张捷等译，河北教育出版社1998年版。——译者注

威廉斯拒绝了所有的主观主义或者客观主义的语言理论。他尤其批判了索绪尔的语言观，即将语言视为客观系统，基于"语言"和"言语"的抽象二元区分以及符号的含混性。[1] 根据沃洛希诺夫的多义性（multiaccentuality）概念，威廉斯指出，符号的含混意义乃是基于它们流通其中的社会环境，创造性的应用可能会产生全新的意义。这里，威廉斯预示了"社会构造"方法中的某些观念。根据维特根斯坦的语言-游戏概念，格尔根（Gergen）指出，游戏性有时甚至是颠覆性的赋义过程，或者德里达所说的延异（différance）是没有终结的，因为符号可能具有的含混性在给定的社会-历史环境中得到限制。生活方式与阐释关系创造、再生了意义，同时使意义趋于稳定。最终，威廉斯将语言定义为"建构性的人类才能"，向权力施加压力，建立自己的规范。这是人类社会性的实实在在的实践行为。

通过考察马克思的思想，威廉斯的文化唯物主义在创造一种"全新的理论立场"方面取得了成功，即实践由社会决定，但依然具有自身的"能动性"（agency）。如此一来，实践的潜力，既非自发也非完全可以预见，可以得到认识，同时实践的内在潜力也可以呈现出来。实践构成了社会进程。因此，从某种意义上说，威廉斯预示了当今社会与文化研究中的"实践转向"（practice turn）。

---

[1] 在《政治与通信》（Politics and Letters）中，威廉斯就批判了索绪尔的语言观。"但是将符号描述为含混的或者无目的的这种做法就预先断定了所有的理论问题。我认为，符号不是含混的而是规约的，而规约本身就是社会进程的结果。如果符号拥有历史，那便不是含混的——它是人类具体的产物，是他们发展了我们所讨论的语言。"

今日威廉斯

我们之所以要解释并且讨论威廉斯著作中的概念与视角，原因很简单，那就是对当今的批判理论来说，威廉斯有着举足轻重的地位。因此，将其讨论具体历史事件的著作与当今的情形再结合，在当今（国际）关系背景下重新阅读与阐释，实属必要之举。威廉斯的理论立场与21世纪有着莫大联系，这些理论与新涌现的社会运动有着密切关系。

对霍尔和威廉斯来说，文化范畴内的理论工作并没有取代政治行动，这也是他们与阿多诺和霍克海默之间的区别。在其思想工作的支撑下，威廉斯旨在支持并推进激进的民主运动。在成人教育和大学的领域内，他想要展现出与他自己的政治实践和分析相一致的立场，并揭露出反霸权的视角。因此，基于大学而开展的文化研究项目——起初源于成人教育，在学院内产生了重要的思想影响。民主理念被引进学习与教育之中，旨在让人人都可以分享文化。威廉斯的这种激进视角源于其社会主义理想。这些理想与英国工人阶级的立场紧密相关。《走向新千年》（*Towards 2000*）与《希望之源》（*Resources of Hope*）显示了威廉斯对其时代的民主政治活动的责任感，他全力支持、积极参与，由此也发展了自己的批判立场，旨在创造更有活力、更为民主的文化。

《文化与社会》对功利主义提出了批判，同时也对伯克、艾略特或考德维尔的反资本主义态度进行了细致分析，此书对理解当今一代的情感结构也十分关键。同时，考虑到新自由主义信条及实践的统治地位——宣传自由市场的教条，宣扬并积极推行不受调节的经济自由,此书与当下情势也密切相关。全球的反资本主义运动,在过去几年中所涌现的"运动中的运动",通过与社会正义和激进民主理念的联盟,体现了威廉斯所提到的正在涌向的情感结构,质疑了霸权,这种霸权既通过反抗的形式,也通过另类(alternative)的形式进行运作。

一方面,他们通过抗议,反抗新自由主义经济的政治及其后果,通过互联网,墨西哥的萨帕塔起义获得了全世界的支持,以反对墨西哥政府和北美自由贸易协定。还有1999年西雅图有组织地反对世贸组织政策的活动,这些都是反抗的著名案例。理查德·卡恩与道格拉斯·凯尔纳表示,许多反对政治及另类文化的形式都在网上茁壮成长,日益成熟。

另一方面,通过诉诸人类的集体性,政府所推行的公共设施(如供水、医疗、教育或者交通系统)私人化和商业化的政策受到了批评。这种理想与威廉斯的"共同文化"理念有着极大的亲缘性,其中对个人主义与共同体的形成进行了对比。考虑到这种背景,威廉斯也可以被视为阿甘本、南希或者哈特与奈格里的先驱,这些人如今都在积极论述一种新的共同体。

从另一个角度来说,节约、社会机构或者贸易的另类形式,如"公平贸易运动"实践,正在不断开展。这种与生态相关的激进事业,可以在"地球之友"活动中发现,也可以在威廉斯的著作中找到。他不仅在其早期著作中讨论了自然的概念,同时也对生态问题发表了评论。通过这种方式,他为资本主义的生态批评奠定了基础,不仅提醒了人类对生态的责任,而且号召创造出关于社会的新理想。

这些在批判新自由主义全球化过程中发展出来的新意义、

新价值和新实践,旨在最终实现真实的激进民主理想。这一理想清晰地显示了其与威廉斯"漫长的革命"概念之间的相通之处。这种反资本主义并非革命的乌托邦主义,而是一种开放的多元的运动,旨在反抗新左派所论述的当代资本主义霸权。这是创造性民主的步步推进的过程。

2001年在榆港(Porto Alegre)成立的世界社会论坛(World Social Forum)代表了民主机制的全新形式,这也是一个例证。一方面,这是一个平台,许多社会运动借此得以运作;另一方面,这也是一个协商民主的论坛,推进了基于团结的反霸权的另类形式,也可以将其视为与市场的新自由主义乌托邦相对抗的概念。它努力成为批判性乌托邦的共同家园。威廉斯作品与当代的相关性于此可见一斑。威廉斯对正在涌现的意义、观念和实践的分析已经部分地预示了世界社会论坛的某些理念。例如,葡萄牙社会学家博温托·迪·苏萨·桑托斯(Boaventura de Sousa Santos)就在呼吁发生的社会学(sociology of emergences)。

发生的社会学就是去探索具体可能性中所包含的新的可能形式。例如,从事知识、实践与团体机构的象征性扩展活动,以便确定未来的(还未发生的)趋势。我们可以介入其中,去面对绝望的可能性,从而实现希望的最大化。

另外,劳伦斯·格罗斯伯格指出,情感结构这一术语属于威廉斯晚期著作中关于发生与创造性的范畴,因为它提及了经验与话语之间的空隙、已知的与可知的之间的差距，以及生活的与叙述的之间的距离。"这是非现实的事件！"不错，这就是追寻另类现代性的起点，格罗斯伯格如此说道。

只有先存在对其他现代性的想象，我们才可能至少重新去想象这种想象本身。非现实的想象与可能性有所不同，因为非现实乃是基于现实的，为想象提供了不同的视角。雷蒙·威廉斯看来已经深有体会，为其情感结构这一概念赋予了实体意义。

这些例证显示了威廉斯所发展的概念和视角与21世纪的社会运动和批判理论的建构的相关性。他的著作本身就是"理想之源"的水库，当然，这也需要我们在当今的社会－历史语境之下进行重读与再阐释。因此，当史蒂芬·康诺（Steven Connor）说，"威廉斯的时代不是我们的时代"时，他便大错特错了。我们试着证明，他的理论著作具有前瞻性，是属于21世纪的。

（王行坤　译，张瑞卿　校；原载《首都师范大学学报》2009年第5期）

9 单向度及乌托邦的可能性：赫伯特·马尔库塞对当代转型的贡献

解放、单向度和乌托邦在马尔库塞作品中的关系

在我看来，马尔库塞作品的迷人之处及其独特之处在于，它把解放作为中心主题。尽管马尔库塞非常清楚结构在先进工业社会的稳定性、显然无法逾越的形式，以及一体化的力量中的主导作用；但他同时还指出，面对经济的生产率和社会的丰富性，另一个有着质的飞跃的乌托邦世界是可以想象的。在马尔库塞看来，人类解放在晚期资本主义中是可能实现的，但是迄今为止，晚期资本主义由技术、政治和经济工具所构成的体制已经成功而有效地否定了这个前景。

早在《本质的概念》（Marcuse 1936：45-84）一文中，马尔库塞就在黑格尔的基础上对本质、潜化、表象和实在提出了新的见解。"……在我们现今所达到的人类发展阶段，世界各地的人都有实实在在的机会去实现社会生活进程在现阶段还没有实现的人类生活。"（Marcuse 2004：71）马尔库塞阐明了一种"潜在与实在之间的张力，以及人与物之间应有

状态与实际状态之间的张力"（Marcuse 2004：68）。这样一来，解放的趋势就暗存于社会进程之中而不能得以实现。因此，马尔库塞表示"理论的中心应该是对人的关注；人应该得以从真正的危机和苦难中解放出来，并且能够实现自身价值"（Marcuse 2004：71）。在此，有一点是很清楚的：辩证思考对马尔库塞来说具有否定或者解放的力量。这不仅是在试图理解或阐释世界，而且更多的是在致力于改变世界和实现乌托邦的需要。此外，实证主义满足于对"表象真实"（facticity of appearances）的理解，并由此坚持单向度。

毫无疑问，《单向度的人》一书中的"单向度"是一个历史的概念。在发达工业社会或晚期资本主义社会中，解放失去了它与生俱来的否定力量。作为马克思作品中的革命主体，无产阶级也被整合进统治的专制体制之中。这个进程发展得太远，以至于无产阶级已成为体制的载体。经济、政治和技术工具已经成功地摧毁了其内在否定性。解放似乎已经不再可能。能够战胜现有体制的其他选择和潜在的可能性也没能出现。工业和技术理性将主体变成了附属。它以"纯工具"（pure instrumentality）和"效力"（efficacy）为特征（Kellner 1984：234）。矛盾和冲突不再是社会自身的主要特征。很明显，每一种反对形式都被摧毁或者被一个连贯一致和综合的统治结构所整合。

因此，乍一看，《单向度的人》为我们提供了一个极其悲观的判断。一个由资产阶级和文化工业控制的社会破坏了主体的个人性和他的私人领域，并操控着他的需要。但是，道格拉斯·凯尔纳认为，如果我们拥护这个专断的解释，那么我们

9 单向度及乌托邦的可能性：赫伯特·马尔库塞对当代转型的贡献

可能就误读了马尔库塞。他不可能完全否定矛盾、冲突、抵抗和反抗的可能性（Kellner 1984：234）。"在马尔库塞的用法中，形容词'单向度的'（one-dimensional）指的是意指实践之间的认识论区分，这些意指实践遵循思考和实践中的前在结构、规范和行为；而'双向度的'（bi-dimensional）思维用于评估关乎（超越了确定形势的）可能性的价值、想法和行为。"（Kellner 1984：235）在晚期资本主义社会中也存在挑战现有体制的价值、观点、想法和行为。在这样的背景下，雷蒙·威廉斯（Williams 1977；Winter 2010：45-56）谈到了可以产生对立文化或另类文化的新兴的概念、视角和实践："诚然，在任何现实社会的结构中，尤其是阶级结构中，始终存在着作为其文化进程的各元素的社会基础，而这些元素是和主导元素相对立的或者另类的。"（Winter 2010：124）然而，单向度的人是和感知的主导结构联系在一起的，并且他对改变现有关系不感兴趣，他甚至完全没有考虑到这些。

还有一点很重要，即放下马尔库塞直言不讳地描述和强调的先进工业社会的主导趋势和主导结构，以及它所导致的单向度的后果。尽管如此，马尔库塞却没有放弃改变的希望，正如他在《关于改变世界》（Marcuse 1967：42-48）一文中所表明的那样。一方面，他明白这种体制的趋向阻止了激进的社会力量；但是另一方面，他又指出了废除现有社会及其结构的诸多渴望。他意识到（社会主义的）知识分子的职责在于不抱幻想地去分析这种现象的原因和可能性。马尔库塞说："所有的社会体制在变革时都不安全——这是一个显而易见的事实，而且应该经常老调重弹。"[1]

悲观的社会判断由此得以与寻求世界改变的希望和号召联系在一起。兹维·塔伯（Zvi Tauber）（Tauber 1994：72）认为，这不是马尔库塞的理论贡献，而是本来就固定在单向度自身存在的条件之中的。从这个意义上来说，我们还应该指出安东尼奥·葛兰西（Gramsci 1971）也曾为知识社会学分析中的悲观主义与主观意愿的乐观主义之间的联系辩论过。在更晚近的批判理论中，阿兰·巴迪欧（Badiou 2013）聚焦于"事件"（event），它无法预料，而且不只是导致"事件"的过程之和。接下来，我将说明单向度还被证明是当前批判分析的一个有利因素。

单向度和新自由主义

当我们考察当前的社会学判断时，它通常强调（在西方）我们生活在多元社会中，这些社会的显著特点是，不同的社会和文化区分、选择的机会、个体性或者"自身的反身特征"（Giddens 1991）。我们在全球化进程中面临着去传统化的进程（Heelas et al. 1996）。传统似乎正在失去它们的固有特征，然而与此同时，我们还面临着意义系统的多样性，我们可以或者不得不从中进行选择。安东尼·吉登斯男爵在 21 世纪初就提出，"我们有理由希望具有国际性眼光的观点能够占主导地位。对文化多样性的宽容和民主共存共荣，而且目前民主正

---

[1] 马尔库塞的这个说法受到兹维·塔伯的启发。Zvi Tauber, *Befreiung und das "Absurde". Studien zur Emanzipation des Menschen bei Herbert Marcuse*, Cerlingen: Bleicher Verlag, 1994, p. 70.

传播于世界各地"（Giddens 2001：15）。与此同时，乌尔里希·贝克（Beck 2000）唤起了新的"自由的孩童"，他们将自己看作积极参与的人并且寻找自己的运气。他们两位都接受并赞同资本主义的这些新的可能性。尽管如此，贝克与吉登斯的看法相反，他认为从世界视角出发的新的批判理论需要在全球化时代去理解社会不平等的新形式，并且需要发展反对力量（Beck 2005）。但是他想象不出一个非资本主义世界的社会是什么样子。

然而，一种更根本的分析（它主要来自对辩证法的双向度思考）表明，根据市场原则、竞争原则、效率原则和再生性原则，贯穿生活中各个部分的经济组织呈现了一种有史以来无法对抗的同质化。[1]这并没有妨碍异质化进程成为同质化的一部分，例如那些有关某个人自身生活形成之处。迈克尔·哈特和安东尼奥·奈格里（Hardt，Negri 2000）确切地谈及了真正具有包容性的工作以及资本积累过程中生活的所有部分。"资本成为世界。使用价值、与价值有关的所有其他东西和价值化的过程（这些都被设想为是在资本主义生产模式之外的）都已经消失。"（Hardt，Negri 2000：386）

现实存在（present existence）是单向度的，因为市场原教旨主义扮演着宗教的角色，而且被全世界所接受。它不仅为经济塑形，而且为政治、健康系统、教育、大学、各种社会领域和我们的思想塑形（Freytag 2008；Zima 2015：53）。对大多

---

[1] 新自由主义可以被解释为一种反革命的形式，正如查尔斯·瑞兹（Chatles Reitz）和斯蒂芬·斯巴达（Stephan Spartan）在《掠夺和反革命的政治经济：回想马尔库塞关于社会主义的激进目标》（The Political Economy of Predation and Counterrevolution. Recalling Marcuse on the Radical Goals of Socialism）一文中所展示的那样。该文出自 Crisis of Commonwealth.Marcuse, Max, Mclaren, edited by Charles Reitz, Lanham et al.: Lexington, 2013, pp. 19-42.

数人来说，构想一个社会必须按照市场资本主义的方式来进行组织。其他可能的选择不是被遗忘了，就是遭到了质疑。就连先进的全球化社会学研究也在赞美市场及其可能性。毋庸置疑的是，当代社会学已经背离了哲学，并且它的双向度思考以"批评的无力"为一般特征（Marcuse 1991）。这样看来，运用马尔库塞的单向度概念来分析当下是可取的，即使西方社会已经改变了很多马尔库塞的分析中非常重要的指标。这方面的例子有：（旧的）东西方矛盾的消失，福利国家中不断增长的破坏性，从年轻人和老年人的大量失业和贫困中可以看到的生活里不断增长的不确定性。单向度是当代的前提，因为似乎没有其他的选择。从这个背景出发，批判理论的重要性以及与决定性的否定密不可分的辩证思考就变得清晰起来。它能够给晚期资本主义的社会限制带来解放，并且能够揭示解放和乌托邦的维度（Marcuse 1988）。然而，尤尔根·哈贝马斯已经断言第一代批判理论的根本潜力是过时的，并且在尽力消除它（Habermas 1981）。

解放和理解

哈贝马斯因为霍克海默和阿多诺（Horkheimer，Adorno 1972）在关于工具及其效果的分析中没能说明白自己的原则而对他们进行了批判（Habermas 1981）。与此相反，他的交往行为理论从一开始就是作为一种理性的理论而被设计出来的，它可以提出自己的批判规则。为此，哈贝马斯做出了一种范式改变。他不再从意识理论的角度来分析理性，而是在语言和话语理论的基础上来进行分析。他的观点是，因为理性可以

9 单向度及乌托邦的可能性：赫伯特·马尔库塞对当代转型的贡献

作为主体，所以，从社会理论的角度来看理性是不合适的。与此相反，哲学的"语言学转向"表明可以从语言理解的结构中去发现理性。对交往行为理论来说，"它的兴趣点在于将语言理解作为一种协调行动的机械主义"（Habermas 1981：370）。这意味着如果存在让主体间的行动可以理解的条件，那么，达成共识就是可能的。"交往行为的概念最终是指至少两个以上有说话能力和行动能力的、建立了人际关系的主体之间的交互作用……交往行为的参与者试图对行动的情境和纲领达成共识，以通过这种一致的方式来协调行动。理解这一核心概念首先涉及的是确定情境的定义，这种情境容许意识的存在。"（Habermas 1981：86）语言理解是反身性的，并且意味着有效性主张必须是合理的。对哈贝马斯来说，理性嵌于日常的交往实践中，这种交往实践能够通过有效性主张的反身性而得以正式重构。交往行为的参与者能够理性行动，并且能够在已有规则和现有知识的语境中做决定。在交往理性这一概念中，理解取代了阿多诺的协调（reconciliation）或者马尔库塞的解放。对哈贝马斯来说，我们已经超出了对主体的思考以及它的负面批评。但他却为重建规则形成了一套正式的过程。不过，这并没有将交往理性的内容放到规范的标准中进行考量。由此，有明确要求的交往行动如何能够产生批判理论仍然不清楚（Thyen 1989：253）。

至此，当批判理论聚焦于理解之上和交往理性的乌托邦之上的时候，我们丢失了什么就变得清晰了。经验领域在辩证法中起着决定性的作用。这样一来，给定的事态（the given state of affairs）就能够被那些可以抵抗这个系统的主体所超越。他或她不仅是一个认知和理性的行为主体，而且是一个有感觉、想象和欲望的"具身主体"(embodied subject)(Farr 2009：154)。例如，马尔库塞在 1960 年代的学生运动中体察到的"新感性"(new sensibility)是以新的感觉经验和审美经验为基础的，这些经验来自自我、他者和自然，并伴随着一种乌托邦的承诺(Marcuse 1969)。道格拉斯·凯尔纳把马尔库塞在《论解放》中的观点概括如下："在《论解放》一书中，马尔库塞认为新感性中的文化颠覆表现在本能、道德和反抗既有社会的美学革命中，它导致了政治叛乱……这种反抗来自新的需求和价值，它表征了消费社会中需求和意识之间的断裂。"(Kellner 1984：341；Kellner 2004：81-99)

所以，否定的辩证法是一种唯物主义哲学，它将经验中的非同一性考虑在内。非同一性不能够通过规则的重构来进行准确的理解，但是能够在经验中发现。这样，批判理论就不应该抛弃由理论或反思所引出的经验(Thyen 1989：269)。马尔库塞和阿多诺的著作都表明知识理性是以否定的辩证法为基础的，这不一定会在正式建立的交往理性中被采取。

因此，哈贝马斯所要求的范式改变似乎并不是必需的。我们不必效仿他。[1] 更确切地说，今天所践行的批判理论是对两种范式的整合。哈贝马斯是一个坚定的社会民主主义者，我们在他的作品中找不到像马尔库塞作品中那样的对晚期资本主

---

[1] 安德鲁·法尔(Andrew Farr)在他的《批判理论与民主视野：赫伯特·马尔库塞以及新近的解放哲学》一书中做了详尽阐释，他认为哈贝马斯以理性话语原则为基础的方法不能被看作一种解放理论。"首先，它的话语或交流的形式过于受限；其次，它关于主观性的形成的理解也受到过多限制；再次，它关于生活世界的观点很是狭隘。以上几方面的限制导致哈贝马斯的理论是单向度的。" *Critical Theory and Democratic Vision, Herbert Marcuse and Recent Liberation Philosophies,* Lanham et al.. Lexington Books, 2009, p. 151.

义的激进批判。他批判晚期资本主义经济的强制体制导致了生活世界的殖民活动,但是他并没有对晚期资本主义经济体制本身提出质疑。从西雅图的示威运动到"占领华尔街"运动,这些抵抗活动已经清楚地表明,时至今日,资本主义的激进批判的存在也是以参与者的经验为基础的。

对新自由主义的激进批判

这些被曼纽尔·卡斯特称为"愤怒与希望的网络"(Castells 2012),是在数字技术和无线网络的基础上组织起来的,这和全球资本主义的组织方式相类似。它们试图影响社会变化并且竭力开创一个不同的世界。"信息时代的公众通过参与大众媒介信息的生产和发展平行沟通的自治网络,能够用他们所遭遇、恐惧和希望的东西来为他们自己的生活创造新的范式。他们通过分享经验来建构乌托邦构想;像往常一样通过占有媒介和生产信息来颠覆传播实践;通过网络化他们的欲望来战胜孤独绝望的无力感;他们还通过识别网络来争取权力。"(Castells 2012:9)现在要问的问题是,是否晚期资本主义社会中的质变不仅是一种想象,而且可以通过这些形式的抵抗而得以实现?从这种背景出发,最重要的是网络社会是很有趣的,它挑战公司资本主义的单向度、寻求乌托邦的替代物,并倡导社会正义。

20世纪末,单向度的、新自由主义的、有组织的社会看似没有其他可能的选择。政治和媒体不断宣传的自由市场的意识形态似乎终于被普遍接受了。逐渐地,出现了一场还没有被很多人注意到的反抗运动，但是它开始于南方国家。直到对1999年11月在西雅图召开的世界贸易组织会议的抗议和行动才使这场反抗运动开始引人注目。迄今为止，出现了大量共同抵抗由公司所定义的全球化的活动，而且它们支持民主选择（Kahn, Kellner 2005: 217-230; Juris 2008）。

象征性地成功抵制公司资本主义的活动不仅发生在街头，而且主要是通过数字技术来进行的。因此，激进分子通过本地定位和全球互联来逐步发展社会网络。这种交互特征促进了自治、公开获取和横向合作的发展。反抗活动由此很容易得以发展，而且可以进行谨慎考虑和调整。人们就是以这种方式来体验、实践和实现抵抗、参与和直接民主的。想象一个根据社会公正和平等的原则来组织的乌托邦世界在今天再次成为可能（Smith 2008）。政治家、科学家和大众媒体不得不宣传的晚期资本主义的现实从根本上受到了挑战和反对。

新的社会运动开创了以"线上"（online）和"线下"（offline）的社会网络为基础的反公共领域。因此，社会运动就具有了病毒特征，尤其是像"占领华尔街"运动所表现的那样。这次反抗活动从纽约发端，之后传播到世界各地。这些都是通过共同经验和实践活动来横向传播和创造的社会纽带，它们也许很快就会被破坏，但也有可能被一次又一次地重建。社会的制度化统治遭遇了一股来自新的社会运动的（数字化）反抗的敌对力量。在关于生活和社会的新观点与乌托邦概念同时得以发展并获得支持的情况下，自治的传播网络产生了。

我们已经看到，在马尔库塞对单向度社会的分析中，他没有能够指出否定这种情况并且可能在革命实践中修改它的具体倾向或影响。"面对先进工业社会的成就的总体特征，批判理论不具有超越这个社会的逻辑依据。"（Marcuse 1991：xlvi）但是他认为这种超越是必要的，并且因此对其有所期待。"面对这些明显矛盾的事实，批判分析继续坚持认为质变的需要和以往任何时候一样紧迫。"（Marcuse 1991：xlv）马尔库塞因此没有排除变化的可能性。他穷尽其一生来找寻否定性的社会和文化力量。

因此，在《单向度的人》之后的作品，比如《论解放》中，马尔库塞仔细地审查并赞同1960年代解放的可能（Marcuse 1969）。尽管他并没有在学生中看到革命的力量，但是他希望他们能够在他们自己的批判和反抗活动中起到催化剂作用。我们这个时代数字化的激进主义也反对单向度的资本主义的同化力量和整合力量。能够内在地否定和改变现有社会的真正机会是否已经出现了呢？从马尔库塞的理论背景来看，怀疑是确当的。国家权威、意识形态和商业合并的力量都没有得到足够的重视。只有当这种对公司资本主义的批判被大多数人接受、分享和实践时，剧烈的社会变化才有可能发生。尽管如此，这种反抗说明晚期资本主义体制并非单一庞大且封闭的。激进分子挑战了它的合法性，他们信仰一个不同的世界，并且在他们的网络社会中表明被否定的乌托邦状态不仅仅是一个梦（Juris 2008：9）。最后，我想从美学方面来进行更深入的探讨。根据马尔库塞的说法，最重要的是想象使超越现有社会和构想一个不同的世界成为可能。

艺术和革命

马尔库塞在他的文章《单向度社会中的艺术》中写道："……艺术的幸存可能是今天将现在和对未来的希望联系在一起的唯一的微弱联系。"（Marcuse 1973：54）他认为新的现实可以通过艺术手段来实现："不是把艺术看作政治的，也不是将政治作为艺术，而是把艺术作为一个自由社会的体系结构。"（Marcuse 1973：170）马尔库塞进而认为艺术能够表达新的感觉形式和理解形式，它们使我们能够察觉和经验不同的社会现实，并且对解放的乌托邦持有希望（Marcuse 1973：54）。他在他的最后一本著作《审美之维》中也强调审美形式的重要作用和能动力量（Marcuse 1978），这些都可以在社会中得到实现。马尔库塞认为审美形式的性质揭示了艺术的政治潜力（Marcuse 1978：ix）。它超越了专制社会的存在，并且颠覆了现实的统治框架，建立了自己的现实原则。艺术的虚构世界变成了真正的现实。"准确地说，尽管保持了它不可抗拒的在场，艺术却超越它的社会决心，并将它从话语和行为的既定领域中解放出来，它对既定现实的声讨和对解放的美好想象（立足点——德语为 schöner Schein）的祈祷就是以此维度为基础的。因此，艺术创造了一个领域，其中，适当的艺术'经验的颠覆'（subversion of experience）变得可能，即由艺术所形成的世界被认定为现实，这在已有的现实中是被压抑和扭曲的。"（Marcuse 1978：6）对马尔库塞来说，审美形式本身具有超越事务的已有状态并重申乌托邦可能性的意义。艺术的经验能够通过把它从社会限制和社会形势中解放出来而改变接受者的主观臆断。寻找自己内心的声音、清楚表达其"内在历史"(inner history)（Marcuse 1978：5）和"任性"(Eigensinn)（Winter 2001），能够为变化着的文化和社会进程做准备（Marcuse 1978：32）。"在只有通过激进的政治实践才能改变苦难现实的情况下，关注美学需要正当理由……似乎艺术作为艺术表达了一种真理、一种经验、一种必然性，虽然它不是激进的实践，但它却是革命的必要组成部分。"（Marcuse 1978：1）马尔库塞认为，艺术可以通过它的解放潜力来否定单向度的条件，并指出处于已有秩序压迫之外的乌托邦状态。查尔斯·赖茨（Charles Reitz）深入研究了马尔库塞美学观点的发展，得出了以下结论："在马尔库塞看来，美学维度呈现了人类社会潜力的解放图景，与此同时，它还描写了人类苦难的事实。真正的历史研究的主题是人类的感官和情感本质之间的高度冲突。马尔库塞的美学否定理论就是他反抗的根据，也是他推崇的反对单向度社会的政治活动的基础。"（Reitz 2000：226）我将在后文中论证，在法国哲学家雅克·朗西埃关于美学政治的作品中，马尔库塞的这些观点是如何与其相关联并引起当前的兴趣的，朗西埃关于美学政治的作品在当下正引起高度讨论（Rancière 2004）。

对朗西埃来说也是一样，政治也可以从美学实践中显现出来。他认为空间通过可感性、可见性和可说性的分配而得以形成。他追随席勒和康德，将现代性中艺术的政治含义放到它可以通过一种"异见"来重新分配可感性的事实中（Rancière 2010：115）。它可以生产世界的日常生活框架中没有出现的可感知的新对象和新形式。艺术创造对立的世界，它挑战既有

| 183

的社会秩序，并因此立足于对当下世界的激烈抨击关系中。因此，朗西埃赋予艺术以积极的力量。当我们的感性世界的标准还不稳定并被超越的时候，它会产生一种异见。另外，这个世界不仅在经验上不同，而且在结构上也改变了。准确地说，审美革命包括生活意义的根本变化。

和马尔库塞一样，朗西埃借鉴了弗里德里希·席勒在《审美教育书简》一书中的想法（Schille 1965）。"我们可以把从席勒到马尔库塞和朗西埃的思考换种方式表达如下：存在一种能够有望同时使艺术的新世界以及个体和共同体的新生活得以实现的特定的感性经验，这种特定的感性经验即审美。"（Rancière 2010：115）艺术包含了关于平等的政治承诺和关于生活的审美形式，这对世界的日常经验来说是异见。通过揭示新维度和新视角的艺术形式，可感性分配受到了挑战，在朗西埃看来，这种可感性分配在现代性中受到了统治秩序的控制。与此同时，在美学领域中，平等在生产者和接受者之间被创造出来。即便接受者也具有创造性。他被解放为观众。他或她反思艺术并同时表达平等。

朗西埃没有提及马尔库塞。他声明自己在巴黎的一个二手书店里偶然发现了席勒关于审美教育的书信（Rancière 2012：137）。尽管如此，他的作品却表明了为什么马尔库塞关于美学的政治意义的观点在今天并没有失去其意义。艺术是另一种形式的现实，并且包含着一种革命的希望（Reitz 2000；Miles 2012：126）。"艺术表征着所有革命的最终目标：个人的自由和幸福。"（Marcuse 1978：69）

结　语

赫伯特·马尔库塞终生都没有放弃他关于革命、乌托邦和人类解放的信仰。他没有抱任何幻想来揭示那些成功阻碍了解放的进程和机械主义，但是，他却坚定地信仰激进的社会变革。他从来没有接受当下的单向度，但他却认为理论、艺术和社会运动可以证明我们的生活方式的多样性，认为它们包含着乌托邦的希望并且揭示了其他的可能。马尔库塞认为支持变革和解放是他的责任和目的，即便他在《单向度的人》中宣称，在晚期资本主义中，控制在不断增强，没有否定和战胜体制的可能。这就解释了为什么他那指向未来及其乌托邦可能性的批判理论具有持续不断的吸引力和力量。因此，我们应该回到马尔库塞的批判理论，反思他关于解放和乌托邦的哲学思想，并将其与当下的困境联系起来。

（丁旭　译；原载《马克思主义美学研究》第 20 辑）

参考文献

Badiou, A., *Philosophy and the Event,* with Fabian Tarby, Cambridge: Polity Press, 2013.

Beck, U., *Power in the Global Age—A New Global Political Economy,* translated by Kathleen Cross, Cambridge: Polity Press, 2005.

Beck, U., *The Brave New World of Work,* Cambridge: Polity Press, 2000.

Castells, M., *Networks of Outrage and Hope. Social Movements in the Internet Age,* Cambridge: Polity Press, 2012.

Farr, A., *Critical Theory and Democratic Vision, Herbert Marcuse and Recent Liberation Philosophies,* Lanham et al., Lexington Books, 2009.

Freytag, T., *Der unternommene Mensch.Eindimensionalitatsprozesse in der gegenwartigen Gesellschaft,* Weilerswist: Velbruck Wissenschaft, 2008

Giddens, A., *Entfesselte Welt. Wie die Globalisierung unser Leben verändert*, Frankfurt a.M.: Suhrkamp, 2001; orig: 1999 Runaway World.

Giddens, A., *Modernity and Self-Identity. Self and Society in the Late Modern Age*, Cambridge: Polity Press, 1991.

Gramsci, A., *Selections from the prison-Notebooks,* translated and edited by Q. Hoare and G. N. Smith, London: Lawrence & Wishart, 1971.

Habermas, J., *Theorie des kommunikativen Handelns*, Vol. 1, Frankfurt a.M.: Suhrkamp, 1981.

Hardt, M. and Negri, T., *Empire*, Cambridge: Harvard University Press, 2000.

Heelas, P., Lash, S. and Morris, P.(eds), *Detraditionalization*, Cambridge, USA/Oxford: Blackwell, 1996.

Horkheimer, M. and Adorno, Theodor W., *Dialectic of Enlightenment*, New York: Herder and Herder, 1972[1947].

Juris, Jeffrey S., Networking Futures. *The Movement Against Corporate Capitalism*, Durham: Duke University Press, 2008.

Kahn, R. and Kellner, D., "Internet subcultures and political activism," in: *Cultural Studies: From Theory to Action*, edited by Pepe Leistyna, Oxford: Blackwell, 2005.

Kellner, D., "Marcuse and the Quest for Radical Subjectivity," in: *Herbert Marcuse: A Critical Reader*, edited by John Abromeit and W. Mark Cobb, London/New York: Routledge, 2004.

Kellner, D., *Herbert Marcuse and the Crisis of Marxism,* Berkeley/Los Angeles: University of California Press, 1984.

Marcuse, H., "Art in the One-Dimensional Society," in: *Radical Perspectives in the Arts*, ed.by Lee Baxandall, Baltimore: Penguin, 1973.

Marcuse, H., "On Changing the World. A Reply to Karl Miller," in: *Monthly Review*, New York, 19/5, 1967.

Marcuse, H., "Zum Begriff des Wesens" (1936), in: Herbert Marcuse, *Schriften Band* 3. Aufsätze aus der Zeitschrift für Sozialforschung. Lüneburg: zu Klampen.

Marcuse, H., *An Essay on Liberation*, Boston: Beacon Press, 1969.

Marcuse, H., *Critical Theory and Promise of Utopia*, edited by Robert Pippin, Andrew Feenberg and Charles P.Weibel, London: Macmillan Education, 1988.

Marcuse, H., *One-Dimensional Man: Studies in the Ideology of Advanced Industrial Society*, Boston: Beacon Press, 1991[1964].

Marcuse, H., *Studie über Autorität und Familie*, Lüneburg: zu Klampen Verlag, 2004[1936].

Marcuse, H., *The Aesthetic Dimension. Towards a Critique of Marxist Aesthetics*, Boston: Beacon Press, 1978.

Miles, M., *Herbert Marcuse. An Aesthetics of Liberation*, London: Pluto Press, 2012.

Rancière, J., *Dissensus. On Political and Aesthetics*, translated and edited by Steven Corcoran, London/New York: Continuum, 2010.

Rancière, J., *La méthode de légalité Entretien avec Laurent Jeanpierre et Dork Zabunyan*, Paris: Bayard Editions, 2012.

Rancière, J., *The Politics of Aesthetics*, translated by Gabriel Rockhill, London/New York: Continuum, 2004.

Reitz, C., *Art Alienation, and the Humanities. A Critical Engagement with Herbert Marcuse*, Albany: State University of New York, 2000.

Schiller, F., *On the Aesthetic Education of Man in a Series of Letters*, New York: Ungar, 1965[1795].

Smith, J., *Social Movements for Global Democracy*, Baltimore: The John Hopkins University Press, 2008.

Tauber, Z., *Befreiung und das"Absurde". Studien zur Emanzipation des Menschen bei Herbert Marcuse*, Cerlingen: Bleicher Verlag, 1994.

Thyen, A., *Negative Dialektik und Erfahrung. Zur Rationalität des Nichtidentischen bei Adorno*, Frankfurt a.M.: Suhrkamp, 1989.

Willians, R., *Marxism and Literature*, Oxford/New York: Oxford University Press, 1977.

Winter, R., "The perspectives of radical democracy: Raymond Williams's work and its significance for a critical social theory," in: *About Raymond Williams*, edited by Monika Seisl, Roman Horak and Lawrence Grossberg, London/New York: Routledge, 2010.

Winter, R., *Die Kunst des Eigensinns. Cultural Studies als Kritik der Macht*, Metternich: Verlag Velbrück Wissenschaft, 2001.

Zima, Peter V., *Entfremdung. Pathologien der postmodernen Gesllschaft*, Tubingen. A. Francke/utb, 2015.

10　日常生活的神秘性：米歇尔·德·塞托和文化分析

引　言

　　21世纪伊始，日常生活再次成为众多现代批判分析的焦点（Harootunian 2000；Highmore 2002；Gardiner/ Seigworth 2004；Leistyna 2005）。这是因为，基于日常的贫困、异化和附属体验，在全世界掀起了对新自由主义全球化的抵制。为了替代反霸权价值观和不同的全球化而进行的跨国有组织的斗争，都指向了一种抵抗的世界主义（Winter 2007），这种主义产生于当地的日常语境、对全球语境的论辩，以及对跨地方的联系和联盟的寻求。全球化进程正是在日常的层级上扩展至全世界的，它似乎涵盖了一切。自从现代化开始，对当下的体验就在日常生活中被表达出来（Harootunian 2000），并建立起一个内在的空间。

　　虽然工业资本主义一开始就急于创造所有相类似的关系，而在日常生活中非同步的发展、紧张、冲突和差异却显露了出来，这是因为资本主义的命令和节奏以不同的强度和不同的时

| 189

刻与之相应。按照格奥尔格·西美尔（参见 Simmel 1983）的说法，在城市里，"生活的速度"在加快，神经质的生活处于持续刺激之中，资本主义物质世界的幻景在不受约束地肆意发展，正是在这里，对此时此地的体验变得越发强烈。日常生活不仅一方面包含即时的、正常的和实际的事物，另一方面也包含偶然的、不稳定的、随机的、意外的和持续的事物。费尔南多·佩索阿（Fernando Pessoa）撰写的《不安之书》就致力于探究它。

在他的形式现象学分析中，格奥尔格·西美尔说明了现代性经验是如何建基于日常世界之上的。就像佩索阿或卡夫卡一样，他将注意力集中在（表面上）微不足道的、随机的和普通的事物上，试图在生活的细节和切面中获取一般的和整体的、可能是意义的全部。他的社会学理论遵循美学视角（参见 Frisby 1989；Jung 1990），在社会快照的片段中寻找典型和独特的东西，就像我们在日常意识中遭遇到它们一样。他的社会学印象主义试图理解经验的（特殊的）平常性，但它通过关注"现代的现象学本质"，导致了一种对现代性的概括性描述，从而忽略了其独特性。与关联过程的强化、商品的无限制流动和社会客观化的增加形成对比的是，他聚焦于生命的价值，或者更准确地说，是"更多生命"的价值，它超越日常生活，也想成为"更富生命力"的东西（参见 Jung 1990；Lash 2005）。[1] 尽管他的研究精细复杂，至今仍令人印象深刻，但日常生活并没有成为社会学的核心范畴，它也在诸如现象学社会学或象征

---

[1] 维尔纳·荣格（Werner Jung）简要地总结了西美尔晚期作品的这一视角。"生命无限地流动，永恒地发展，然而它总是在人身上显现出来。因为人们谈论的总是人——在生活中占据一个特定位置的、确定的个体——各自处在时间流变中的人"（1990：156f.）。

互动主义中扮演着不可或缺的角色（参见 Adler/Adler/Fontana 1987）。这需要与这样一个事实联系起来，一方面，日常的颇具活力的平庸、肤浅、节奏和自发性逃避甚至完全拒绝抽象的渗透和结论性的系统化（参见 Blanchot 1987）。日常生活的过程性质要求分析性步骤，这是公平对待它的变化和变体。米歇尔·马费索利（Maffesoli 1996）甚至要求一个敏感而笨拙的理由，以便能够理解日常生活的异质性。不应采用"硬"的科学理解和量化方法，而应谨慎地对研究对象进行可能的解释，并尽可能果断地趋近它（参见 Keller 2006：66）。另一方面，它又与 20 世纪社会学的理论发展相联系，这些理论发展是基于社会秩序和社会行为的现象，我们将在下面看到，在这些现象中，"日常生活的神秘性"被隐藏或被抑制了（Harootunian 2000：59ff.）。

有趣的是，这种对日常生活的关注与超现实主义、马克思主义、存在主义、情境主义国际和文化研究等智识运动联系在一起。因此，当米歇尔·加德纳在他的《日常生活批判》（Gardiner 2000：2）一书中指出，在日常生活分析中存在着一种被主流社会学所忽视的"地下状态"或反传统，这似乎是有道理的。这一传统的特点是反对抽象的社会理论，这样的理念可以在诸如塔尔科特·帕森斯（Talcott Parsons）或路易·阿尔都塞那里找到，但在这里遭到了对手的反对（Gardiner 2000：3）。它也拒绝社会行为的一般理论，而去关注"社会互动日常的、非正式的面向"（Gardiner 2000：3），以及越轨的社交形式（参见 Hörning/Winter 1999）。

由此更进一步，对加德纳来说，从现象学社会学、知识社会学或民族方法学的既定方向来定义这个"传统"很重要，该传统对分析日常生活和质疑宏观社会学的主导地位有着重要的贡献，但它坚持信任学术社会科学的元理论和认识论的假定（Gardiner 2000：4）。因此，客观公正、与研究者保持距离和不参与的理想得以维持。尽管对日常知识进行了复杂的分析，但这将导致例如专家和非专业知识之间的分化。此外，他在有关舒茨和他的追随者的章节中批评说，日常生活概念导致了一种准自然的、不可改变的行为视野。"因此，日常世界构成了一个包罗万象、循规蹈矩的现实，并通过语言技能和行为规范的习得传给后代。'日常生活'的概念仍然是一个纯粹描述性或分析性的概念。"（Gardiner 2000：5）

　　这种方法的形式主义特征阻碍了——尽管有时会有相反的意图——对日常经验的背景方面的理解，同样也阻碍了对社会情境、现象和实践的特殊性和奇异性以及社群化的临时形式的理解。因此加德纳认为，该案例强调在动态（资本主义）现代化的历史背景下对日常生活的分析，以解决其矛盾、模棱两可、冲突线和潜力，并增加行动者（agent）的反身性。正如卡普兰和罗斯（Kaplan/Ross 1987：1）所确认的那样，它不仅仅是描述日常经验，而是要转化它们。加德纳在这里引用了波尔纳（Pollner 1991）提出的"激进自反性"概念，通过这种方式，行动者应该更好地理解他们的社会生活条件，并通过有意识地执行行动来改变他们的限制条件。正是在这里，我们发现了对日常生活的实证主义分析和后实证主义分析之间的决定性差异。"因此，对日常生活研究持批判态度的追随者采取了明确的伦理－政治立场，并十分强调个人和集体行动的潜在力量来改变现有的社会状况,这一策略对主流社会科学的实践者来说无疑是一种诅咒。"(Gardiner 2000:9)因此,在日常生活的批判传统中,它倾向于展示日常生活本身的趋势、潜伏性和乌托邦时刻(Bloch 1978),这些超越了现有的形式,并揭示了赋予转变、差异和他异性的时刻。

自 1980 年代以来,米歇尔·德·塞托的作品就主要站在这一角度,而只能从这一角度出发,日常生活的神秘性才能得以接近。即使他作品的价值是被逐渐发现的,但毫无疑问,这位不拘一格和才华横溢的学者在生活和思想上惯常处于边缘(Terdimann 2002:200)且处于边缘的少数派位置上。这使他可能看到不同的富有成效的经验,并成为当今最重要的文化理论家之一。他并没有将权力或社会秩序而是将抵抗和行动的力量置于其文化分析的中心,而这与吉尔·德勒兹和菲利克斯·加塔利的作品一样都是在"法国理论"的背景下产生的(参见 Buchanan 2000)。[1]

我们还将讨论在文化研究背景下他对日常生活分析所做出的贡献,自 1980 年代末以来,关于他的作品就一直存在着激烈的争论。自 1950 年代文化研究在英国产生伊始,它的工作重心就放在日常生活上。当然,这个概念从未被定义,甚至从未被系统使用过。与之相反的是,文化研究处理的是"日常文化""通俗文化"或"共同文化"等概念的面向。然而,劳伦斯·格罗斯伯格(Grossberg 1997)恰恰将日常生活确定为文化研究的中心主题。因此,在《日常生活实践:1. 实践的艺

---

[1] 例如,德·塞托采用的战术(tactic)概念就与德勒兹和加塔利的"欲望"(désir)概念在功能上相类似。

术》（de Certeau 1980）被翻译成英文后，约翰·费斯克、米格汉·莫里斯（Meaghan Morris）和约翰·弗劳（John Frow）等人对德·塞托的作品给予了强烈关注，借此费斯克首先系统地进入了对电视和通俗文化的分析之中（参见 Fiske 1989；Fiske 1993；Winter 2001）。此外，我们将主要参考米歇尔·马费索利的日常社会学。

奇异性的科学

德·塞托的一个迷人概念是他的奇异性的科学，它将他与其他文化研究作品（参见 Denzin 1997，1999；Fiske 1999；Grossberg 1999）和较新的质性社会研究（参见 Denzin/Lincoln 2005）联系起来，它拒绝实证主义的经验论和实在论，因为它们是以社会建构为导向的。为了理解日常现象和实践的奇异性，它们必须与自身所处的当地环境的特殊情况联系在一起。德·塞托极力反对这样一种主流观点，即文化分析的目的是产生适用于每一个例子的一般理论解释。不是使用或包容的逻辑，而是对另类现实敏感的发明逻辑，塑造了他具有异质性的合乎情理的文化分析（Massumi 2002；Highmore 2006：5ff.）。一方面，他对历史批判性写作的贡献加强了这一点；另一方面，他的精神分析基础也强化了这一点。

对德·塞托来说，过去是"僵死的"，一去不复返的，不可再生的，只能以不同方式加以重建，这使历史的书写成为一种哀悼（参见 de Certeau 1991）。他从根本上质疑西方历史写作的客观性要求，这种要求想要展示"它是如何真实存在的"

(利奥波德·冯·兰克语)。德·塞托提出了一个充分的理由，其目的是承认历史写作的诗性基础和赋予审美材料适当的认识论价值，但又不陷入"一切皆有可能"的相对主义（参见 de Certeau 1997：29-90）。历史学家永远不应该把历史研究理解为一个封闭的过程，在这个过程中，对历史文献来说，为了实现对过去看法的巩固和复杂描述，理解的上下文被复制出来。根据德·塞托的看法，在这种有条不紊的多元化中，历史事件的奇异性的踪迹也显露了出来，这些奇异性是不可化约且永远不可能完全为人所知的（参见 Highmore 2006：45）。

弗洛伊德和拉康形塑了他的思想背景，这不仅仅导致了从精神分析学中获得的知识转移到文化领域，就像许多人以前所做的那样，因为这些知识产生于它的普遍有效性。德·塞托坚决反对（像阿多诺那样）这种粗野的做法。因此，在雅克·拉康的传统中，他与超现实主义建立了理论甚至实践上的联盟，从而揭示了词语与意义、"能指"与"所指"、符号与指涉物之间不存在任何稳定的关系。这种"表征的危机"导致了着重强调精神分析课题的反解释学特征，这与尤尔根·哈贝马斯（Habermas 1968）和阿尔弗洛德·洛伦泽（Lorenzer 1974）的解释相反。让·拉普朗什（Laplanche 1996）以《梦的解析》（1900）为例，非常尖锐地指出了这一点。弗洛伊德指出梦不可能有一个普遍的解释，因为这里不存在一个任何强制性的解释秘匙。梦仍然是令人费解和奇异的，它们与一个人的特定生活史有关，像这样的梦永远无法被完美地破译。因此，梦的解释和精神分析的谈话是相当可能的，通过自由联想的方式表达未知，发展其他形式的交流，并保持说话的独特性。因此，分析者的主要功能不是分析病人和发展有效的意义，而是倾听、参与未知的语言结构，并作为一个"扳道员"（pointsman）来行动。这样，拉康在德·塞托的理论基础上发展出一种精神分析的谈话伦理。在他的研讨班上，精神分析被"还原为它的本质：交谈同样也成为表演和戏剧"（de Certeau 1997：165）。

转移到文化领域，意味着一方面释放未知的过程，另一方面在面对他者的他异性时去体验和改变，即使是在其狭隘的意义上。德·塞托的文化分析有赖于对差异的体验和自我分析。他将"自由浮想注意力"或"用第三只耳朵倾听"（西奥多·赖克语）的方法论原则转移到文化过程中。这一点在他对1968年五月风暴的解释中很明显（参见 Dosse 2002, Chapter 11）。革命没有发生，交流的乌托邦却发展起来了。消费社会匿名性的增长受到了巨大的质疑。……交流的社会限制被打破，梦想、愿望和幻想被公开表达，社会空间成为一个聚会的场所。语言不再具有再现性，而是变得具有述行性（performative）和诗意。根据德·塞托的说法，自由联想的理念在1968年5月的短暂时间里成为一种文化现实。

日常实践的面向

因此针对日常生活的神秘性的文化分析，其首要目标是揭示其隐藏的维度和潜力，不能创建一种"真的在那儿"或以前是"真实的"事实的描述，也不能创建那些作为朴素实在论而被拒斥的概念，而是要通过生成理论的形成和之前的理解形式来质疑和释放文化的力量，从而实现转化性的描述、描绘和解释（参见 Gergen 2002：147ff.）。这里举一个很好的例子，比如德·塞托的偷猎比喻，他将阅读定义为"偷猎"，或者他这样定义日常生活："日常生活通过无数方式偷猎他人的财产来创造自身"（de Certeau 1988: XII）。当作家创造自己的空间，从少数人的立场出发，那么他必须找到自己的读者，而读者是旅行者，穿越不属于他们的领地。因此，德·塞托将官方文化（就像历史的书写）视为实践或实际操作的领域，它们在其处置方式上有着特定的位置。此外，他的研究希望"在经济框架下定位表征消费的操作类型，并在这些挪用的实践中辨别创造力的指数，当实践不再有自己的语言时，创造力就会蓬勃发展"（de Certeau 1988: XVIf.）。日常生活来自非生产者的文化实践，他们的制造加工在消费领域仍然是看不见的：

> 后者是狡猾的，它是分散的，但它悄悄渗透到每一个地方，几乎看不见，因为它不是通过它自己的产品，而是通过主导经济秩序强加的使用产品的方式而表现出来的。（de Certeau 1988：XIIf.）

他将日常生活实践定义为不仅是隐藏的、隐蔽的或难以理解的，而且是策略的、异质的（单数和复数）、想象的、狡猾的或顽固的。他的合作者卢斯·吉雅德（Giard 1994：V）是这样描述她的研究小组所采用的方法的：

> 如何理解实践活动，如何去反对社会学和人类学的分析？我们需要用我们孱弱的力量，不抱任何幻想，只

用我的热情去忘记一个巨大的建筑工地：定义一种方法，找到一种应用模式，接着描述、比较和对比那些本质上属于地下的、短暂的、脆弱的、间接的活动，为了阐述一门独异的实用科学而进行简单地寻找摸索。

德·塞托和他的研究小组试图揭示在实践和叙事中所表现出来的日常生活隐藏的逻辑。因此，它表明具有生产性和创造性的日常实践逃避了传统的科学分析。于是，德·塞托试图以多种多样、诗意的方式来理解它们。

根据德·塞托的说法，日常生活就是遗骸，这些遗骸并没有得到科学地策略性理解。他批评福柯对权力装置（dispositifs）的分析（参见 Foucault 1976），这种分析是基于档案的工作和对文档的分析，认为它优先考虑历史编纂所保留的操作。"因此，一个社会是由组织起它的规范性机构的某些显要实践和无数仍处于次要地位的实践组成的。"（de Certeau 1988：48）那些不能识读的程序被德·塞托称为策略，它们悄悄穿过纪律之网，在其自身处置中往往没有自己的位置（de Certeau 1988：49）。抵抗性做法不会挑战权力（作为一种规则），也与权力无关。

通过这些描述，德·塞托产生了一个复杂而微妙的日常实践概念，它不仅质疑了塔尔科特·帕森斯的大众文化理论或结构功能主义的典型概念，这是一个完全社会化的行动者或文化傀儡的概念，而且也提出了一种可能性，即把日常生活视为辩论和文化斗争的场所，并发展出一种"对文化的论战分析"（de Certeau 1988：XVII）。

就像法律（它的模式之一）一样，文化阐明冲突，并使优势力量被合法化、被取代或被控制。它在一种紧张的气氛中发展，通常是暴力的，为此它提供了象征性平衡，兼容和妥协的契约，所有这些或多或少都是暂时的。消费的策略，即弱者利用强者的巧妙方式，为日常实践增添了政治色彩。（de Certeau 1988：XVII）

德·塞托、吉雅德和马约尔（de Certeau/Giard/Mayol 1994）强调，这不仅关乎想象力和狡诈的程序，还关乎自我创造、坚守、不愿改变，以及坚持实践模式或在共同体中经验丰富的社交机制，这些机制反对现代化的推进。他们调查的实践被置于其独特的、情境化的嵌入中加以描述。它们处在看不见的地方。

居住、走动、说话、阅读、购物和烹饪等活动似乎都符合战术策略和令人惊奇的特征：在强者建立的秩序中，弱者的聪明伎俩，在他自己的地盘上击败对手的艺术，即猎人的伎俩，机动的、变形的移动，欢快的、诗意的和好战的发现。（de Certeau 1988：40）

因此，在日常实践和文化物品中所使用的操作，传达了一种归属感和在地性。德·塞托引用了许多历史学和民族学的例子来说明这些实践。于是，他报道了巴西全体民众的一种"相处之道"，这种相处"艺术"在圣徒弗雷·达米奥（Frei Damião）的奇迹故事中表现出来，在这个故事中，他的对手面临着神圣的惩罚。穷人把自己看成是谦卑的圣人,他们战胜了自己每天都屈服的"强者"。在对奇迹的信仰中,"信徒"表示他们不接受既定的秩序和他们所谓的命运。因此,奇迹故事的话语与基督教传教士强加给该国民众的宗教参照系相连。

> 他们重新使用一套远非他们自己的系统,该系统由其他人建构和传播,他们用奇迹信仰中的"迷信"、缺陷来标记这种重新使用。民间和宗教当局总是正确地怀疑这种信仰,并对权力和知识等级制度背后的"原因"提出质疑。(de Certeau 1988:17f.)

这种对强制系统的抵制性使用显示了从属群体如何在流行的概念和形式中找到他们自己的方式,并使用它们,以便为自己创建一个嬉戏空间,以及在这种情况下创造一个乌托邦的参照点。社会表征没有留下任何明显的主导性框架,而是成了工具,在它们的使用过程中也发生了变化。因此,在它们的帮助下,社会权力关系发生了逆转,弱势群体通过一个想象性空间对抗既定秩序的现实。对伊恩·布坎南(Buchanan 2000:104)来说,德·塞托文化分析的伦理维度表现在这里:"在德·塞托重述弗雷·达米奥故事中的关键信息是……乌托邦希望的空间和历史致命的绝望空间之间如果一个不向另一个让步,那么它们之间的矛盾就必须尽可能地被生产和呈现出来。"

根据德·塞托的说法,游戏、童话故事和神话是超越日常现实控制的空间构成的进一步例证。它们提供了一种"行动模式的全部"（de Certeau 1988：23），它使在特定的受控情况下的行动艺术成为可能。日常的叛逆行为不仅通过民族学或历史学的例证得以记录，而且它们也返回到西方工业社会。例如，在工作时间做私事是一种非常普遍的做法，在法语中被称为"faire de la perruque"（在工作时间做私事）。

> 他们被指责为偷窃，为自己的利益而拿取公司的生产资料，为自己的利益而使用机器，"在工作时间做私事"的工人抽出时间[……]，以便从事自由的、创造性的，恰恰是无利可图的工作[……]。在其他工人的合谋下（他们因此击败了工厂试图灌输给他们的竞争观念），他们成功地"推翻"了在其主场所建立的既定秩序。（de Certeau 1988：25f.）

赋予合法性和合理性地位的既定秩序被运动或"政变"（华丽的行动）的美学所拒斥。这与一种典型的坚韧有关（de Certeau 1988：73），但它并不被认为是可以带来真正改变的。相反，它在日常生活中打开自由空间，敢于尝试突破并体验不那么重要的逃避。因此，在流行文化中，德·塞托准确地理解了那些既不生产也不拥有文本、图片和物品的人，他们对这些东西进行了富有创意和狡猾的使用。这些获取和再次使用表象和物品的过程是异质性的，对当权者来说是大体上看不见的操作。"消费者"或"被控制的人"是"被低估的生产者"，他们通过"实用主义的现实丛林"和"狡猾地引入不同的利益和欲望"找到了自己的方式（de Certeau 1988：85）。

战略和战术

　　德·塞托的诗意方法将日常生活变成了一个抵抗的场所,他用不同的方式对此加以描述。一方面,它意味着日常实践可以由愚顽不化、无法无天、固执、倔强或某种惰性形成。它们与建立在集体记忆之上的回忆和感觉有关。在这一方面,这些做法被认为具有抵抗力,因为它们没有被现代化、商业化和全球信息与通信流的要求和节奏所完全殖民和俘获。因此,不同的时间性(temporalities)在当下发展。德·塞托表明,异质性事物总是且无处不在地抵抗同质化的力量(参见 Poster 1997),并生产替代性空间。另一方面,他有时把抵抗理解为颠覆性的和游击性的,这一概念带给约翰·费斯克最重要的政治理论,该理论强调其解放的面向。

　　他与德·塞托有着密切的联系,后者所说的"日常生活的艺术"旨在描述日常实践的多样性、任意性(aleatorics)和生产力,这些实践逃避或绕过规则或制度的压制。因此,费斯克(Fiske 1989;Winter/Mikos 2001)的研究发现,一种反叛的创造力可以在电影或电视剧的接受中表现出来。这种创造力与主导的话语秩序背道而驰。特别是在美国,从属群体以不受约束的方式使用"系统"所提供的文化工业资源。在费斯克看来,这些挪用的形式是策略性的,他将其定义为规训权力的实践,而德·塞托在对福柯的著作《规训与惩罚:监狱的诞生》(Foucault 1976)的批判性分析中将其称为策略。这些都是由规训权力在一个地方定义的实践,它们通过控制和组织创造了政治、经济和科学理性的基础。

10 日常生活的神秘性：米歇尔·德·塞托和文化分析

我把一种策略称为对权力关系的计算（或操纵），一旦一个具有意志和权力的主体（一个企业、一支军队、一个城市、一所科学机构）被孤立起来，这种策略就成为可能。它假设了一个可以被划分为它自己的地方。（de Certeau 1988：35f.）

福柯以边沁的圆形监狱为例来分析策略（Foucault 1976：251-292），那是一个由监视控制的地方。另一个例子是医生和心理学家的"标准的力量"（power of knowing），他们用自己的知识来定义什么是"正常的"，什么是"反常的"。权力的平衡使这种力量成为可能。在战略组织空间和时间的地方，不管怎样的战术都能得到发展。

与战略相比 [……] 战术是由缺少适当位置而决定的一种蓄谋行动 [……] 战术的空间就是一个他者的空间 [……] 毫无疑问，这里没有任何地方提供了战术上的灵活性，但这种灵活性必须接受当下的机遇，并在奔波移动中抓住任何给定时刻提供给自己的可能性。它必须警惕地利用一些裂隙，这些裂隙是在对私有权力的监视中由一些特殊关联性所展现的。它在这些裂隙中窃取。它在里面创造惊喜。它可能是最意想不到的地方。这是一种狡猾的诡计。（de Certeau 1988：37）

策略是在"他者的地方"发展起来的，是在权衡和巧妙地寻找机会，以逃避全景式选项并抓住逃逸线。战术是在一个

203

有序的战略领域内的特征，但它们不能非法侵入。依此理论，"普通人"变成了"日常的英雄"（de Certeau 1988：9），因为他通过他的操作和行动来进行抵抗。这不是由颠覆性内容或（媒体）文本的正式性质所产生的，而是通过挪用艺术，将预先确定的空间或文本（即使只是暂时的）转换成它自己的东西（参见 Winter 1995）。在战术漫游中，所制造的不同体验激励着我们并为我们享受这些做好准备。这种暂时限定的策略的最好例证就是步行到小镇。与专注于闲逛者的瓦尔特·本雅明相反，德·塞托对普通的行人感兴趣，这些行人会在他走过的地方停下来与朋友寒暄，他会找到属于自己的空间，这些空间与记忆、情感和神话相连。他们以这种方式戏谑地处理被定义的空间划分，使小城成为一个意义的网络，这一意义的网络对小城而言并不是隐含的。在这个意义上，安德烈·布勒东（Andé Breton）必须遵循"徒劳无功的步伐？但是压根就没有啊？"

在流行文化领域，我们也发现了其他策略。因此，德·塞托支持媒介研究，也就是将对媒介产品的文本分析与对其使用和挪用形式的调查相结合。只有这样，我们才能再次洞悉观看者在其他方面看不见的运作和构造。这些熟练的日常实践在某种程度上是历史学、大众文化或社会学宏观理论的不成文的他者性（otherness）。

符号界和真实界

根据德·塞托的看法，写作将现实转变为有秩序和限制的文本。它的演进、印刷的发明，以及可使用的视听媒体和网络导致了文本离开教室，成为一个由技术、机器和选择汇聚的社会。这个逻辑的、帝国主义的符号领域受到来自日常实践的挑战。因此，抵抗通常不能迂回地表达出来。它是在实践中嵌入的或潜意识的部分。就像拉康一样，德·塞托从超越话语的东西这一事实出发。在他的分析中，日常生活成为一种潜意识的意义结构，这种意义结构不能被意识到。这种与精神分析的联系，并不存在于内容层面，而是存在于形式层面，当我们意识到拉康（Lacan 1987）的真实界实例的意义时，就变得更清晰了。

这意味着一个无限的时空领域，该领域不能通过形象或语言来传达或标记。它存在于文本或媒体秩序的边缘，在感官的、身体的体验中和在实践中，这些都不被象征性地理解和表现。德·塞托重视前语言的、潜意识的经验，而不是思想、语言和知识。抵抗不是在意识层面上发展的，它不像在霍尔（Hall 1980）和费斯克的论著中那样去反对意识形态结构，而是在真实的层面上，在日常实践中下意识地表达出来。"他们对支配性秩序隐喻化：他们让它在另一个寄存器中发挥作用。"（de Certeau 1988：32）

这种对日常实践的启发性分析，再次聚焦于"弱者"对优势"体系"的微小胜利，但在某些方面冒着风险，就像从德·塞托那里发展而来的文化研究高估了它的社会重要性一样。那么，结构性的权力平衡，其中流行的实践是嵌入式的，这些实践并没有被创造性的消费行为视为一个规则。像米格汉·莫里斯（Morris 1998）或杰里米·阿赫恩（Ahearne 1995）这样的评论家反对德·塞托对日常实践中抵抗的迷恋，这样的指责无论如何都被夸大了，因为这种指责是建立在还原主义的解读之上的。德·塞托自己明确地拒绝一种在主导和日常之间相对立的二元论。因此，他表明日常实践的主体不应被理解为反文化的或完全的个人主义，而是一种关系性建构。权且做的艺术并不是底层阶级或被压制的人民文化的自发力量，正如一些拉美研究所表明的，而是西方工业社会处于"边缘的大多数"的表达，这种表达以巧妙的方式透露出嬉戏的地方，在那里他们挪用"耗费经济"（wasteful economy）的产品。德·塞托提到维托尔德·贡布罗维奇（Witold Gombrowicz），后者在《宇宙》中描述了一个小官员，他总是在重复这样一句格言："如果你没有得到所爱的东西，那就去爱你所拥有的东西吧。"（de Certeau 1988：31）

最重要的是，米歇尔·马费索利（Maffesoli 1979/1998）强调，抵抗性社会形式没有克服现有的秩序，而是有助于管理和容忍它（参见 Kellner 2006）。这种解释与文化研究背景下的乐观解释相矛盾，后者认为微观实践具有政治颠覆性，但它也让它的批评者丧失了信心，当他们认为非政治形式的抵抗可以被忽略时。相反，德·塞托和马费索利令人信服地表明，在后现代监视社会中它们对"生存"是何等重要。

日常艺术只能在社会权力结构的框架中发展，并依赖于这些，恰如日常概念与知识紧密相连，而知识被制度合法化。日常被主导的象征结构所定义，但与之并不完全相同。对文化的军事分析不能被孤立地看作一种划分"强者"或"弱者"的做法。只有对特定的、上下文定义的权力关系进行分析，才能显示战略或战术的效果。此外，德·塞托本人以及文化研究机构所做的研究表明，甚至是获得各种社会资源和能力，也可以成为巧妙地、抗拒地使用社会对象的决定性要求（参见 Kellner 2005）。

阐释观点：日常与乌托邦

我们的重构支持伊恩·布坎南（Buchanan 2000）的观点，即对米歇尔·德·塞托来说，日常生活实践的模态只有在文化运作逻辑的框架内才能得到恰切理解。德·塞托创立了一种新的文化形式，该形式公正地对待日常生活的多元性和异质性。在我看来，对"行动的艺术"的另一种解读是通过对他的异质性概念的关切发展而来，这一概念希望保持他者性（otherness）的特征（参见 Ward 2000，Part 1），将与他者性的关系界定为社会生活的核心元素。异质文化分析的目的旨在看到文化的边缘，理解文化实践的多元性，建构出意义，让他者以他者的身份说话，并理解他者的知识。他者性说明了一个秘密，它质疑我们自己和我们的世界观。德·塞托要求的不仅仅是宽容和尊重。我们应该通过他者性和改变自身，对来自世界的冲击持开放态度。在这个概念中，对差异的理解是基础，社会知识通过我们社会的边缘成为可能（参见 Terdiman 2002：417）。

这种观点也使它更清楚，每天的实践有何重要性。这种短暂的、叛逆的、潜意识的和快速经过的属于日常生活神秘性的微观实践，在策略的边缘展示了权力的他者性，这些实践逃离了一种概念性整合，能够代表阿多诺（Adorno 1966）意义上的非同一性。德·塞托清楚地强调，消费资本主义不会导致"弱者"自发的和想象性的权力的消失。就像恩斯特·布洛赫（Ernst Bloch）或米歇尔·马费索利一样，他要求我们在此时此地寻找这种匿名创造力和乌托邦超越性的踪迹。[1] 因此，米

---

[1] 法国发展出属于自己的研究传统，该传统被社会生活中的想象性意义所占据（参见 Legros et al. 2006）。

歇尔·加德纳（Gardiner 2000：178）总结道："尽管如此，德·塞托坚持认为大众的想象力能够创造和维系一个抵制完全同化或合并的'乌托邦空间'，在这个空间中，至少在象征意义上正义得到伸张、权力被罢黜。"

莫里斯·布朗肖（Blanchot 1987）的思想产生了进一步类似的想法，他将日常定义为人类可能性的无限总和。德·塞托追随他，当他强调动态和变化时，这就摆脱了身份的辩证思想。在一个既定的社会秩序的框架内，他把社会的不确定性、矛盾和开放的原则与日常生活联系起来。德·塞托与文化研究的相关性也变得清晰起来。由于这种研究反复强调作为日常消费实践的青年和媒介文化（参见 Winter 2001），因此，例如他们公认，想象性和创造性地绕过主导结构的青年亚文化的拼凑风格是在此基础上发展而来的。霍米·巴巴（Bhabha 1994）的分析表明，为了理解混杂身份，它不是去反对有助于他们行动能力的殖民话语，而是通过逐渐削弱对它的认同来进行模拟挪用、重新定位和重新登记，从而打开新的可能性。正是在后殖民语境中，"弱者"的策略可以表达他们的文化和社会规范，从而指向另一种存在方式（参见 Venn 2006：46）。[1]

德·塞托的日常概念的乌托邦特性表明，社会和文化的变迁不是被设想为一种激进的突破，而是被展现为一种日常实践中的内在潜能。它的发展取决于权力关系的实际配置。德·塞托对"可能的地理学"的分析是要指出，在日常社会实践中现

---

[1] 在这一点上，我们应该首先提到"底层研究"（subaltern studies）的所有作品（参见 Guha/ Spivak 1988），这些作品指出在南亚历史和社会背景下，被排斥者和从属者的声音被称为"次等人的声音"，它们没有出现在历史的官方文件和档案中。他们对历史研究的解构和有关"下层阶级的历史"的课题（爱德华·汤普森）与德·塞托的作品有许多相似之处。

实和可能之间存在着张力。因此，他表达了文化研究的中心主题——批判理论的重塑再造。

（肖伟胜　译；原载《后学衡》第4辑）

参考文献

Adler, Patricia/Adler, Peter/Fontana, Andrea (1987). 'Everyday Life in Sociology'. *Annual Review of Sociology* Vol.13, S. 217-235.

Adorno, Theodor W. (1966). *Negative Dialektik*. Frankfurt a.M.: Suhrkamp.

Ahearne, Jeremy (1995). *Michel de Certeau*. Cambridge: Polity Press.

Bhabha, Homi (1994). *The Location of Culture*. London/New York: Routledge.

Blanchot, Maurice (1987). 'Everyday Speech'. *Yale French Studies* Vol. 73, S. 12-20 (orig.1959).

Bloch, Ernst (1978). *Tendenz-Latenz-Utopie (Ergänzungsband zur Gesamtausgabe)*. Frankfurt a. M.: Suhrkamp.

Buchanan, Ian (2000). *Michel de Certeau. Cultural Theorist*. London u.a.: Sage.

de Certeau, Michel (1988). *The Practice of Everyday Life*. Berkeley: University of California Press (orig.1980).

de Certeau, Michel (1991). *Das Schreiben der Geschichte*. Frankfurt a.M./New York: Campus.

de Certeau, Michel (1994). *La prise de parole et autres écrits politiques*. Paris: Seuil.

de Certeau, Michel (1997). *Theoretische Fiktionen. Geschichte und Psychoanalyse*. Wien: Turia+Kant.

de Certeau, Michel/Giard, Luce/Mayol, Pierre (1994). *L'invention du quotidien 2. Habiter, cuisiner*. Paris: Gallimard.

Denzin, Norman K. (1997). *Interpretive Ethnography*. London u.a.: Sage.

Denzin, Norman K. (1999). 'Ein Schritt voran mit den Cultural Studies', in: Hörning, Karl H./Winter, Rainer (Hrsg.). *Widerspenstige Kulturen. Cultural Studies als Herausforderung*, Frankfurt a. M.: Suhrkamp, S. 116-145.

Denzin, Norman K./Lincoln, Yvonna S. (Hrsg.) (2005). *Handbook of Qualitative Research* (3. Auflage). London u.a.: Sage.

Dosse, François (2002). *Michel de Certeau. Le marcheur blessé*. Paris: Editions La Découverte.

Fiske, John (1989). *Understanding Popular Culture.* Boston u.a.: Unwin Hyman.

Fiske, John (1993). *Power Plays, Power Works.* London/New York: Verso.

Fiske, John (1999). 'Wie ein Publikum entsteht: Kulturelle Praxis und Cultural Studies', in: Hörning, Karl H./Winter, Rainer (Hrsg.). *Widerspenstige Kulturen. Cultural Studies als Herausforderung.* Frankfurt a. M.: Suhrkamp, S. 238-263.

Foucault, Michel (1976). *Überwachen und Strafen. Die Geburt des Gefängnisses.* Frankfurt a. M.: Suhrkamp.

Frsiby, David (1989). *Fragmente der Moderne. Georg Simmel, Siegfried Kracauer, Walter Benjamin.* Bielefeld: Dädalus.

Gardiner, Michael E. (2000). *Critiques of Everyday Life.* London/New York: Routledge.

Gardiner, Michael E./Seigworth, Gregory J. (Hrsg.) (2004). 'Rethinking Everyday Life'. *Cultural Studies* Vol.18, Nr.2/3.

Garfinkel, Harold (1967). *Studies in Ethnomethodology.* Englewood Cliffs, NJ: Prentice Hall.

Gergen, Kenneth (2002). *Konstruierte Wirklichkeiten. Eine Hinwendung zum Konstruktionismus.* Stuttgart: Kohlhammer.

Giard, Luce (1994). 'Des moments et des lieux', in: de Certeau, Michel/ Giard, Luce/Mayol, Pierre. *L' invention du quotidien 2. Habiter, cuisiner.* Paris: Gallimard, S. I-XV.

Grossberg, Lawrence (1997). 'Cultural Studies, Modern Logics and Theories of Globalisation', in: McRobbie, Angela (Hrsg.). *Back to Reality? Social Experience and Cultural Studies.* Manchester: Manchester University Press, S. 7-35.

Grossberg, Lawrence (1999). 'Was sind Cultural Studies?', in: Hörning, Karl H./Winter, Rainer (Hrsg.). *Widerspenstige Kulturen. Cultural Studies als Herausforderung*, Frankfurt a. M.: Suhrkamp, S. 43-83.

Guha, Ranajit/Spivak, Gayatri C. (Hrsg.) (1988). *Selected Subaltern Studies.* New Delhi: Oxford University Press.

Habermas, Jürgen (1968). *Erkenntnis und Interesse.* Frankfurt a.M.: Suhrkamp.

Hall, Stuart (1980). 'Encoding/Decoding', in: Hall Stuart/Hobson, Dorothy/ Lowe, Andrew/Willis, Paul (Hrsg.). *Culture, Media, Language*, London: Routledge, S. 128-138.

Harootunian, Harry (2000). *History's Disquiet. Modernity, Cultural Practice, and the Question of Everyday Life.* New York: Columbia University Press.

Hazan, Eric (2006). *Die Erfindung von Paris. Kein Schritt ist vergebens.* Zürich: Ammann.

Highmore, Ben (2002). *Everyday Life and Cultural Theory.* London/New York: Routledge.

Highmore, Ben (2006). *Michel de Certeau. Analysing Culture.* London/New York: Continuum.

Hörning, Karl H./Winter, Rainer (Hrsg.) (1999). *Widerspenstige Kulturen. Cultural Studies als Herausforderung.* Frankfurt a.M.: Suhrkamp.

Jung, Werner (1990). *Georg Simmel.* Hamburg: Junius.

Kaplan, Alice/Ross, Kristin (1987). 'Introduction', *Yale French Studies* Vol. 73, S. 1-4.

Keller, Reiner (2006). *Michel Maffesoli. Eine Einführung.* Konstanz: UVK.

Kellner, Douglas (2005). 'Neue Medien und neue Kompetenzen: Zur Bedeutung von Bildung im 21. Jahrhundert', in: Winter, Rainer (Hrsg.). *Medienkultur, Kritik und Demokratie. Der Douglas Kellner Reader.* Köln: Herbert von Halem, S. 264-294.

Lacan, Jacques (1987). *Die vier Grundbegriffe der Psychoanalyse.* Weinheim/Berlin: Quadriga.

Laplanche, Jean (1996). 'Psychoanalysis as Anti-Hermeneutics'. *Radical Philosophy* No. 79, S. 5-12.

Lash, Scott (2005). 'Lebenssoziologie: Georg Simmel in the Information Age', *Theory, Culture & Society* Vol. 22, No.3, S. 1-23.

Legros, Patrick/Monneyron, Frédéric/Renard, Jean-Bruno/Tacussel, Patrick (2006). *Sociologie de l'imaginaire.* Paris: Armand Colin.

Leystina, Pepi (Hrsg.) (2005). *Cultural Studies. From Theory to Action.* Oxford. Blackwell.

Lorenzer, Adolf (1974). *Die Wahrheit der psychoanalytischen Erkenntnis.* Frankfurt a.M.: Suhrkamp.

Maffesoli, Michel (1979/1998). *La conquête du présent. Pour une sociologie de la vie quotidienne.* Paris: Desclée de Brouwer.

Maffesoli, Michel (1996). *Eloge de la raison sensible.* Paris: La Table ronde.

Massumi, Brian (2002). *Parables of the Virtual: Movement, Affect, Sensation.* Durham: Duke University Press.

Morris, Meaghan (1998). *Too Soon, To Late. History in Popular Culture.* Bloomington: University of Indiana Press.

Pollner, Melvin (1991). 'Left of Ethnomethodology: The Rise and Fall of Radical Reflexivity', *American Sociological Review* Vol. 56, S. 370-380.

Poster, Mark (1997). *Cultural history and Postmodernity: Disciplinary Readings and Challenges.* New York. Columbia University Press.

Simmel, Georg (1983). *Schriften zur Soziologie. Eine Auswahl. Herausgegeben und eingeleitet von H.-J. Dahme/O. Rammstedt,* Frankfurt a. M.: Suhrkamp.

Terdiman, Richard (2002). 'The Marginality of Michel de Certeau', Michel de Certeau-in the Plural. *The South Atlantic Quarterly* Vol.100 No. 2, S. 399-422.

Venn, Couze (2006). *The Postcolonial Challenge. Towards Alternative Worlds.* London u.a.: Sage.

Ward, Graham (Hrsg.) (2000). *The Certeau Reader.* Oxford: Blackwell.

Winter, Rainer (1995). *Der produktive Zuschauer. Medienaneignung als kultureller und ästhetischer Prozess.* München/Köln: Quintessenz.

Winter, Rainer (2001). *Die Kunst des Eigensinns. Cultural Studies als Kritik der Macht.* Weilerswist: Velbrück Wissenschaft.

Winter, Rainer (2007). *Widerstand im Netz? Zur Herausbildung einer transnationalen Öffentlichkeit durch netzbasierte Kommunikation.* Bielefeld: Transcript.

Winter, Rainer/Mikos, Lothar (Hrsg.) (2001). *Die Fabrikation des Populären. Der John Fiske Reader.* Bielefeld: Transcript.

下编

11 分析你自己：精神分析在好莱坞电影和美剧中的表现

精神分析、知识和治疗性文化

有了精神分析，就开始了治疗性文化，它持久地影响着当今西方世界。法兰克福学派的大多数人试图证明精神分析的理论和实践都是为了解放。例如，对阿多诺（Adorno 1972：40）来说，弗洛伊德给出的证据表明，看似合理的行为可能并不合理，这是因为针对社会现实而做出的预期调整可能会导致精神问题和疾病。这一事实显示了晚期资本主义对抗性社会中客观存在的非理性现象。弗洛伊德的伟大之处就在于强调这些矛盾，并展示它们如何影响个人的心灵，他如是说道。在尤尔根·哈贝马斯（Habermas 1968：262ff.）看来，弗洛伊德创建了一门专注于自我反思并应用反思方法的科学。只有反思凭借对阻力的克服才能消除压抑的力量。解放性的认知旨趣是精神分析的特点，因为它让我们意识到无意识、叠加的掣肘会影响行为和经验，因而试图扩展个人的行动范围。正如历史学家伊利·泽拉特斯基（Zaretsky 2006：15）所说，弗洛伊德创造了"第一个关于个人生活的扩展理论和实践"。他证明了在现代社会个人经历的奇异性。他/她的主体性由"个人的、毫无疑问确实顽固的意义"所决定（Zaretsky 2006：17）。就像资产阶级的小说一样，精神分析也关注个人。它崇拜个人（参见 Fara，Cundo 1983）。

阿多诺和赫伯特·马尔库塞强烈地批评了精神分析在美国的发展方向，即所谓的自我心理学，他们称其为修正主义。对这种心理学而言，从社会束缚和强迫中解放出来后，自我调适成了关注的焦点。然而，这种观点的改变成了精神分析在美国推行的先决条件，因此成为"理所当然的事情"（Berger 1972：155）。这不仅适用于将精神分析作为一种心理治疗的方法，也适用于精神分析型精神病学的发展和制度化，这种制度化包括有相应的医院和研究中心、精神分析协会、受其影响的临床心理学，以及那些由它决定的咨询和测量方法。

正如彼得·伯格（Berger 1972：155ff.）所说，比这种制度化扎根于医学和心理学领域更令人吃惊的是，回到弗洛伊德的想法是如何在美国社会中传播和推动的。"基于这种理解方式，更重要的是，精神分析是一种文化现象，这种现象促使产生了新的人类经验的分类方法"（Berger 1972：156）。他给出了一些例子，比如法律、宗教和日常生活受到了精神分析术语——如压抑、挫折或（弗洛伊德式）口误——多么大的影响。"现在如果没有精神分析，我们甚至不能想象'高雅的'或'低俗的'文学。来自这个源头的材料充斥着大众传播媒体"（Berger 1972：156）。在阿尔弗雷德·舒茨的意义上，精神分析属于"不言而喻的事实的世界"，它算是"那些关于现实本质的主张之一,任何社会中任何心智健全的人都认为这种本质是理所当然的事"(Berger 1972:156)。举个例子来说,受过教育的美国人认为,他们的情绪和行为受到潜意识的影响。通过精神分析理论的帮助,他们观察自己并解释自身的行为。在这种情况下,正如伯格(Berger 1972:161)所说的那样,我们必须注意到精神分析不仅描述了精神现实,而且还定义并创造了它。它自我描述的新语言知晓很多新词(比如"口唇期""肛门期"或"生殖器期",用来描述精神发展的阶段),并对熟悉的术语进行重新界定(例如"理想自我"或"压抑")。"通过这种方式,许多人能够理解他们的经历是他们自己的自我的创造,这种方式因此还促成了一个内在发展过程,这一过程是进步的唯一安全基础"(Zaretsky 2006:207)。

精神分析模型的巨大成功在于给工业社会创造了与之相应的社会结构和心理现实(Berger 1972:162ff.)。因此,公共领域和私人领域的区隔导致了公众和个体自我之间的分裂。通常情况下,个体最终不能确定自己是谁。这不可避免地导致了认同危机。正如托马斯·卢克曼(Luckmann 1980:137)在他对社会心理学的思考中所指出的那样,在一个多元的现代社会中,个体化的他/她有责任稳定自己的个人身份。这个任务变成了"一种主观的、某种程度上私人的事情"。精神分析可能有助于在私人领域寻找"真我",从而建立和巩固身份。泽拉特斯基认为,它通过这种方式创造了一个新的对象:个人经验。

此外,在经济和政治官僚机构的公共领域中,"体制化的心理主义"(Berger 1972:165)有助于使它们更有效率。伯格(Berger 1972:165)如是总结道:"通过这种方式,在真正涂尔干式的意义上，心理主义的象征变成了一种（在私人和公共生活之间）填补鸿沟的集体思想，在一种文化环境里，这一象征变成了极其贫乏的总体象征。"

存在大量关于伯格的知识社会学思考的研究，这样它们便得以进一步发展。其中最重要的是最系统、最全面的作品《拯救现代灵魂：治疗、情感和自救的文化》（2008/2011[德语版]），不过，在伊娃·伊罗兹所写的上述论文中，根本没有提及伯格的开创性研究。她指出，治疗性话语和美国流行文化均传播到世界各地。"治疗性话语渗透进看似不可渗透的领域，并模糊了它的边界，以及用这种方式成了最重要的表达自我、塑造和引导自我的符码之一。"（Illouz 2011：17）在诺尔·塞蒂诺（Cetina 1997）的意义上，心理学和治疗方面的知识成了"社会关系不可或缺的一部分"。从一开始，美国文化工业对它的传播至关重要。早在1920年代，心理治疗师就向广大的听众发表演讲，并使不安全、危机和恐惧成为人们讨论的话题。从中发展出一种劝诫文学，至今仍是一个颇有影响力的文化产业，因为它提供的知识可以帮助人们理解自己的自我和自己与他人的关系。它的词汇有助于创造和形塑自己的自我（Illouz 2011：97）。此外，早期的广告也利用精神分析知识，将产品与无意识的欲望和幻想连接起来，以此影响消费者。W. D. 斯科特早在1908年就出版了《广告心理学》（参见Zaretsky 2006：208）。弗洛伊德的外甥爱德华·伯内斯是美国公共关系方面的创始人。在他看来，广告应该削弱消费者的"抵抗"。据说，消费商品能够发现和展示自我的隐藏维度（Illouz 2011：100）。

然而，对精神分析知识传播最为关键的是电影，大部分是好莱坞电影，自 1920 年代末以来，这一点对消费社会来说变得很重要。无意识的力量、梦的意义和治疗的作用变成了重要的话题。为了说明这一点，接下来我首先要考察精神分析在好莱坞电影和最近的电视连续剧中的表现。我选取了一些较为突出的例子。

好莱坞电影中的精神分析

电影和精神分析都起源于 19 世纪晚期。1895 年卢米埃尔兄弟在巴黎放映了他们的第一部电影；同年，弗洛伊德发表了他的"科学心理学研究课题"。不久，这两项欧洲发明都传到了美国。电影和精神分析都让我们用一种以前不为人所知的方式看待这个世界。而在默片中，人的外在形象——比如一张美丽的脸——在媒介帮助下变得再次可见，精神分析使"人是扎根于语言的"这一点成了一个话题。现代性体验的特征是偶然、表面和混乱。此外，电影和精神分析试图揭示"在-世界中-存在"（海德格尔语）的秘密。据说不仅是精神分析，而且电影也具有治疗效果。众所周知，菲利克斯·加塔利关于电影的格言是，它是支付不起精神分析师费用的"穷人的沙发"。

诸如爱德华·S. 波特导演的《一个醉鬼的白日梦》（*Dream of a Rarebit Fiend*, 1906）和维克多·弗莱明导演的《当云匆匆消散时》（*When the Clouds Roll by*, 1919）这样的早期好莱坞电影呈现了梦幻般的场景。然而，在第一次世界大战之前，好莱坞的作品相当保守，并未质疑支配性的道德秩序。因此，它没有广泛使用精神分析知识。然而，自1920年代开始，精神分析便俘获了电影。1924年好莱坞制片人塞缪·戈德温给弗洛伊德支付了10万美元，要他促成一个非常棒的爱情故事，不过他拒绝了。1926年，德国的G. W.派伯斯特在精神分析师的引领下，制作了一部戈德温影业公司生产的影片《一个灵魂的秘密》。这部电影呈现并解释了创伤，以便为精神分析理论和实践提供一种流行的见解。然而，好莱坞电影在那些日子并没有在心理治疗师、催眠师和其他心理专家之间做出区分。加伯德（Gabbard 1987：46）甚至谈到了在早期制作的数百部影片中精神病学的去医学化问题。

直到1930年代，精神病医生或精神分析师才频现荧屏，这些影片通常都基于戏剧表演。例如在《绝路》（*Blind Alley*，1939）中，拉尔夫·贝拉米扮演的角色既是教授又是精神分析师。一方面，他代表理论的先锋派，作为一名理性的人文主义者，通过质疑他的学生的狭隘思想，进而支持宽容和多元主义；但另一方面，他和他的欧洲妻子过着传统的家庭生活。他面对一个逃跑的杀手，这个杀手闯进了他的房间，他对其梦境和无意识动机的作用进行了解释，这最终导致了闯入者的死亡。通常抽烟斗的演员看起来像一个神谕。

1940年代，精神分析职业的理想化在延续。阿尔弗雷德·希区柯克导演的《爱德华大夫》（*Spellbound*，1944）是第一部关注精神分析理论和实践的好莱坞电影。当时，编剧本·赫克特和制片人大卫·O.塞尔兹尼克，与好莱坞其他众多有创造力的人一样，都接受了精神分析治疗。塞尔兹尼克的精神分析师作为顾问为影片制作做出了贡献。

由英格丽·褒曼饰演的康斯坦丝·彼特森医生,在格林曼多医院颇有成就地工作。她爱上了一位新同事(由格里高利·派克饰演),然而他很快患上了失忆症,并且只假定自己是爱德华大夫的身份。他的真实姓名是约翰·布朗。他对爱德华的死深感内疚。很快他被怀疑是杀害爱德华的凶手。在她的精神分析师布鲁诺(迈克尔·契科夫饰演)的帮助下,彼特森医生得以揭示布朗儿时所遭受的一次重大创伤。在一次宣泄疗法的过程中,他恢复了记忆,并能够将自己从想象的内疚中解脱出来。

在影片的一个段落中,经验丰富的著名的布鲁诺医生说:"女人是最好的精神分析师,直至她们坠入爱河。然后她们会成为最好的病人。"然而,希区柯克在《爱德华大夫》中却提供了相反的例证。男性极其冷酷,分析理性彻底失效。不过,彼得森医生之所以成功,恰恰是因为她遵循恋爱中的女人的直觉。这就是她胜过精神分析师和侦探的原因。因此,维罗妮卡·拉尔(Rall 1999: 328)持这样一种观点:"《爱德华大夫》这部影片站在坠入爱河的人一边,最终就不会遵守它对电影的允诺。去看电影,可能就像精神分析一样,是为了了解自己。不过,只有当一个人毫无节制地投身于理性的他者之中,才能达到效果。"

第一次在美国电影中,彼得森医生和她的精神分析师的场景产生了反移情作用,这对精神分析过程和讨论的话题非常重要。片头字幕的一份声明表明,这部影片多少受惠于精神分析的理论和实践是显而易见的。"我们的故事讲的是精神分析,这是现代科学对待理智和情感问题的方法。这位分析师只寻求诱导病人谈论他隐藏的问题，并打开他闭锁的心门。一旦那困扰病人的情结被发现并得到解释，疾病和困惑就消失了……非理性的邪恶是由灵魂所驱动的"（引自 Gabbard 1987：64）。然而，《爱德华大夫》并未信守诺言。与其说是很快呈现的"谈话疗法"，不如说是彼得森医生所做的侦探工作让她发现了解救的办法。希区柯克在接受特吕弗采访时表示，《爱德华大夫》只是"另一个用伪精神分析包裹的追捕故事而已"（Truffaut 1984：165，引自 Gabbard 1987：64）。同样在《醉乡惊梦》（*Nightmare Alley*，1947）中，精神分析也只是一种辅助。这是一部非常重要的黑色电影，犯罪阴谋才是它的主体内容。莉莉丝·里特尔（海伦·沃克饰演）作为一个冷酷无情的罪恶的精神分析学家，她代表的是一种"蛇蝎美女"，既不恋爱也不表现出同情，而是操纵和敲诈勒索主要人物斯坦顿·卡莱尔（蒂龙·鲍尔斯饰演）。在影片的开头，在两人之间的交谈中，精神分析被描述为一种侦探工作（Gabbard 1987：66）。同样在由理查德·朗导演的黑色电影《代罪羔羊》（*Dark Mirror*）中，精神分析的工作就类似于侦探。然而，这些电影有一个共同点，那就是只要流行电影的惯例允许这样做，那么它们就会以一种聪明而优雅方式征用精神分析。

事实上，在1940年代和更早的时候，也有一些不那么"复杂"的电影，有时甚至对精神分析很重要。正如加伯德（Gabbard 1987：74ff.）所表明的，1950年代，好莱坞对精神分析继续持有一种模棱两可的态度。一方面，它被理想化了；另一方面，它只是作为一个主题被利用，以讲述有趣的故事。作者得出的结论是，在这些影片中，精神分析都没有得到认真的实践。对好莱坞电影来说，精神分析太过复杂，无法真正专注于它。

接着在 1950 年代晚期和 1960 年代早期，我们发现了大多数精神分析的理想化表征，它们也越来越被社会所接受。1957—1963 年，有 20 多部电影表现了有能力、富有爱心、令人喜爱的精神分析学家（Gabbard 1987：84）。在美国，精神分析如今已转向自我心理学，它曾经很少被公众当作一种现代主义先锋运动，但在官僚化组织的医学或心理机构的背景下，它被当作一种公认的专业实践，这在一些电影中有所表现。在这个"黄金时代"，精神分析学家被表现为有能力的治疗师和正直的专家。

在这里，我们必须强调《大卫和莉莎》（*David and Lisa*, 1962），这是一部独立于片场制度的电影。它表明个人的病态可能是由于家庭环境造成的。斯温福德医生（霍华德·达·席尔瓦饰）是一位经验丰富的心理治疗师，他通常回避使用行话，富有同情心地对待病人，并给予他们足够的帮助和希望。即使是在情感转移的情况下，他仍然保持冷静。积极活跃的精神分析学家称赞了这部电影对精神分析治疗的"逼真"表现（Gabbard 1987：97）。

因此，如何应对反移情是《紧急边缘》（*Pressure Point*, 1962）的主题。由西德尼·波蒂埃饰演的一位黑人精神病医生，在治疗期间受到了来自他的白人病人的种族歧视和侮辱。为了他的病人的治疗需求，他成功地保持冷静并压抑自己的个人情感。这里的两个例证足以证明，在那些日子里，人们是如何信任并理想化精神分析师的角色的。

的确，当时也有一些影片质疑这种形象，只不过做得很巧妙。在这一背景下，阿尔弗雷德·希区柯克导演的《眩晕》（Vertigo，1958）和《惊魂记》（Psycho，1960）再次成为突出的例子。乍一看，精神分析是一种积极的阐释框架。然而，当希区柯克真正严肃地对待它时，他给出了怀疑的理由。比如，在《惊魂记》结束时，里奇蒙医生的理性和全面解释似乎最终对观众在观看这部影片时所经历的那些可怕和令人震惊的情绪没有多少助益。迄今为止，这部电影也算是一种转变。从那时起，精神分析和精神病学就以一种不那么积极和理想的方式被表现出来。

这可以通过布莱恩·德·帕尔玛的《剃刀边缘》（Dressed to Kill，1980）得到很好的证明。帕尔玛常被称作希区柯克的追随者。《惊魂记》里的里奇蒙医生是一个宣称拥有以精神分析为导向的精神病学知识的权威人物。在帕尔玛的电影中，由迈克尔·凯恩饰演的精神分析学家艾略特医生，是一个患有多重人格障碍的精神病杀手。作为对《惊魂记》的讽刺，在他影片的结尾，一位精神分析学家出现在警察局，然而，当他试图解释艾略特的行为时，他却没有什么说服力。在20年的时间里，这些影片彼此之间隔离开来，精神分析学家在大多数好莱坞电影中都被表现为一种负面形象。他们不再被认为是能够消除限制个人自由和自我发展障碍的帮手；相反，他们被认为是社会控制的代理人。

在诸如由厄文·克什拉导演的《脂粉金刚》（A Fine Madness，1966）和米洛斯·福曼导演的《飞跃疯人院》（One Flew over the Cuckoo's Nest，1975）等影片中，它们都改编自1960年代早期的小说，其中的精神分析学家或精神病学实际上受到了攻击和强烈的质疑。精神病学成了一个压抑之所，在那里，重要的、非正统的局外人，孤独者和梦想家都被强行服用镇静剂。当时，像罗纳德·D.莱宁和大卫·库珀这样的精神病医生也有这样的看法。

伍迪·艾伦的电影以一种讽刺的方式批评了精神分析。艾伦经常饰演一个正在寻求生命意义而幻想破灭的病人。精神分析不能通过消除个人问题来保持它创造幸福和成就感的承诺。因此，艾伦在《汉娜和她的姐妹》（Hannah and Her Sisters, 1986）中饰演的角色简洁地说道："在他安排的沙拉台，我接受了多年的分析。什么也没发生。我的分析师变得如此沮丧，那个可怜的家伙。"（引自 Gabbard 1987: 133）与保罗·马祖斯基的电影相类似，我们在艾伦的电影中发现的并不是一种对精神分析的完全否定，而是一种导致产生幽默和讽刺观点的根深蒂固的矛盾心理。

西德尼·吕美特的《恋马狂》（Equus, 1977）改编自彼得·谢弗的成功剧本，在这部电影中，我们遭遇了一位由理查德·伯顿饰演的精神分析学家，他表达了自己的绝望和遗憾，认为应该引导他的年轻病人恢复正常，这位病人在一次狂欢的仪式中戳瞎了马的眼睛。他成功了，然而他却消泯了男孩的激情，并在巴塔耶的意义上与神圣性相连。

这些例子很好地说明了，在那些日子里，对精神分析和精神病学的激烈批评到底对好莱坞电影有多少影响。在反精神病学运动的背景下，前者的做法被认为是社会压制的方式。

然而，罗伯特·雷福德通过制作影片《寻常百姓》（Ordinary People, 1980），再次开始了反向运动。伯格医生（贾德·赫

225

希饰演），作为一个可爱的、有爱心的和富有同情心的人，为了他的病人康拉德·贾勒特（蒂姆西·赫顿饰演）成功地运用了宣泄疗法。在这一治疗过程中，他恢复了对一场创伤性沉船事故的记忆，他最终被治愈了。自1980年代以来，和解的神话在好莱坞变得再次重要起来。治疗再一次具有了调整和整合的功能，而因为这些，它不再遭受批评。

这些例子表明，对好莱坞文化工业来说，精神分析一直很重要。最重要的是在早期，它并不对精神分析知识和治疗方法进行充分展示。对好莱坞来说，那些叙事模式和神话一直是必不可少的，它们业已被证明在商业上是成功的。这就是为什么分析师通常被表现为侦探，并被认为是犯罪电影类型化角色的延伸。尽管如此，这些电影以及对精神分析持公正态度的影片也提高了并且建立起人们的期望和形象。就像广告一样，这些过程往往是无意识的。加伯德（Gabbard 1987：168）说道："来到咨询室的精神病患者往往带着这样的期望，认为心理医生应该根据他们在电影中看到的方式来进行治疗。"对电影的接受会影响和组织经验。通过这种方式，人们发展出一种关于治疗性话语的文化知识，然后，在精神分析治疗期间和之后，对其进行修改和扩展。通过这种方式，好莱坞的文化工业极大地促进了精神分析的普及。至于这些表现有多真实的问题则是次要的。

品质电视剧中的精神分析

作为结论，我想要看看精神分析在"品质电视剧"中是如何被表现的。这种从美国付费电视中发展起来的新型电视剧，针对的并非大众而是特殊受众。在制作他们的系列节目时，制作者们获得了很大的回旋余地。不同于好莱坞，它们恰恰期望不要重复被证明的公式和刻板印象，而是要构想出新的、独特的世界。它们的特点是复杂而意外的情节、复杂的人物形象，通常是某种程度的现实主义，就像之前在资产阶级小说中发现的那样。由于在大多数情况下，情节发展会跨越几个系列，因而这些剧集有足够的时间来详细和真实地表现社会环境和实践活动。

在我们谈论的背景下，有两个例子尤其值得一提。托尼·瑟普拉诺（詹姆斯·甘多费尼饰演），《黑道家族》（*The Sopranos*，1999—2007）中的黑手党老大，他从精神分析学家那里寻求治疗他的无端恐惧症和焦虑状态。在梅尔菲医生（罗琳·布兰考饰演）治疗期间，托尼获得了深刻的见解和清晰的时刻，这既对他有所助益，又可作为他行动的指导基础。电视剧运用现实主义手法详细地表现了移情和反移情过程。梅尔菲医生并非这个系列剧中该行业的唯一代表。托尼的妻子卡梅拉（伊迪·法尔科饰演）和他的儿子也在寻求治疗师的帮助。梅尔菲医生和她的精神分析师艾略特·库弗伯格（彼得·波格丹诺维奇饰演）讨论了她的反移情。治疗过程扩大了这个系列剧的叙事范围，它们创造了自我观察和反思的时刻，这一时刻也把后面的情节延宕开来。剧集所表现的治疗过程令人印象深刻，这使《黑道家族》成了另一部美国家庭影院频道制作的系列剧——《扪心问诊》（*In Treatment*，2008—2010）的先声。

这部系列剧由三季组成，它是在文化工业产品的背景下，尽可能充分地展示精神分析知识的初级高峰。它改编自以色列的电视连续剧《治疗》（BeTipul，2005—2008），与此同时，它在其他很多国家被重新演绎。因此，我们这里有了一个全球性产品，在世界范围内来展示精神治疗话语。

这部极简主义系列剧关注的是治疗过程。这一治疗过程被改编成一门要求很高且非常浓缩的戏剧艺术。治疗性的场景设置得几乎跟电影的时空一样。在第一季中，保罗·韦斯顿（加布里埃尔·伯恩饰）在一周的前四天，分别会接待五位病人的来访。其中的两位接受了配偶治疗法。周五，他在自己的前精神分析师的督导下，分析和处理他时而会有的沉重的反移情情绪。因为这部系列剧可以通过言语、面部表情和身体语言等方式，花大量时间来广泛地展示病人和治疗师的问题，因此治疗过程形成了一种复杂而微妙的形象。病人所期望的无限制的关注、在亲密和疏离之间的变化，这使治疗关系、移情的感受、记忆的斗争和自我欺骗的方式被逐一详细地描述。当然，由于其准纪录片的特点，这部系列剧（也包括它的以色列版本）曾一度被认为是对精神分析导向的心理治疗最恰当的描述。

结　语

从一开始，电影和电视剧本来就为治疗文化的发展做出了贡献。文化工业的产品表现了精神分析的理念和概念，尽管通常是以扭曲的方式。通过媒体的表现，自我的治疗叙述已经传播开来，并变得流行起来。目前，治疗属于"理所当然的世界"（参见 Berger 1972：156），这并非最终的原因。它不仅是一种治疗方式，也是一种可用的文化框架，借此我们认为自己和我们的人际关系都是如此（参见 Illouz 2011：103）。就像治疗本身一样，它在电影和电视剧中的大多数表现，可能会让我们的生活变得富有意义，同时也有助于我们发现和实现新的选择。

（肖伟胜　译；原载《后学衡》第 2 辑）

参考文献

Adorno, Theodor W., 1972. 'Die revidierte Psychoanalyse', In: ders., *Soziologische Schriften* I, pp. 20–41. Frankfurt am Main: Suhrkamp.

Basaglia, Franco und Franca Basaglia-Ongaro, 1980. 'Befriedungsverbrechen', In: *Befriedungsverbrechen. Über die Dienstbarkeit des Intellektuellen*, hrsg.: Franco Basaglia et al., pp. 9–61. Frankfurt am Main: Europäische Verlagsanstalt.

Bataille, Georges. 1997. *Theorie der Religion*. München: Matthes & Seitz.

Berger, Peter L.1972. 'Auf dem Weg zu einem soziologischen Verstündnis der Psychoanalyse', In: *Soziologie und Psychoanalyse*, hrsg. Hans-Ulrich Wehler, pp. 155–169. Stuttgart: Kohlhammer.

Cooper, David, 1978. *Die Sprache der Verrücktheit. Erkundungen im Hinterland der Revolution*. Berlin: Rotbuch Verlag.

Eichner, Susanne, Lothar Mikos und Rainer Winter, Hrsg., 2013. *Transnationale Serienkultur. Theorie, Ästhetik, Narration und Rezeption neuer Fernsehserien*. Wiesbaden: VS Springer.

Fara, Giuseppe und Paulo Cundo, 1983. *Psychoanalyse-ein bürgerlicher Roman*. Basel: Stroemfeld/Roter Stern.

Gabbard, Krin und Glen O. Gabbard, 1987. *Psychiatry and the Cinema*. Chicago und London: The University of Chicago Press.

Guattari, Félix, 2011. *Die Couch des Armen. Die Kinotexte in der Diskussion*. Berlin: b-books.

Habermas, Jürgen, 1968. *Erkenntnis und Interesse*. Frankfurt am Main.: Suhrkamp.

Hahn, Alois, 1982. 'Zur Soziologie der Beichte und anderer Formen institutionalisierter Bekenntnisse: Selbstthematisierung und Zivilisationsprozess', In: *Kölner Zeitschrift für Soziologie und Sozialpsychologie* 34 (3), pp. 407–434.

Hahn, Alois, 2000. *Konstruktionen des Selbst, der Welt und der Geschichte*. Frankfurt am Main: Suhrkamp.

Hahn, Alois, Herbert Willems und Rainer Winter, 1991. 'Beichte und Therapie als Formen der Sinngebung', In: *Die Seele. Ihre Geschichte im Abendland*, pp. 493–511. Weinheim: Psychologie Verlags Union.

Hartmann, Heinz, 1975. *Ich-Psychologie und Anpassungsproblem*. 3. Auflage. Stuttgart. Klett-Cotta.

Illouz, Eva, 2009. *Die Errettung der modernen Seele. Therapien, Gefühle und die Kultur der Selbsthilfe*. Frankfurt am Main: Suhrkamp.

Jacoby, Russel, 1978. *Soziale Amnesie. Eine Kritik der konformistischen Psychologie von Adler bis Laing*. Frankfurt am Main: Suhrkamp.

Knorr Cetina Karin, 1997. 'Sociality with Objects: Social Relations in Postsocial Knowledge Societies', In: *Theory, Culture & Society* 14 (4), pp. 1–30.

Laing, Robert D., 1976. *Das geteilte Selbst. Eine existentielle Studie über geistige Gesundheit und Wahnsinn*. Reinbek bei Hamburg: Rowohlt.

Luckmann, Thomas, 1980. 'Persönliche Identität als evolutionäres und historisches Problem', In: ders., Lebenswelt und Gesellschaft, pp. 123–141. Paderborn et al.: Ferdinand Schöningh.

Marcuse, Herbert, 1955. 'The Social Implications of Freudian, Revisionism', In: *Dissent* 2 (3), pp. 221–40.

Rall, Veronica, 1999. Spellbound (1944). In: Alfred Hitchcock, hrsg. Lars-Olav Beier und Georg Seeßlen, pp. 325–329. Berlin: Bertz.

Ryan, Michael und Douglas Kellner, 1988. *Camera Politica. The Politics and Ideology of Contemporary Hollywood Film*. Bloomington und Indianapolis: Indiana University Press.

Willems, Herbert, 1994. *Psychotherapie und Gesellschaft. Voraussetzungen, Strukturen und Funktionen von Individual-und Gruppentherapien*. Opladen: Westdeutscher Verlag.

Winter, Rainer, 1986. *Rahmen-Analyse der Therapeut/Klient-Interaktion. Der Beitrag Erving Goffmans zur Analyse der therapeutischen Beziehung*. Unveröffentlichte Diplomarbeit im Fach Psychologie. Fachbereich I der Universität Trier.

Winter, Rainer, 1990. 'Das Spannungsfeld zwischen Individuum und Familie: Selbstthematisierung in der Familie und familiale Selbstthematisierung', In: *System Familie* (3), pp. 251–263.

Zaretsky, Eli, 2006. *Freuds Jahrhundert. Die Geschichte der Psychoanalyse*. Wien: Paul Zsolnay Verlag.

12 "幸福的家庭"：《黑道家族》与 21 世纪的电视文化

成为家庭中的一员

一月初的纽约非常冷，而我依然带着好心情赶赴曼哈顿。我和朋友赫尔曼一起，一直在寻找《黑道家族》巴士之旅的汇聚点。这就是我一直计划着的新年短途旅行中的最精彩部分。我迷了这部剧 7 年。来自伦敦的同事激动地给我讲他新泽西的旅行。在车站迎接我们的是一个穿运动服、戴棒球帽、顶着一头灰发的家伙。他把我们通过电话预订的票交给我们，并把我们介绍给导游。这位导游看上去非常面熟，后来他告诉我们他参演了这部剧里的一些小角色。

我们到得很早。灰头发的家伙暗示我们，一名"家庭"成员已经在角落里的车上了。我走过去，赫尔曼跟在后面。起初，我只能从后面看见他。车尾门是开着的，他似乎在找什么。他也穿着一身运动装，外面套了一件夹克。当他注意到我们在那儿时，便很快转过身来。是维托。起初，我简直不敢相信自己的眼睛。他看了我一眼之后问我："你想要什么？"我走近了一看，行李箱塞满了东西。那会儿我真怕他想向我们售卖那些偷来的 DVD 刻录机、毛皮大衣或设计师产品，因为这在《黑道家族》中很常见，但是最初的兴奋之后，我意识到他想给我们一些粉丝福利。我挑了一张维托站在边上的"家庭"照，赫尔曼买了一张印有俱乐部名称的车牌。维托待人友好而专业，并且很忙碌。在车后面，另外两名参演者也已经来了，他们身材稍小但墩实，穿着皮夹克。笑着跟维托开玩笑。从他们的外表上看，可能是"家庭"的成员。然而也可能不是，因为在旅途中，他们变成了铁杆粉丝。

离开了林肯隧道后，我们在新泽西度过了接下来的 4 个小时。我们游览了剧中出现的其他地点和酒吧。第一个精彩的景点是到访了一个在最后一集结束时托尼和他的家人用餐的小旅馆。尽管冰激凌相当普通，但当坐在托尼的位置上时，我能够感受到洋葱圈吃起来是多么的美味。最后，我们去了脱衣舞俱乐部 Bada Bing，一路上用剧中的恶作剧、趣事和幕后故事娱乐我们的导游最先走进去。然后我们去了"家族"的商业总部。在里面不允许拍照。那时已经是傍晚时分了，只有几个游客在游览，一个脱衣女郎在跳舞，旁边的一个小屋里售卖着粉丝商品。然而，就像是在"家族"剧中一样。[1]

从我观察日记的摘要来看，作为一个粉丝，这意味着常常需要在现实和虚构之间的界线上徘徊，去跨越它。在旅行期间的遭遇、购买的粉丝商品，以及游览的重要电影取景地构成了有趣、好玩和放松的文化参与形式。经验丰富的观众能够记得剧中相对应的场景，并把自身融入虚拟世界中。参观《黑道

---

[1] 取自我 2010 年 1 月在曼哈顿－新泽西的田野笔记。

家族》的生活世界，哪怕只是短时间的体验，都能增强与角色人物的亲近感，这反过来又能从他们自然和令人信服的表演中显露出来。

然而，这趟旅行也同样引起了间离效果，因为它揭示了《黑道家族》其实只是虚构的世界。从一开始就很明显的是，托尼家之旅的路线从地理上来说是不可能的。我们发现，出现在片头的一些路边房子和标志，在剧中都以不同的编排顺序出现。此外，我们发现剧中另一个家庭聚会地点——莎特瑞尔的猪肉店，在现实中就是一个门前没有任何招牌和提示的空房子。在不同地方，导游解释了场景是如何被制作出来的。由于他在讲电影的制作、演员和演员传记的时候带着嘲讽的基调，因此故事的现实感被削弱了，有了一种距离感。

与此同时，这部剧的魅力，正是由那种被美国家庭影院频道大力推崇，甚至被用于广告目的的讽刺性阅读所提供的。就这一点来说，虽然我们被带到俱乐部前等候时，时间还太早，整个俱乐部几乎没人，但此次旅行的高潮已经到来。通过听导游在每个旅行团都会重复讲解的内容和这场旅行本身，我们开始意识到，需要对夜总会致以一种"敬意"。根据家族中针对有价值成员的荣誉法典来看，它作为《黑道家族》的总部，也值得被尊重。从这次相遇中，我们能很明显地看出，只有那些非常了解剧情且沉浸在剧中世界，却知道要使自己从这一切中抽离出来的游客，才会体验到其中的乐趣。《黑道家族》之旅把游客们变成了一场后现代秀中的知识型选手，这场后现代秀，因其戏剧性的反讽手法和体验方式而变得与众不同。

| 233

批判与超越：反思文化研究的理论与方法

作为后现代文化现象的《黑道家族》

《黑道家族》是一个独特的文化现象，它不仅谱写了电视的历史，同时还因其对自身社会文化背景进行的复杂而激烈的讨论，从而引发了人们的共鸣。"美国电视业在1999年《黑道家族》首播之后发生了根本性的改变。这部电视剧对美国和国际电视业来说具有划时代的意义。"（Edgerton 2013：1）文化评论家艾伦·威利斯（Willis 2001：2）也把《黑客家族》看作"影视业甚至大众文化和过去20年里，最珍贵和最引人注目的作品"。该剧被认为包含了有关道德、生命意义和救赎等问题的哲思性讨论。此外，它还展示了精神分析实践及其成果的重要性。由于其多面性和各方面、各角度的发展，它常常不会按照人们的预期来发展剧情。

> 《黑道家族》不只是另一部标准的黑帮剧。不只是关于坏人。不只是关于好人抓坏人。不只是关于成为一名意大利暴徒。甚至不只是关于黑帮。它是一部戏剧。是一个故事。是关于一群人用不寻常和不正规的工作方式去努力生活的故事。（Gini 2004：13）

《黑道家族》展示了一个品质电视剧[1]和电视文化的典范，这在文化研究学者约翰·费斯克（Fiske 1987）的基础工作中被以相同的名字进行了界定。该剧在经费上和技术上都出手大方，因其美学上更复杂的摄像技术和编排，使其与其他标准电

---

1 对美国语境下品质电视剧的详细讨论和分析，参见 Quality TV. Contemporary American Television and Beyond, edited by Janet McCabe and Kim Akass, 2007。

234

视剧的视觉风格不同。该剧在其他方面也很出彩,比如精心打造的配乐、演员真实的外表、故事复杂的叙事形式,以及在内容层面所探究的主题。在对本剧的回顾中,佛朗哥·里奇(Ricci 2014:17)说道:

> 该剧如此吸引人的原因,在于它纯朴的对话、故事的复杂性、极佳的性格描述,以及对电影式制作价值的细致关注。像是崇高的艺术,《黑道家族》牢牢地抓住了我们的心,因为剧中的每一刻都反映了我们共同灵魂中的一部分。

日常生活的平庸没有在剧中被重复上演,而是更多关注日常事件、习惯和礼仪,对存在性问题、伦理性问题、哲学性问题进行了解释和讨论。它反映了社会和文化的意识形态。《黑道家族》类似于一本好的小说。它巧妙地给观众提出建议,比如如何仔细研读故事,如何用解释学来破译深层含义,以及如何专注于该剧的叙事空间,这样就可能会让观众更加了解一些现实情况、观看者的生活和他们的人际关系。

《黑道家族》是如今破产价值(bankrupt values)的试金石,是时下流行的测量当前社会文化低靡程度的标尺。它所呈现的现实就是我们的信息。托尼·瑟普拉诺在本质上反映了一种肤浅的、失调的、不正常的,以及我们已经无法控制的金钱至上的社会。所有这些都应该得到某种程度的仔细思考和重读。(Ricci 2014:18)

品质电视剧是 21 世纪电视文化中的基本元素。它全面地影响了媒体和大众文化。它呈现了一种把娱乐和艺术相结合的后现代文化形式。[1] 它激发想象，鼓励探索。在它确立之前，约翰·费斯克（Fiske 1987）已经在 1980 年代后期提出了电视文化的概念。在他的同名著作中，他将一些先前的分析整合在一起，为电视研究提供了一个基础，从那以后电视研究也成为一门学科（Mikos 1994, 2001; Miller 2002; Winter 2007）。它站在传统文化研究领域，与媒介分析一起，对社会和文化进行研究（Winter 2014）。

费斯克所专注的研究，偶尔也会颂扬那些有趣的、讽刺的、创新性的、颠覆性的和反抗性的电视文本的处理方式，这同样是对 1980 年代幽默、超越、古怪的后现代主义精神的一种表达。在很短的一段时间里，消费虽然对晚期资本主义时期人们的生存至关重要，但它似乎也为人们提供了一种逃避方式（至少是暂时的逃避），尤其是，例如，通过帮助观众理解并表达他们的兴趣。他们与志同道合的人建立联盟，在那里审美偏好可能会与伦理问题相连，进而表现在政治行动中，这反过来可能会导致其与权力之间的关系转变（Fiske 1993; Winter 2001）。然而，这些政治理想很少实现。他们至多能够在一些政治活动领域表达愿望，例如，消费的流行音乐和社会联盟的电影，与反对新自由主义秩序且支持全球民权社会的街头表演或者好玩的示威游行彼此相连（Winter 2010）。

---

[1] 对美国家庭影院频道如何反映和影响我们的当代文化的可见效果，参见 DeFino (2014)。关于跨国电视连续剧文化的发展，参见 Susannne/Lothar Mikos/Rainer Winter, *Transnationale Serienkultur. Zur Theorie, Aesthetik, Narration und Rezeption neuer Fernsehserien*, 2013。

12 "幸福的家庭"：《黑道家族》与 21 世纪的电视文化

由于他乐观的评定，费斯克常常受到激烈的批评。然而，作为一个规则，没有任何令人信服的论据，有的只是那些缺乏科学性的战略思考和政治上保守的，试图在损害作者的情况下来声称自己立场的人。[1] 事实上，费斯克的主要兴趣根本不在于对政治抵抗之类事物的理解。更让他感兴趣的是对提供了解释的传播和情感能量，因而在每天的日常环境中创造了对"电视文化"的、令人兴奋的和富有成效的影视文本的利用。从这个意义来看，通过人们对媒体的使用，重要的反抗形式得以出现，它质疑和颠覆主流意识形态，并寻找社会和文化的替代品。

费斯克（Fiske 1987）对一系列电视剧做了细致的分析，例如《达拉斯》（Dallas, 1978—1991）、《通天奇兵》（The A-Team, 1982—1987），或者《迈阿密风云》（Miami Vice, 1984—1989），这些作品在 1980 年代非常受欢迎，直到今天还在被不断重播。然而，在那时它们并不被认为是包含在 1990 年代中期发展起来的品质电视剧名单之内的，《黑道家族》没有被包含在内。同样，《六英尺下》（Six Feet Under, 2001—2005）、《白宫风云》（West Wing, 1999—2006）、《盾牌》（The Shield, 2002—2008）、《死木》（Deadwood, 2004—2006）、《嗜血法医》（Dexter, 2006—2013）、《广告狂人》（Mad Men, 2007—2015）、《真爱如血》（True Blood, 2008—2014）或者《纸牌屋》（House of Cards, 2013— ）也没有被包含在内。新系列同样采取电视剧的形式，然而它们却在电视剧的边缘徘徊，有时交叉，有时甚至解构它。一个系列并不包含完整的故

---

[1] 关于约翰·费斯克作品的细致考察，参见 Rainer Winter, *Die Kunst des Eigensinns. Cultural Studies als Kritik der Macht*, 2001, Chp. 4.1 and 4.2. 来自法兰克福学派观点的重要批评，参见 Douglas Kellner, *Media Culture*, 1995。

237

事，而是由一个稳定的叙事流形成。一集中的动机、主题和故事线可以被再次用到其他集中。虽然像《达拉斯》或《橡树街》（*Lindenstrasse*，1985— ）等电视剧打算一直播下去，但一般来说，品质电视剧都有集数的限制，到最后都会出现一个"结局"，至少是大多数观众期望的那样。然而，像《黑道家族》却一直没有出现这个"结局"。[1]

但是，所有这些连续剧并不是完全都针对电视平台的，也考虑到其他媒体，比如艺术电影、小说或者剧场。例如，大卫·蔡司（《黑道家族》的制作者）最喜欢的系列之一《迈阿密风云》，在视觉审美方面引领着潮流。然而，新剧与老剧之间的差别在于，前者有更复杂的叙事结构和人物，以及精心安排的地点。它们对那些在剧中找到共鸣的读者的阅读、理解和评价持开放态度。在我看来，正是这些高质量节目的新形式，显示了电视文化的潜力和实用性，在其中传播的价值和情感也会在消费者和粉丝的生活中产生重要的影响。在与连续剧的密切互动中，观众便可以形成理解框架，这些框架可以通过诸如质疑决定性的态度观念并提供其他观点等方式带来人生的新启发（参见 Kellner 1995；Cardwell 2007；Ricci 2014）。

重要的是，《黑道家族》是一部在艺术上精心制作的、复杂的、讽刺的和自省的后现代大众文化作品，它具有模糊性和开放性的特点，同时通过复杂的接受和使用，取得了其在商业上的成功，构成了它的审美意义和实践意义。借助电视文化，我想要为这部剧的一些重要特征下定义——它的接受和经费拨

---

[1] 参见《黑道家族》的结尾：www.missyarvis.wordpress.com/2007/12/07/die-sopranos-made-in-america-das-ende-das-finale-oder-oh-gott-es-ist-vorbei/（Accessed 16.01.2014）。

款。通过这种方式，我们就可以弄清楚，费斯克受后结构主义启发的研究与理解新电视剧和电视文化改变方式之间到底有多大的联系。

《黑道家族》的制作和销售

在很长一段时间，《黑道家族》都是付费电视频道家庭影院的主打作品，由于广受欢迎，它成功地确立了其创新、新颖和时髦的名声。它的广告语"这不是电视，而是家庭影院"，非常尖锐地表达了它在大众文化领域中自信的先锋形象。在美国，它主要对那些在文化上有所参与、在经济上有能力且愿意为广播公司支付订阅费的观众产生影响。此外，他们应该能够欣赏一种电视剧，这种电视剧鲜有激情，但是，却带有黑色幽默的特点，并且，对演员细微生活和人际关系的关注是多样性的、嘲讽的，有时甚至是颠覆性的。家庭影院频道有意吸引电视行家们，对他们来说，复杂的和形式独特的电视剧是个人生活方式的一种表现。选择性的品牌消费有助于使个人与他人相区分，使个体身份个性化。同时，这意味着成为专业（独特）文化的一部分。[1] "这些就是我们支持的、被保存在家庭录像中为了方便再次观看的节目，以及每日与其他观众互动的指引。它们成为我们社会环境的一部分，甚至在某些情况下成了一种试金石。"（DeFino 2014：12）

因此，家庭影院频道可以被认为是一个品牌，这个品牌代表着品质，试图吸引那些拥有文化资本并对身份区别情有独

---

[1] 关于身份的专业化和以媒体为中心的专家文化的构成之间的关系，参见 Rainer Winter and Roland Eckert, *Mediengeschichte und kulturelle Differenzierung*, 1990。

钟的观众。众多的艾米奖提名和奖项维护着它的这一形象。作为订阅频道，家庭影院频道对性、暴力和淫秽内容有着相对宽松的态度。与此同时，即使在这样的背景下，一位忠实的订阅用户因被视为能够充分应对这些成人内容，所以比普通用户多了一种优越感。

在时代华纳集团内部，家庭影院频道已经成功地建立了一套典型的后福特式的、高度专业化和灵活的利基内容（niche content）的组织和生产模式，这一模式已经为更多的创新和尝试开辟了空间。然而，并不是每部家庭影院频道的电视剧都成功了。比如《奇幻嘉年华》（Carnivàle，2003—2005）和《罗马》（Rome，2005—2007）仅仅播放了两季就停播了，《死木》仅播放了三季。然而，家庭影院频道能够为员工，特别是制片人提供无限可能。这项策略的意义被大卫·蔡司下面的这番话破坏了，他在过去制作传统电视剧时有过许多不愉快的经历。

> 所有人都有自由去设计展开得很慢的故事情节。所有人都有自由去塑造复杂而矛盾的人物角色。[……]所有人都有自由去讲述愚蠢乏味而最后却可能变得有趣的冷笑话。所有人都有自由让观众来指出到底发生了什么，而不是去告诉他们。（Lavery 2006：5）

这里，蔡司似乎是在提及他学生时代从事的艺术电影工作。他被其所激发，将其引入《黑道家族》并定义电视剧的风格。他把《黑道家族》理解为汇聚在一起的各式小电影。因此，家庭影院频道允许他讲述复杂多面且有分支的故事，它的收视率，相比于主流电视剧来说，已经非常了不起了。

当然，即便是家庭影院频道也意在获得更多观众。为了实现这个目标，它制作了特别的高品质内容，打着家庭影院频道的品牌推向全球市场。光盘、唱片、衣服、雨伞、钢笔和咖啡都为《欲望都市》（Sex and the City，1998—2004）打广告，《明星伙伴》（Entourage，2004—2011）和《真爱如血》（2008—2014）都是赚钱的好例子。因此，爱泼斯坦、里夫斯和罗杰斯（Epstein, Reeves, Rogers 2006：19）得出了如下结论："对家庭影院频道来说，《黑道家族》可能是在以多频道、按需发行和光盘销售为特征的第三代电视时代里，一种全新的后福特式品牌制作和发行的测试案例。在数字时代，收视率（幸运地）失去了意义。相反，在电视剧领域，更多的是关于品牌的创造，因为这能在全世界的各种媒体领域创造经济收益。"

《黑道家族》也同样有了各种附属商品，例如 T 恤、棒球帽、毛衣、带你走入剧中的精美画册、印有安妮·莱柏维兹所拍的家族照片的明信片、脚本集、电脑游戏、视频光碟，以及含有许多用过度的、不完整的，甚至讽刺的方式来赞美意大利食品的图片，并被翻译成各种语言版本的家庭烹饪书。意大利面、奶酪和番茄酱的淳朴、粗犷的烹饪方式使我们相信回到了"真实场景"。当电视剧在电视上播放的时候，有许多黑道家族的聚会，人们在看剧之前或之后会在一起试验菜谱。食物在这部剧中起到了十分重要的角色。在最后一季播放结束以后，一个有关进一步营销的重要问题出现了，那便是时代华纳公司是否能像《星际迷航》的制片人那样，将这个伟大的商业成功长久地保存下去？是否还会有其他作品获得如同《欲望都市》一样的成功？至少，从网上传播的谣言来看，这方面相关的计划似乎存在。但是在2013年詹姆斯·甘多费尼突然去世后，他们便没了动静。总之，《黑道家族》的巨大成功表明，家庭影院频道给予艺术表达以自由，同时它自信的，有时甚至激进的营销观念起了作用。

约翰·费斯克（Fiske 1987）表示，对于主流电视剧，获得像《达拉斯》一样的成功是可能的，因为它有回应全世界不同观众的能力，这些观众根据他们自己的文化和社会背景产生不同的理解。通常，体现在电视剧中的美国主流意识形态会显得有些格格不入。然而，《黑道家族》主要是针对富裕的、受过教育的一类影视剧爱好者，他们喜欢讽刺，对他们来说对电视剧的接受仍然是一种鲜明的特征。在《达拉斯》中，出现开放性的文本更多是因为脚本和脚本的实现需要观众来巧妙完成，观众能够有意义地解释在叙述框架内的代沟、陈词滥调和矛盾，并且将它们与日常生活相连。同样，有时说服力不那么强的表演迫使观众要努力去理解到底发生了什么事。相反，《黑道家族》的显著特征则在于其优秀的脚本、演员杰出的表演和电影式的场景，这些都成为这部剧收获众多奖项的原因。最重要的是，夺得了几项大奖的詹姆斯·甘多费尼（托尼）能够出色地演绎各种情绪，例如愤怒、冷酷、温柔、沮丧或者敏感。在剧中，我们看到他不仅饰演了一个强盗，同时还有儿子、父亲、丈夫和朋友等身份。他那些表现自己的不同方式，形成了与众不同有时又充满矛盾的叙事视角。

这种在安伯托·艾柯（Eco 1973）的基础研究中被视为先

锋艺术的开放形式，是被有意选择的，在剧中也能被不断地找到。在艾柯早期有关电视的作品里，他认为电视文本显示了一个封闭的意识形态模式（Eco 1985）。这对 1960 年代和 1970 年代的作品来说可能的确如此。而《黑道家族》则恰恰相反，它代表了电视剧的新形式，传达了雄心勃勃的多元艺术视角，以及在大结局中所明确提出的有关道德、罪恶、生活方式和对开放形式使用的不同观点。它代表的不是斯特凡·马拉美或者詹姆斯·乔伊斯看来的先锋高雅文化，而是一种先锋电视文化，也同样代表了家庭影院频道的营销方式。艺术和商业相结合，这对晚期资本主义的后现代艺术来说很常见（Jameson 1991）。

《黑道家族》的文本形式和叙事结构

首先，《黑道家族》可以被看作一部雅致的、在艺术上成熟的、自省的和复杂的[1]电视剧，是对黑手党电影类型的再创和延续。类似于警匪片，它引起关于权力的谈论，并与特殊类型的规则、规范和惯例相连。集团犯罪的形象在日常实践中上演得非常真实并包含了暴力内容。在这一方面，这部剧是建立在现实小说和电影的叙事传统之上的，然而，它却是通过媒体对黑手党及其形成原因的展现来表达幽默的，尤其是将其与小说《教父》（1969）及其同名电影（1972）和其他黑帮电影相比较时，它们之间还是有一定区别的。

《黑道家族》在它自身的叙事世界中，利用《教父》和其他黑帮电影的接受是很常见的事情。希尔维奥·但丁是托尼

---

[1] 参见 Jason Mittel, *Complex TV. The Poetics of Contemporary Television Storytelling*, 2015 对品质电视剧的概念化，它因其高度复杂的叙事形式而被称为"复杂电视剧"。

的朋友和脱衣舞俱乐部的经理,他常常模仿《教父Ⅲ》(1990)里麦可·柯里昂的动作和语调来娱乐大家。该剧中的一些演员又参演了马丁·斯科塞斯的《好家伙》(1990),詹姆斯·甘多费尼(托尼·瑟普拉诺)也在《浪漫风暴》(1993)中饰演了一名歹徒。通过在电视上播放的法庭审理程序和联邦调查局的窃听记录,我们知道该剧里的黑手党是以《教父》里的黑帮描写为指导的,模仿他们的服装风格和他们的外观。这种行为在《黑道家族》中也得到了诙谐的展现和戏仿。

不仅是黑帮题材的现实叙事和道德世界,肥皂剧和情景喜剧的主题结构也在整部剧中被使用。举个例子,在《黑道家族》中有两种家庭类型:黑手党家庭,以及托尼·瑟普拉诺与妻子、孩子、母亲和其他亲戚组成的家庭。人物角色的私人生活成为一个关键的叙事元素。此外,也有梦想序列,这让我想起了《双峰》(1990—1991)。在该剧中,托尼·瑟普拉诺的治疗建立在很有代表性的精神分析和精神疗法之上,这也有着悠久的历史(Gabbard,Gabbard 1987)。

最重要的是,《黑道家族》与肥皂剧具有一些共同的特征,比如,多元叙事结构和多个平行展开的故事使电视剧不会结束得太快。像肥皂剧一样,该剧也希望能够吸引观众注意,使他们能够理解人物以及人物的情绪状态和发展。同样,缓慢地对被特殊事件、问题和犯罪不断打断的日常生活进行叙述的方式,是值得我们注意的。这样,一种被竞争、对抗、身份地位、男性气概和暴力所控制的,与黑帮世界形成鲜明对比的方式就产生了。通过建构和使用不同的主题结构,该剧出现了一种多层架构的虚构世界,在其中能够重复地开发新故事、改变角色并创造新的情境。许多角色带着自己的故事与其他人交往,又引发新的故事,产生一些小插曲,变成《黑道家族》叙事世界中的一部分。

在某种程度上,许多情节在内部也是统一的。然而,也有一些故事线会戛然而止,从而让观众感到失望或者让他们意识到他们的期望。在第三季中,当托尼的心理治疗师梅尔菲被强奸时,我们都等待并希望她会告诉托尼,然后托尼会去报仇。然而,梅尔菲只承认她有想报复她的心理督导师的冲动,因为他想要控制梅尔菲的生活,这对一个在此帮派中的女性角色来说并不容易(Baldanzi 2006:80ff.)。因此,观众也被迫去检查他们的期望。新的电视剧——诸如《拉字至上》(The L Word, 2004—2009)、《绝命毒师》(Breaking Bad, 2007—2013)或者《广告狂人》——中的人物,依靠他们不同的性格、问题、顿悟和命运生存。观众感受着他们个人的改变和发展,意味着这部剧在观众的生命中收获了一个传记式的维度。观众和剧中的虚构角色一起变老,或者说看着他们长大。比方说,在影片开头,托尼的女儿梅多还是一个小孩,但是在该剧结束的时候她已经成年。

在《黑道家族》中,我们面对的是新巴洛克(neo-baroque)的故事讲述形式,其特点就是多中心的动态叙事结构(Ndalianis 2005)。这里没有需要解决的主要故事线或者核心矛盾。该系列被设计成一个电视剧,剧中的每一集相互独立,但是集与集之间是开放叙事的。有时,故事线在后来的剧集中不会再次出现,这使观众意识到,单独一集里的事件与更广的叙事空间是联系在一起的,并且很自然地就将它们联系在一起。即使单个情节也能够被独立地理解，但根据上下文来观看，它们就会传达出更多的乐趣。只有当观众在整个叙事背景下看完一集以后，才能理解大部分的含义。于是，故事中人物动机和行为的形成才能显得一致和连贯。在《黑道家族》里，一种开放和多中心的结构取代了封闭的意识形态的形式，形成了一个理论上无限的叙事空间（Calabrese 1992）。传统叙事中诸如线性和因果关系的特点被有意地回避了。在一个潜在的无尽过程中，一集会被持续地折叠进后面的剧集中。对那些看完整部剧或者重新看剧的人来说，他们有时会感觉就像身在迷宫，而他们在里面并不想逃离，因为他们已经习惯了探索的乐趣和它带来的满足感。

《黑道家族》的后现代文本互涉同样值得注意。它表现为文化的一部分，包含在一个由引用和典故编织起来的密实结构中。比方说，大卫·拉维利（Lavery 2006：217-232）已经在第四季和第五季中详尽地呈现了对多种电影、电视剧、歌曲、哲学、心理学或历史话语、体育赛事和历史事件的引用。许多情景都在处理大众文化。托尼和他的侄子克里斯托弗都爱黑帮电影。克里斯托弗一门心思地想要成为一名成功的编剧，甚至在电影事业中做了一些失败的尝试（《糊涂女孩》[D-Girl]，第二季，第 7 集，2000；《豪华休息室》[Luxury Lounge]，第六季，第 7 集，2006）。通过这样做，该系列就将自己编织进现代西方文化体系当中。文本互涉的关系扩大了可能意涵的范围，使它们向特定的观众群体敞开，并且让《黑道家族》进入了为文化意涵做出贡献的所有文本的中介空间中。

大卫·蔡司和他的团队通过结合各种体裁，吸取电影和电视节目中的元素并撰写写法和定位都不错的剧本，成功地创作了一部新颖的电视剧。蔡司只指导了几集，大部分脚本都是定制的，虽然最后他有权修改和编辑其最终版本。拉维利（Lavery，Thompson 2002：23）这样评价此方法的优势和特点：

> 《黑道家族》与其说是一位作者写的电视小说，不如说是一群作者写的短故事合集，人物和主题统一，然后由一位编辑来进行细致地掌控。蔡司的模型使这个连续剧的潜力得以最大化，同时防止其变成一部传统的电视剧。

对该体裁元素的自省式使用，带来了复杂密集的叙事结构，同时将观众的注意力吸引到它们是如何建构问题以及它的批评价值上。在这种情况下，正如詹姆斯·卡格尼在《歼匪喋血战》（*The White Heat*，1949）中预言的那样，《黑道家族》同样也对一直盛传不衰、有资格声称是"世界第一"的黑帮电影（Creeber 2004：108；Nirmalarajah，Melodrama 2012）的革新做出了贡献。然而，即使就《黑道家族》而言，也仍然存在下面的问题：为什么观众会对黑帮的虚构世界如此着迷？为什么他们愿意花那么多时间去看这部剧？是什么特别的东西使这部剧如此吸引人？

《黑道家族》的模糊性、讽刺性和接受性

按照约翰·费斯克（Fiske 1987）所说，一部电视文本的多义性是其以不同方式被接受的必要条件。《黑道家族》不仅因为它开放的叙事结构，还因其角色的复杂性和对意义生产的吸引力满足了这一特性。最重要的是，家族首领安东尼（托尼）·瑟普拉诺提起了观众的兴趣，诱导人们去追随他那有着各种性格特征的世界，在家庭里他可以是富有同情心和乐于助人的人，但同时他又是一名臭名昭著的奸夫和残忍的罪犯。他自私、强大，同时喜欢追逐各种感官享受。他非常喜欢自己所扮演的"白手起家"的黑帮帮主的形象。在《幸运之子》（第三季，第3集，2001）中，他说："家庭出现在任何东西之前，出现在你的妻子、孩子、父母出现之前。"他因他的冷血无情、剥削腐败和暴力得到了现在的地位。尽管如此，他还是希望被爱、被接受。对立和矛盾的生活使他患上了无端恐惧症，不得不接受梅尔菲医生的心理治疗。在实际的治疗中，他再次试图控制自己。他认为偶发的暴力在生意场上是必要的，这同样也是对来自家庭的潜在怒气的一种宣泄，尤其是与他妈妈奥利维亚的关系，因为她想和他的叔叔朱尼尔一起杀了他。托尼为了自明、智慧和救赎而奋斗。

托尼与其他同伴之间最根本的区别，在于他很想找到他在世上最关键的路径。他想了解他的弱点，找到对策以更好地掌控自己的命运。这是对命运的古老探求，即使命运认定自身是一个无情的怪物。这个奇异的特点

是其他人都羡慕的，也是他的竞争者都缺乏的。由于社交必要性和心理上的身份，他有一种反复无常的性格，能够在个性和身份之间无缝转变。（Ricci 2014：165f.）

托尼意识到他的世界与普通黑手党的世界不同。那是一个以规则、责任和荣誉为特征的世界。《教父》里的维托·柯里昂被认为是一个令人敬重的人，因为他对他的家庭做了他必须做的事情。而托尼效仿他的父亲，自愿以一个黑手党的身份去赚钱，并不存在外部环境的强迫。狩猎的刺激和快乐，以及用非常规和冒风险的方法迅速致富，使托尼做出了这样的选择，这恰恰使他变得不讨人喜欢。尽管如此，他仍然散发着巨大的魅力。毋庸置疑，他出现在反英雄的传统中，这同样也是大卫·蔡司的目的所在。"反英雄角色既可怕又可爱，需要在淘气与和善、强硬与柔和、强大与怜悯之间找到平衡点。"（Gini 2004：9）

即使几乎没有人愿意在他的日常生活中遇到托尼，但在故事世界中托尼依然是一个充满魅力的人物。他不仅是最聪明、最强大和最自信的角色，同时，他也忠于朋友，看起来像是一个公平的对手，甚至富于同情心，他遵守规则，即便这些规则都是黑手党家族制定的。

但是大多数情况下，当我们将托尼·瑟普拉诺置于该剧相关的角色领域，他又成了从道德上来说最好的。这并不是否认托尼·瑟普拉诺的道德缺陷，只是表明在挑战道德底线的一群人中，他是最幸运的。（Carroll 2004：132）

此外，法律的代表，比如，联邦调查局或者教堂并非算得上道德权威。他们利用不可靠的手段去贪污腐败或者变成伪君子。一名黑人积极分子甚至与黑帮共事。因为没有人能与托尼进行道德对抗，他的观点常常被放在首位，因此观众很同情他。然而，这种同情的理解能发挥很大作用，并且替托尼在日常生活中本应受到谴责的行为做出辩护。这正是该剧更加吸引人的魅力所在，因为它使我们注意到我们的道德观念可能具有不确定性，以及将错误合理化的危险。

《黑道家族》不仅带来了伦理上的问题，还以复杂的方式引发了哲学性的问题，正如在一本非常值得读的著作《〈黑道家族〉和哲学》（Greene, Vernezzo 2004）中所呈现的一样。它包含关于生命意义、死亡的荒谬、救赎的可能、家庭价值观的作用、男性危机和战争艺术等问题。这样，该剧就提供了各种相关的连接，从而引起不同的解读、理解和反思过程。该剧的接受和分配就变成了积极的和创造性的意义生产过程。[1] 它们有助于更深入地理解人类的冲突和当前的文化建设。对艾伦·威利斯（Willis 2002: 8）来说，《黑道家族》甚至是一种文化的"墨迹测验"：

> 它一直被称为后现代中产阶级腐败和伪善的隐喻，是对性、家庭和后女权主义下的男女关系的一种批判。但是在最原始的层面，墨迹是无意识的。凶残的暴徒是我们所有人内心掠夺欲望和侵犯行为的写照；他的谎言

---

[1] 关于作为文化和审美过程的媒体挪用，参见 Rainer Winter, *Der productive Zuschauer. Medienaneignung als kultureller und ästhetischer Prozess*, 2010。

隐藏了我们的[……]，问题是，我们也不能生活在谎言中。所以一点点地面对恐惧，就变成了通向理智的唯一途径。

艾伦认为该系列延续了精神分析启蒙运动的传统。这一传统早已湮没无闻，但却在《黑道家族》[1]中得到复兴。因为这部剧以诊断性的方式表达了对晚期资本主义后现代文化的不安和批判，所以她着重展示了该剧是如何被解读为一个文化和社会环境的寓言的。[2]

按照费斯克（Fiske 1989；Winter 2001）的说法，大众文化的艺术在于将文化工业产品用于新目的和新利益。着眼于1980年代的电视剧，他认为这个再利用的过程需要技巧、伪装和发明的精神，因为它们的生产和上演通常都是标准化的，遵循可预见的模型，只留给艺术表达一点点自由空间。然而，《黑道家族》和其他形式的品质电视剧已经被那些包含在生产过程中的创造力定型了。它们被安排为多义的和多样化的，这使其在接受和挪用的过程中更容易产生文本的愉悦和任性性（Winter 2001：211ff.）。愉悦和自由的见解则可能出现，这又能与一个人的日常生活相联系。它们可能引起对自我及其社会关系的重新考虑和重新建构。

毫无疑问，《黑道家族》利用了这种愉悦性，但是该剧是以多种方式进行编码的，同样呈现了一种后现代艺术的形式，不仅能够通过它的意义的接受和挪用，还能通过它自身而被分析。这部剧涉及的话题能让观众在日常生活中找到共鸣，

---

1 美国家庭影院频道的连续剧《扪心问诊》（2008—2010）延续了这种文化趋势。
2 关于媒体分析中的诊断性批评的意义，参见 Douglas Kellner, *Cinema Wars. Hollywood Film and the Bush-Cheney Era*, 2010, p. 34ff。

并且对挑战来说意义重大。例如，性别角色的改变、男性危机、传统价值和个性化的遗失引起家庭生活的转变。它所采取的位置以及（精心开发的）视角常常表现出不明确、被修订或者被讽刺的质疑。由于这就是后现代文本的特点，不同的观点以这种方式在《黑道家族》中被提出：找不到任何明确的见解或者坚定的道德观念。因此，我们能够辨认出托尼，但是当他暴露出他的反社会性格特征时，我们可能又会被吓到。

所以维托逃到了新英格兰，因为黑帮家族发现了他是同性恋者。在那里，他重新建立起他的生活，并与一位当地的消防员开始了一段关系，这一点得到了善意的和富于同情心的表现。然而，最后，他并没有因为杀死消防员而感到不安，因为他害怕被发现（"Moe n'Joe"，第六季，第10集，2006）。后来，他被自己"黑帮家族"里的人杀害（"Cold Stones"，第六季，第11集，2006）。以这种方式，该剧邀请观众进入一部身份和位置被建构，最后又被解构的讽刺和变化的戏剧中。它并没有建立在坚定的伦理价值观上，没有按照人们的期望来发展，它把意义放在次要地位，并拒绝给出最终解释。

在费斯克（Fiske 1987：90ff.）看来，《黑道家族》的特点就是具有太多的意义。几乎每一幕都值得反复观看，因为它很可能包含着对一些（隐藏）意义的提示，这些提示在整部剧中彼此纠葛在一起。类似于《双峰》，有被符号和隐喻充盈的梦境系列，这些符号和隐喻只能被大致理解，却能产生出神秘和不可思议的时刻，同时能扩大叙事世界。该剧开放性的结局以一种后现代的方式讽刺性地玩弄了观众的期待，他们中的许多人都在期待一个更深入、更全面的理解，但是却免不了要失望。就这一点而言，得纳·波朗（Polan 2009：125）做出一个总结：

> 为此，在后现代的文化内，《黑道家族》最值得我们关注的是它合并场景的方式，展示了剧中演绎的戏拟性以及对这种行为的温和嘲讽。演员及他们带来的演绎经常成为剧中的嘲讽对象。该剧无休止地展示了这种演绎行为并且暗示了整个事情的不可靠性。

波朗根据苏珊·桑塔格（Sontag 1980）的后现代主义美学思想来展开他的论点。她反对在分析作品的时候将意义和见解放在首位，而是强调作为能指的表面。她鼓励我们吸取感性艺术的影响，并将其与日常生活实践联系起来。[1] 以这样的审美方式来欣赏《黑道家族》，去看和体验，而不是去阐释和寻找深层含义，这无疑是一种重要的后现代的接受形式。然而，现代性推动着透明度和理解继续存在。因此，在媒介充斥的日常环境中，可能还是会出现一个终极阐释，这会暂时干扰后现代戏剧的讽刺性。

结 语

《黑道家族》的例子表明，21世纪的电视文化，正如约翰·费斯克对其所下的定义，已经变得更加复杂、分层更多、更加模糊了。品质电视剧表现出一种后现代的艺术形式，吸引

---

[1] 关于桑塔格的论证立场的分析，参见 Rainer Winter, *Der productive Zuschauer. Medienaneignung als kultureller und aesthetischer Prozess*, 2010b, pp. 72-92。

了不同群体的观众。不再只有那些上瘾的粉丝，同时也有一些在后现代时期想要更好地了解他们自身及其生活的批判性观看者，还包括一些收藏家和艺术爱好者，对他们来说，对电视剧的理解是他们的一个鲜明特征。长期以来都在关注电视剧的接受和分配，并将电视剧看作一种流行艺术品的文化研究，为了能够分析和理解诸如《黑道家族》和其他形式的品质电视剧的复杂性和内容密度，它越发地需要提出一些审美问题。这是洞察主体性、媒体和权力之间的现代关系的基本条件。因此，很明显，从文化研究的意义上来说，流行文化和艺术在 21 世纪依然具有重要的政治意义。

（杨媛　李应志　译；原载《后学衡》第 1 辑）

参考文献

Baldanzi, J. "Bloodlust for the Common Man: *The Sopranos* Confronts Its Volatile American Audience," in: *Reading The Sopranos. Hit TV from HBO*, edited by David Lavery, London: I.B.Tauris, 2006.

Calabrese, O., Neo-Baroque: *A Sign of the Times*, Princeton: Princeton University Press, 1992.

Cardwell, S., "Is Quality Television Any Good? Generic Distinctions, Evaluations and the Troubling Matter of Critical Judgement," in: *Quality TV: Contemporary American Television and Beyond*, edited by Janet McCabe and Kim Akass, London: Bloomsbury Publishing, 2007.

Carroll, N., "Sympathy for the Devil," in: *The Sopranos and Philosophy: I Kill Therefore I Am*, edited by Richard Greene and Peter Vernezzo, Chicago and La Salle: Open Court, 2004.

Creeber, G., *Serial Television. Big Drama on the Small Screen*, London: British Film Institute, 2004.

DeFino, Dean J., *HBO Effect*, London: Bloomsbury Publishing, 2014.

Eco, U., "Für eine semiologische Guerilla," in: Umberto Eco, *Über Gott und die Welt. Essays und Glossen*, München: dtv Verlagsgesellschaft, 1985.

Eco, U., *Das offene Kunstwerk*, Frankfurt a/M: Suhrkamp, 1973.

Edgerton, Gary R., *The Sopranos*, Detroit, MI: Wayne State University Press, 2013.

Epstein, Michael M., Reeves, Jimmie L., Rogers, Mark C., "Surviving the Hit: Will the Sopranos Still Sing for HBO?," in: *Reading The Sopranos. Hit TV from HBO*, edited by David Lavery, London: I.B.Tauris, 2006.

Fiske, J., *Power Plays-Power Works*, New York and London: Routledge, 1993.

Fiske, J., *Television Culture*, New York and London: Routledge, 1987.

Fiske, J., *Understanding Popular Culture*, New York and London: Routledge, 1989.

Gabbard, K. and Gabbard, Glen O., *Psychiatry and the Cinema*, Chicago: The University of Chicago Press, 1987.

Gini, A., "Bada-Being and Nothingness. Murderous Melodrama or Morality Play?," in: *The Sopranos and Philosophy: I Kill Therefore I Am*, edited by Richard Greene and Peter Vernezze, Chicago and La Salle: Open Court, 2004.

Greene, R. and Vernezzo, P., *The Sopranos and Philosophy: I Kill Therefore I Am*, Chicago and La Salle: Open Court, 2004.

Jameson, F., *Postmodernism, or the Cultural Logic of Late Capitalism*, Durham: Duke University Press, 1991.

Kellner, D., *Media Culture: Cultural Studies, Identity, and Politics Between the Modern and the Postmodern*, London: Psychology Press, 1995.

Lavery, D. (ed.), *Reading The Sopranos. Hit TV from HBO*, London: I.B.Tauris, 2006.

Lavery, D., Thompson, Robert J., "David Chase, The Sopranos, and Television Creativity," in: *This Thing of Ours: Investigating the Sopranos*, edited by David Lavery, New York: Columbia University Press, 2002.

Mikos, L., *Fernsehen im Erleben der Zuschauer*, Berlin: Quintessenz Verlags-GmbH, 1994.

Mikos, L., *Fern-Sehen. Bausteine zu einer Rezeptionsaesthetik des Fernsehens*, Leipzig: VISTAS Verlag, 2001.

Miller, T. (ed.), *Television Studies*, London: British Film Institute, 2002.

Ndalianis, A., "Television and the Neo-Baroque," in: *The Contemporary Television Serial*, edited by Lucy Mazdon and Michael Hammond, Edinburgh: Edinburgh University Press, 2005.

Nirmalarajah, A., Melodrama, G., *The Sopranos und die Tradition des amerikanischen Gangsterfilms*, Bielefeld: Transcript, 2012.

Polan, D., *The Sopranos*, Durham: Duke University Press, 2009.

Ricci, F., *The Sopranos. Born under a Bad Sign*, Toronto: University of Toronto Press, 2014.

Sontag, S., *Kunst und Anti-Kunst*, Berlin: S. Fischer Verlage, 1980.

Willis, E., "Our Mobsters, Ourselves," *The Nation*, March 2001.

Winter, R., "Cultural Studies," in: *The SAGE Handbook of Qualitative Data Analysis*, edited by Uwe Flick, London: SAGE Publications Inc., 2014.

Winter, R., "Gegenwart und Zukunft der Television Studies. Eine Bestandsaufnahme," in: *Sprachhandeln und Medienstrukturen in der politischen Kommunikation*, edited by Stephan Habscheid and Michael Klemm, Berlin: De Gruyter, 2007.

Winter, R., *Die Kunst des Eigensinns. Cultural Studies als Kritik der Macht*, Metternich: Verlag Velbrück Wissenschaft, 2001.

Winter, R., *Widerstand im Netz. Zur Herausbildung einer transnationalen Oeffentlichkeit durch netzbasierte Kommunikation*, Bielefeld: Transcript, 2010a.

13 米开朗基罗·安东尼奥尼影像制作中的美学政治：以雅克·朗西埃的分析视角

关于安东尼奥尼影像制作的美学讨论

米开朗基罗·安东尼奥尼的影片作为一种现代主义范式的表达，被认为在电影业中具有开拓性意义。即便在今天，其影像制作仍然对电影风格产生影响且在电影艺术史上占据着关键一席（参见 Nowell-Smith 1997；Schenk 2008：67-89；Glassenapp 2012：7-12）。此荣誉始于《奇遇》（*L'avventura*）这部作品，当这部极具视觉震撼的电影在 1960 年戛纳电影节上首映时，却招来了人们的诸多非议。在影片中，他用一种新颖且复杂的可视方式呈现空间、身体和世界表面。影评家迈克尔·奥尔森（Michael Althen）在这位导演的讣告中写道："我们必须感谢他为现代电影所做的一切。"（Althen 2007：31）安东尼奥尼的电影一贯以自我反思和复杂审美而著称，它通过挫败观众对叙事电影的固有期待（practiced expectations），以及让影片自身成为和主人公一样的主体，从而打破和消解了"经典电

257

影"（classical cinema）（Bordwell 1985）的天然特性（Fahle 2005）。经典电影作为一种叙事媒介并不自身指涉；相反，它宁愿通过其叙述来呈现一个可信的世界。因此，片中人物的行为就被打上了因果关系、易于理解和透明化的标识。他们总是目的明确。角色的行动就是为了改变。而安东尼奥尼的电影则相反，自从其处女作《某种爱的纪录》（*Crónaca di un amore*，1950）以来，他的电影就显现出德勒兹所谓的"将行动转换为光学和声音的描述"之倾向（Deleuze 1989）。德勒兹还认为，从1962年的《蚀》（*L'eclisse*）开始，安东尼奥尼的影像制作就彰显出如下特征，即"对有限情境的处理，以至于将这些情境推进到非人化的景观和空虚空间的程度，就像角色和行为已被它们吞噬，只剩下地球物理学的描绘，以及情境的抽象清单"（Deleuze 1989）。德勒兹认为，安东尼奥尼是一个"挑剔的客观主义者"（critical objectivist），他渴望从自己的影片中寻取抽象概念（Deleuze 1989: 6）。在德勒兹看来，安东尼奥尼的拍摄警觉、精准、富有洞察力，他努力和所拍摄的世界保持一种冷静的、不带情感的距离，这使后者看起来毫无意义和目的。为了达成此目的，安东尼奥尼祛除了情节中的戏剧成分，建构起开放式的、去中心化的和概述式的结构。其中对环境和状态的描绘常常代替了人物的行动。人物变成了缺少行动的观察者。动作画面作为经典电影中的典型样态，它遵循刺激－反应模式，这在安东尼奥尼的电影中遭到废黜。主人公的观察并非触发行动，而是它们自身成了反思的对象。行动的触发不再有明显的因果性，它们看起来像是蓄意的意外。影片的主体就是影像本身。"最根本的关切并不是意义的叙述发展，而是意义的视觉生产"（Bohn 1995：321-323）。影像通过生产和利用世界表面来开发空间。因此，安东尼奥尼的电影令人印象最为深刻的是电影画面和它们的涌流。

在安东尼奥尼的电影里，再现叙事所创造的世界已不再是影片的核心，取而代之的是对现代性光学和视觉空间的现象学探究，这些空间并非由人物的动作所创造，也不触发行动。叙述故事的情境成为背景。期望在人物动作中有所斩获的观众，只是对安东尼奥尼本人一时感兴趣而已。对安东尼奥尼来说，景观、情境、物体、公路或建筑物很重要，有时这些东西比人物更重要。基弗（Kiefer 2008：36）认为，这种移位（displacement）是安东尼奥尼电影里最有难度的一种表现："去中心化的体验，人物的无地方性，也包括试图对不透明的、偶然的和碎片化的现实进行重新界定和重新定位。"（Kiefer 2008：36-43）

观众试图理解他所看到的。因为在这些电影中，叙述缺乏统筹一切的力量，观众被迫将注意力放置在图像的可能性上（Schenk 2008：71）。在经典电影中，画面是一扇视窗，它即将打开一个叙述的世界，其中显现的画面将现实、梦想、想象和记忆彼此联系起来。现实与虚拟之间的不断变化产生了"晶体影像"（crystal images）（Deleuze 1989：95ff.）的概念。

与此密切相关的是，对安东尼奥尼电影的阐释就显得矛盾、模棱两可和含混不清，最终变得不可判定。他的画面世界呈现可见的"世界表面"（Chatman 1985；Kock 1994），充满着歧义，其意义仍旧不够明晰且模棱两可。如此一来，就没有一览无余的明确阐释。从某种意义上说，安东尼奥尼的电影体现了安伯托·艾柯"开放的艺术品"（open artworks）的概念（Eco 1973）。这样，阐释过程本身成为一个问题，也同时变成了电影的主体。罗兰·巴特将安东尼奥尼电影的这种特质描述成"意义的颤动"（Barthes 1984：65-70）。意义不是设定的或者强加于人的，而是微妙地处于悬疑状态。故安东尼奥尼电影的意义也不可能被强势者所挪用，后者更乐于设置、界定和占有意义。在这场反对"意义狂热"的斗争中，安东尼奥尼的政治现代性显示出来。当经典电影在不断生产相对明确且一致的意义时，安东尼奥尼的电影却在拒绝类似于法西斯主义语言强迫我们"说话"的约束，就像巴特在法兰西学院就职演讲中所指出的那样（Barthes 1980）。

在下文中，我将在安东尼奥尼美学的政治品格语境中讨论和扩展其影像制作的阐释。我打算将社会批评囊括进来，这种批评与1960年代对意大利资产阶级中诸如颓废、无关紧要和厌世等成员的银幕直呈相关联。我在论文中提出这样的观点，安东尼奥尼电影中的政治存在于其审美经验中，这种审美经验唯有通过其影片方能实现。如雅克·朗西埃所说，审美经验与民主经验密切相联。那种认为意义的主要框架和社会与文化秩序的意义一成不变，只能是这样而不能是那样的理论，安东尼奥尼和朗西埃均认为是有问题的。他们激赏偶然性和可能的变化。而且，朗西埃认为只有通过集体行动才能带来万物的平等。艺术和政治欲祛除等级，同时质疑现有的身份并改变它。如此这般，将会达成一种新的可感事物的分类。

对齐格弗里德·克拉考尔（Siegfried Kracauer）来说，电影的中心特点就是呈现物理现实以及通过这些途径让其可见。

电影记录并揭示世界事物的物质性、表面和细节（Kracauer 1985：71ff.）。朗西埃认为这种表现性功能才是电影的中心特点（Rancière 2006）。电影叙事和意识形态的决定性力量亟待被颠覆，所呈现出来的物质及人的世界应由多种因素决定，其含义也应最先由观众来决定。毫无疑问，安东尼奥尼的电影表现了这一特性。不仅如此，就艺术的审美体制或政体（aesthetic regime）来说，它们体现了一种美，一种从未出现在再现或模仿中的美。所以，它们既不可能被轻易消费，也不可能被概念性定义所穷尽。如雅克·朗西埃（Rancière 2008：13）所示，德勒兹认为美是"抵抗"的，而艺术本身是政治的。那么这就不单单只是对政治的评论或扩展，而是宣称"艺术就是政治"。在不限于艺术体验的审美体验中，我们可以找到能够产生一种新共同体的共同点。因此，艺术的"抵抗"包含了"一种新人的承诺"（Rancière 2008：22）。

从这个背景出发，我将在电影语境下更为贴近地界定安东尼奥尼艺术的抵抗。为使之更深入，我将转而分析中国电影导演王家卫的影像制作，表层美学在其作品中同样扮演了重要的角色。我将展示他与安东尼奥尼之间的关系，并分析这种视觉美学在当今的表现。在结语处，我将把最终结果置放到"被解放的观众"（Rancière 2009）这一概念的语境中予以讨论。

安东尼奥尼艺术的抵抗

安东尼奥尼的电影过去常常被置放到存在主义"情感结构"（structure of feeling）的语境中进行解读（Williams

1977：188ff.）。它们描绘了现代人性中的恐惧、异化、孤独、寂寞（loneliness）和孤立（isolation）等情感，这些也就是所谓的"存在主义体验"（Schaub 1984：18ff.），以及在无意义的世界为生命寻找意义的挑战，而这个世界已不再拥有给予一致性的任何阐释框架。若是这样解释的话，《呐喊》（Il Grido，1957）就是对现代世界冷漠的控诉。

影片的主角是无产者奥尔多（Aldo），他无法在世界上找到立足之地，也体会不到家的温暖。他人生的最后旅程也不知是死于事故还是自杀。奥尔多漫游晃荡（roaming）的死亡结局揭示了现代存在的荒谬性（Schenk 2008：84）。从这个方面来看，安东尼奥尼的电影表现的是现代性的消极面（Kiefer 2008：36）。评论家还谈及"安东尼奥尼的倦怠（ennui）"（Chatman，Duncan 2004：62），那是一种了无生气、迷失和空虚的状态，在《奇遇》的主人公身上表现明显。

安东尼奥尼自己在一次著名的访谈中说到，爱神（Eros）生病了（Antonioni 2008：32ff.）。在一个传统道德规范没有任何价值的世界里，人们被性欲驱动并乐此不疲，因为他们迷失了方向，一点也不快乐（Chatman，Duncan 2004：63）。例如，在《奇遇》中，桑德罗（Sandro）放弃了他作为建筑师的艺术抱负，转而从事薪酬更为优厚的评审员工作。因为这，他变得受挫失意，一些评论认为这导致了一种更强迫和冲动的性欲。关于这一点，安东尼奥尼认为："《奇遇》的悲剧直接源自这种不快乐、痛苦和徒劳的性冲动"（Antonioni 1962：33）。桑德罗感到厌烦、不满意，但又不能改变任何事，因为他不能成功地发展和遵循他行为中的伦理规则。"由此，当今对科学未知毫无畏惧的德性之人却恐惧伦理的未知"（Antonioni 1962：33）。按照一些评论的说法，《红色沙漠》（*Il deserto rosso*, 1963—1964）表现了资本主义和现代技术改变周遭环境所带来的异化。其中人物情感和周遭环境之间的强烈反差被生产出来（Chatman, Duncan 2004：95）。因此，第二次世界大战后繁荣的意大利资产阶级生活在"情感和伦理的真空之中"（Kiefer 2008：38）。在世界社会主义网站（World Socialist Website）上，理查德·菲利普斯（Richard Phillips）在安东尼奥尼的讣告中写道，他在创作中渐渐丧失了"为现代生活内在复杂性情感寻找影像并表达某种抗议"的能力，他甚至还谈及"一种艺术的衰退"。在菲利普斯看来，安东尼奥尼已经开始迎合"政治和社会现状"（Phillips 2007）。一旦首要关注的是其影片的内容和主题时，那么所有后来对其影像制作的阐释都显示出，他的审美是多么地招致漠视或误解。这样的话，《放大》（*Blow up*, 1966）或《一个女人的身份证明》（*Identificazione di una donna*, 1982）就没有任何明显地表明社会变化的政治信息。但不可否认的是，安东尼奥尼在这些影片中也创造了一些影像，用来呈现由复杂和艰难的现代生活所形塑的"在世存在"（Being in the World）。安东尼奥尼是精准、细心观察的大师。如此一来，他的影片可以被当作反思一系列问题的评注来进行读解。另一些时候，它们又可被视为一种寓言表征，这种表征对所处时代的发展进行了描绘和批判性诊断（Kellner 2010）。在此意义上，它们明确有力地表达了所处时代的境况和引发的争议，不过并未做出最终的诠释。因此，从社会复杂性层面对影片进行解读可以深入洞察有关存在的问题和人的境况（condition humaine）。

然而，那些没有将安东尼奥尼的影像制作所表达的艺术抵抗与其所引发的时代联系起来进行分析的做法，显然不值得推崇。因此，例如像世界社会主义网站的评论家就抱怨自《放大》以后，安东尼奥尼电影中所谓的政治琐事就丧失了其美学中内在的政治品格，其中内容变成了形式。所以这就不能通过对内容的分析来界定，唯有将其影片（cinematic opus）放置在艺术的审美体制下进行解析，在朗西埃的著作中，这种体制取代了现代性和后现代性概念的时期划分。

雅克·朗西埃将西方传统对艺术的定义甄别为三类（Rancière 2006：38ff.）。在每种体制中，艺术根据某一时期人类的表达和世界之间的关系加以界定。而每种体制不仅由其所引发的构成规则，也由其所触发的矛盾予以界定。对朗西埃来说，审美实践可见性的关键问题在于，它们所占据的位置和所生产的可感事物的分类（Rancière 2006：27）。他在其中辨认出一系列可感的证据，后者生产了生命共同体（common threads），同时也排除某些元素。朗西埃区别了形象的伦理、再现和审美体制。前两者体现在古典艺术中，而后者则代表现代艺术。

图像的伦理体制一方面关乎艺术实践及艺术品对个体与社会的影响；另一方面关乎柏拉图在艺术反映中所描绘的问题，即艺术品如何合理地表现理念或理想模型。与此相反，艺术的再现体制则认为相似性并不能被用来界定模仿和艺术品。"这不是艺术技巧的问题，而是一种艺术的可见体制"（Rancière 2006：38）。再现体制按照等级进行组织，"这种等级确定了行动高于人物形象,居于再现的首要位置,如同叙事高于描述一样"(Rancière 2006:39)。甚至选择的再现形式(文体类型和语言)必须符合表达主题在社会阶层中的地位。因此,我们会看到譬如悲剧与贵族相关,而喜剧表现的都是普通人(Rancière 2006:52)。

距今 200 年前出现的审美体制解除了主体与其肖像之间的联系。19 世纪初"文学"的涌现导致语言和表现处于支配地位(Rancière 2010)。语言的力量在于它能处理和解释那些远距离(在空间或时间上)的事情,或是那些公开不能获得之物,如人物的内在动机。艺术因此远离了特定的规则或主体等级制度(Rancière 2006:37)。在被表现的主体中存在一种平等:"审美状况是瞬间的纯粹悬置,形式本身即被感知到。正是在此瞬间,一种特殊的人性(humanity)得以形成"(Rancière 2006:40ff.)。巴尔扎克的小说,尤其是福楼拜的小说,摧毁了等级性再现,如此这般,叙事就胜过描述而居于首要位置(Rancière 2006:41)。艺术品成为感性经验的对象,成为被艺术存在所改变的世界的一部分。衍生于政治革命语境下的审美制度,由平等原则所塑造。它在艺术领域攻击等级结构,由此产生了艺术现代性。然而,就像在政治世界中一样,等级是不会消失的。即使在审美体制内,虽然有新的机会,再现逻辑仍然占据一角。电影就是这方面很好的例子。在众多电影,如"经典电影"的制作中,传统的、再现的叙事逻辑仍持续占据着主导性地位。对朗西埃来说,因为电影连续将这两种诗学结合起来,所以这种艺术形式能深刻地表现两者之间的冲突。

先锋电影自诞生伊始就努力追求审美规则的实现。在法国电影批评的印象派传统（impressionist tradition）中，路易·德吕克（Louis Delluc）在1920年代形成了"上镜头性"（photogénie）的概念。鉴于此，他认为唯有通过电影语言方能捕捉和传达物和人诗意的面向。"在这个光影游戏中，在运动和节奏中，在物体的风格化中，影片中影像的暗示力量也在增长——我们在光鲜的视觉符号中可感觉到影像有节奏地流动，就像某种特别类型的'音乐'。然而，与其说单独对材料的节奏安排——它被认为是暂时的——还不如说不能言说的暗示才是电影的主要目的，电影所能叙述的另一面即是唤起受众的心情、思想和感情"（Gregor，Patalas 1962：80）。

让·爱泼斯坦是德吕克所在导演和评论家圈子中的一员，他在1921年发表的《向电影致敬》（Bonjour Cinéma）一文，对朗西埃来说具有特别重要的意义。当然这是一种纯粹主义者（purist）的论调："电影即真理，故事乃谎言"（Epstein 2012：22）。爱泼斯坦看到了现代文学和电影之间的紧密联系，因为它们都脱离了戏剧。爱泼斯坦认为，电影与其说是叙事，不如说是指向某物。"我希望电影里什么也没有或几乎什么也不要发生，……其中一个适度的细节即显示出一场隐藏戏剧的基调"（Epstein 2012：82）。爱泼斯坦发展了如下的观点，即电影是光影或运动的脚本（script），它不是描述而是捕获"感性物质的振动（vibrations）"（Epstein 2012：82）。他认为当电影告别了讲述故事这种再现体制的特性时，它就成为艺术。在故事里，情节依因果性组织，遵循可能性规则，模仿的合理性基于虚构。不过，在爱泼斯坦看来，电影应该捕获世界的纹理和图绘（chart）事物，"在它们形成之初，还处于波动和振动的状态，也就是在这些事物因其描述和叙述的性能而能够作为可识别的物体、人物或事件之前"（Rancière 2006：2）。在他看来，电影成为艺术审美体制的典范。不过，朗西埃指出了这样一个事实，那就是电影主要朝另一个方向发展，它继续保留着文学和绘画所遗留下来的再现秩序。

鉴于上述情形，朗西埃首先批评了"共识电影"（consensual cinema），它所虚构的故事通过复制现实而使现实合法化。与之相反，朗西埃寻找到"歧义电影"（dissensual cinema）的案例，在其中现实对它自身变得陌生，而共识则被显示为虚构。很明显，对朗西埃来说，存在着其他经验的可能性。如此，朗西埃发现审美虚构可以从理性模仿中解放出来。"作为人为世界的虚构，它并不承担现实之责，而仅被用来界定一定范围内参考与借鉴的经验"（Rancière 2012：21）。虚构绝不可以用来验证现实；相反，在模仿的过程中，现实要与其自身有所不同，同时又须创建它们两者的共同点。如此这般，现实的偶然性必须变得可见。

现在我们可以更为贴切地界定安东尼奥尼美学的政治意义。安东尼奥尼早期的电影，因严格遵守类型和因果逻辑，所以再现体制曾占据着重要的地位。在他后期的影片中，开放的叙事结构、摄影的自主化、"暂停"（temps mort）的技法、空间的视觉开发或像场（image field）的逐渐虚化，这些风格特点破坏了再现体制。毋庸置疑，安东尼奥尼的影像制作受惠于审美体制。他常常将自己的电影和诗人的作品相比较。我们也应该想到他对德吕克和爱泼斯坦的工作非常熟悉，因为他非常推崇法国电影，而且其自我陈述和法国印象派（impressionists）的著作有着诸多相似点（Kock 1994：323ff.）。例如，他谈及风的上镜头性。风虽然不可见，但观众可以借风所影响的物体来进行想象。科克（Kock）详细地描述道："在安东尼奥尼众多电影中，经常会出现这样的段落（sequences），画面中严格说来看不见的风，突然间看得见也听得到了，这些构成了他作品中最具视觉冲击力和令人深思的时刻：《放大》中的风暗自让草坪生机勃勃；《扎布里斯基角》（Zabriskie Point）结尾片段中的雪松和仙人掌，在风中优雅地摇曳着；同样是在《奇遇》的结尾部分，风吹得树叶沙沙作响；而《蚀》中林荫道上的落叶似乎在一阵风的吹拂下获得了生命，抑或是由于风吹动了旗杆的系绳，飘扬的旗帜仿佛奏起一曲神秘又遥远的音乐。"（Kock 1994：325）

叙事的撤离转向了对影像的精心打造，这无疑对观众构成了挑战，为了揭示到底发生了什么，又是什么促使主人公采取行动，观众必须去破解复杂的影像和表面的细节。就像古斯塔夫·福楼拜和弗吉尼亚·伍尔夫的小说一样，读者必须学会解读其中迥异的面部表情或动作，这样方能理解人物的动机和引发事件的原委。

安东尼奥尼的视觉技巧将人、建筑或物体相互联系起来，甚至包括用一些物体去指涉另一些物体。我在论文中曾指出，这种现象是由平等原则所决定的。他甚至在单帧画面里将重要的和不重要的事物放置在一块。相似性使影像之间建立起彼此的联系。他的美学注重影像的表面结构，在影片中这一点远比对话或动作更重要。这样一来，既有的等级秩序被解构，在影像内部和影像之间平等产生了。安东尼奥尼也拆除了存在于艺术形态间的现有等级。由于他既是作家,又是画家,所以他的电影深受文学和绘画的影响。在《放大》这部影片中,摄影、美工、造型、建筑、爵士乐和流行音乐均被平等利用来表明意义。

"视觉奇效"(visual epiphanies)是安东尼奥尼电影的出发点,它表露出对他周遭世界的印象(Chatman, Duncan 2004:99)。而用文字很难将这些予以揭示或概述。在安东尼奥尼这里,如果视觉奇效成了视觉运动,它们就留存有相对于动作的个人意义。这些成了他影像美学的重要元素。在设置的影像细节敲定后,安东尼奥尼会全面细致地改编影像表层。到时候就会反复出现如窗户、栅栏、水或雾等意象的视觉运动,它们的多重变化过程是安东尼奥尼影片风格的一个重要基础(Kock 1994:Chapter 5)。

安东尼奥尼影片的一个更深层次的风格特征是空间的虚化(emptying)。片中的主人公一点一点地或突然和意外地失踪了。有时候镜头会移开,人物似乎被留在空旷的空间中。安东尼奥尼运用了各种不同方法来营造空漠和陌生感。就像德·基里柯(de Chirico)的画作一样,我们也可以发现安东尼奥尼影片的画面是不动的、永恒的,画面的静默使它们神秘莫测。即便是"暂停"影像,它们作为安东尼奥尼图像语言的电影化元素,也传达出一种空虚和疏离感(isolation)。如果在某一场景的最末,人物不再在他们原来的位置出现,运动就会停滞下来。这导致了戏剧性的丧失。在无数场景的开头和结尾,我们也只看到一些景观元素。

除此之外，安东尼奥尼影片中的布景被精心设计成对事件的评论。西摩·查特曼（Seymour Chatman）在《安东尼奥尼，或世界表面》（Antonioni or the Surface of the World）中着重指出，布景不是以人物形象来界定的，它以转喻方式来传达意义。不过，影像的表面结构并不规制意义。导演和观众拥有同等权利评论和解读这些影像。"安东尼奥尼的电影创造意义，即便这些影片经常不断地改变意义甚或予以撤销，它们也有着开放艺术品的特征……它们检视价值观和确然之事（certainties），并邀约观众和作者来分享影像不同的结构形式（configurations），以及对它作为广阔的可能性领域的多种解读。"（Kock 1994：247）更为重要的是，安东尼奥尼经常把画作和其他偶然拾到之物放在一块作为影片的布景（Chatman, Duncan 2004：99ff.）。它们对人物行动的评论，也暗示着一个真实的世界。观众能够或应该考虑这些物品的意义，即使这些意义最终暧昧不明。如果一种（当代的）解读未成功，它们仍不失为转移行动而引发失实联想的审美对象。在安东尼奥尼的影片中，不仅单帧画面会引发观众的联想，他也广泛地采用蒙太奇技巧以加强画面联想。这种联想能够促进我们对人物形象的理解。不过，它们也能形成自身的意义。例如，在《蚀》中，一座蘑菇状的水塔，提醒我们核爆后的蘑菇云，并与影片中一张报纸上刊有"核战争"的标题相对应。然而，这些（隐藏的）解读一般来说仍处于一种前意识层面，它们只能建立在一种基于反复观看的深层分析之上。否则，它们可能会引发仓皇失措和焦虑的情绪。即便采用这种技巧，但安东尼奥尼的目的旨在激励自由联想，而非设定明确的意义。

影片中的建筑同样构成了对动作的评论，例如在《夜》（*La notte*，1961）和《蚀》这些影片中，我们感觉到——就像德·基里柯的画一样——建筑才是真正的主人公。和安东尼奥尼电影中的景观一样，建筑也创造了一种视觉框架，其中的人物就像在棋盘上移动一般。而这是对他们内在生命的评论。在此语境下，我们也必须提到摄影机的视觉自主性，这种自主性在《旅客》（*The Passenger*，1975）里达到了极致。其中，摄影机经常会客观地游离，让我们觉得叙述者有点心不在焉（Chatman, Duncan 2004：196ff.）。这导致了观众对空间的迷惑，尤其在沙漠场景中。电影摄影不断地在削弱视图，这样主人公洛克（Locke）的"视角"就成了影片的中心（Chatman, Duncan 2004：199）。

我在上面已提到，安东尼奥尼的电影艺术特征揭示了这样一个事实，正如朗西埃所说的，其影片受惠于艺术的审美体制，也同样受惠于爱泼斯坦的纯粹视觉理念。通过不同的文体手段，安东尼奥尼潜入了再现体制之中，使之成为背景并夺走了它的结构力。通过其影像的歧义性（ambiguity），安东尼奥尼对以再现体制和现实为标志的共识虚构提出了质疑。安东尼奥尼创造了一种歧义电影，我们从中可以找到电影的审美真理、喑哑而转瞬即逝的事物的歧义性，以及世界本然的纹理。如此这般，视觉环境就从它们的符号中解放出来。其电影真正实现了从再现的情节虚构转向审美的符号虚构。在这一点上，王家卫是安东尼奥尼的追随者。

王家卫作品的审美表层

在彼得·布鲁内特（Peter Brunette）的一次访谈中（Wong 2005：119），王家卫说到安东尼奥尼对他有着重要影响。他更明确地指出，一部影片的中心主角不是演员而是背景，就像安东尼奥尼在《蚀》中表现的那样。此外，布鲁内特还补充道："抽象的线条、形式、形状和颜色等能够传达情感意义和表情，如同叙事线索、对话和角色的功能一样，这种想法很正常。"（Wong 2005：119）这样一来，经由主人公世界所传达的意义就显得抽象且模糊，因此就永远不能被精确界定。例如，在《重庆森林》（*Chungking Express*，1994）中，阿菲（Faye）的形象被再三地反射到一面金属墙上，直至最后占满整个屏幕。通过这种方式，阿菲的内心状态得以暗示出来。她似乎有点迷茫且迟疑不决。在王家卫的电影中，为了刻画人物的内心体验，他经常运用一些视觉性表达技巧。在这一点上，他和安东尼奥尼很像，即由观众来决定如何准确地解读某个场景。例如，在《呐喊》中，波河流域（Po valley）的景观间接地传达出奥尔多的内心生活。

在王家卫的电影中，叙事结构也丧失了其中心权能，呈现出一种碎片化状态。情节和地点被松散地聚集在一起。所以，《重庆森林》没有多少戏剧情节发生。影片也是开放性结尾，许多问题最终都没有得以解决。人物都很孤独、孤僻，就像导演之前的作品一样。他们坚信是命运使他们错失了爱的机会。《重庆森林》讲述了两个有着相似情节和人物的故事，这两个故事彼此映照。这样就产生了对影片并置的不同阐释，不过它

13 米开朗基罗·安东尼奥尼影像制作中的美学政治：以雅克·朗西埃的分析视角

们都有其存在的合理性。这两个故事不是连续发生的，而是同时进行的。叙事转变成行动散落在故事的时空中。正因为如此，我们要在影片中寻找到可靠的方向是很困难的，这就导致电影聚焦于视觉感、感官印象和经验视角之上。即便在后期作品中，王家卫仍忠实于一种省略的、碎片化的故事讲述方式。

王家卫电影与安东尼奥尼电影相比，其人物显得还要孤独，社交障碍严重，以及更为孤僻。《重庆森林》里的一些物件如成筐的菠萝，有助于人物去处理寂寞、忧伤和缺失的情感。这些人物试图克服自身的处境，从而建立起一种稳定的、常见的关系，但在迅捷变动的香港似乎不太现实。王家卫电影中的空间结构也反映了人物的孤独感。对王家卫来说，利用香港的建筑作为影片的框架并不是关键，他更注重将我们周遭的事物陌生化来表达人物的主观感受和情感。所以，他并不是要展示香港的天际线或旅游景点。相反，从一开始，观众所遭遇的香港就是疏离和碎片化的。不可避免地，他们很难在这种地方和视觉印象的异质性中找到出路。王家卫试图通过哪怕是变形的空间来暗示出其人物内在的精神生活。

王家卫同样采用了安东尼奥尼的腾空空间（vacated space）概念。在影片《阿飞正传》（Days of Being Wild，1991）中，沮丧痛苦的阿飞（Yuddy）离开了自己的养母。镜头在一个虚化的空间缓缓地推进，那正是阿飞刚逗留过的地方。因此，一种生离死别的忧郁感在画面中荡漾开来。此外，影片的最后段落与《蚀》的结尾构成了对话关系。摄影机最后展现的是，孤独的苏丽珍（Su Li-Zhen）和警察超仔（Tide）分离之前约会的地方。如今却已物是人非，观众也不禁追忆感怀。腾空空间在存在与缺席之间已作了评判（Lindner 2008：71）。它不再聚焦于自身，而是流动的、开放的和转瞬即逝的。从总体上看，王家卫运用空间的结构创造了一种地方印象，其中的人物身份变得短促、碎片化和不确定。

根据弗雷德里克·詹姆逊的观点（Jameson 1991：16ff.），我们可以将之理解为（后现代的）身份危机。《重庆森林》里表现的人物之间的疏离和置换（displacement）让我们想起他有关对个体和文化精神分裂症的诊断。后资本主义世界中的人们彼此隔离，他们孤芳自赏、互不关心，只注重他们的主体性，经常表现出多重人格。而且，影片中的核心角色经常伪装。他们似乎没有任何一个人知道自己是谁，也不知道该如何表现。他们改变语言，甚至身份。影片通过频繁运用镜子和窗户所反射的形象来表现这种混乱状态。

这里所举的这些特点表明在王家卫的电影和安东尼奥尼的影片制作之间存在着互文关系。两者不约而同地背离了艺术的再现体制转而到电影的视觉和寓言中寻觅其审美真实。他们设计了世界表面的感性景观，打破了原因和结果之间的线性关系，在朗西埃看来，这些是由审美效果来界定的（Rancière 2008：57）。王家卫接续了安东尼奥尼的电影。不过，他电影中的人际环境似乎更糟糕。人与人之间的沟通是失败的，关系似乎难以维系。总之，在王家卫的世界里，爱神也是病态的。

结　语

笔者尝试说明安东尼奥尼（包括王家卫）电影中的政治

特性不能通过以内容核心为导向的分析来推断实现。安东尼奥尼始终如一、毫不妥协地把影像解放出来。他不再依赖于情节，而是追求上镜头性和影像的诗意化。一帧影像的印象对应一个瞬间。对此瞬间的寻觅以及在影片中的拍摄定格确立了安东尼奥尼的艺术创造。在影像的视觉力量和复杂性中，因其揭示了虚构的统治性共识，于是，美学的"自我意志"得以彰显，机遇性空间也敞开了。

安东尼奥尼呼吁"被解放的观众"（Rancière 2009：33），他能担任积极的阐释者角色。其影像鼓励联想。我曾在其他地方提及"生产性观众"（productive spectator）（Winter 2010）的说法。所谓"生产性观众"，就是指在和媒介文本的交互中，他基于自身教育和生活的历史能够生产性、创造性地创建多种阐释。朗西埃正是从这种联想和分离的能力中领会到观众的解放。"每一个观众在其历史中已然是一名演员"（Rancière 2009：28）。因此，为了将安东尼奥尼的电影变成自己的历史，他必须生产出对其影片制作个人化的解读。这种阐释工作就是一种"平等性演示"（Rancière 2009：30）。叙事者和翻译者生产出一个共享着审美经验的解放共同体。安东尼奥尼影像制作的不朽价值表明，即便在今天和他的电影进行互动仍是可能的。

（唐晓莉　肖伟胜　译；原载《后学衡》第 1 辑）

参考文献

Althen, M., "Die zärtliche Gleichugultigkeit der Welt," *Frankfurter Allgemeine Zeitung* (1 Agust 2007).
Antonioni, M., "A talk with Michelangelo Antonioni on his work in *Film*

Culture," (1962) in: *Michelangelo Antonioni Interview*, ed. Bert Cardullo, Jackson: University Press of Mississippi, 2008.

Barthes, R., "Weisheit des Künstlers," in: *Michelangelo Antonioni, Rehe Film 31*, München: Hanser, 1984.

Barthes, R., *Leçon/Lektion, Antrittsvorlesung am Collège de France*, Frankfurt a.M.: Suhrkamp, 1980.

Bohn., C., "Volatilität des Gelds, der Bilder und der Gefühle. Michelangelos Antonionis Eclisse," in: *Was ist ein Bild? Antworten in Bilderned*, Sebastian Egenhofer, Inge Hinterwaldner and Christian Spies, München: Fink, 1995.

Bordwell, D., *Narration in the Ficton Film*, Madison, Wisconsin: The University of Wisconsin Press, 1985.

Chatman, S. and Duncan, P., *Michelangelo Antonioni-Sämtliche Filme*, Cologne: Taschen, 2004.

Chatman, S., *Antonioni or, the Surface of the World*, Berkeley and Los Angeles: The Uuniversity of California Press, 1985

Deleuze, G., *Cinema 2. The Time-Image*, Minneapolis: University of Minnesota Press, 1989.

Eco, U., *Das offene Kunstwerk*, Frankfurt a/M: Suhrkamp, 1973.

Epstein, quoted by Jacques Rancière in Spielräume des Kinos, Vienna: Passagen Verlag, 2012.

Fahle, O., *Bilder der Zweiten Moderne,* Weimar: Bauhaus Verlag, 2005.

Glassenapp, J., "Ein Modernist bis zum Schluss," in: *Michelangelo Antonioni-Wege in die filmische Moderne*, ed. Jörn Glassenapp, München: Fink, 2012.

Gregor, U. and Patalas, E., *Geschichte des Films*, Gütersloh: Bertelsmann, 1962.

Jameson, F., *Postmodernism or The Cultural Logic of Late Capitalism*, London and New York: Verso, 1991.

Kellner, D., *Cinema Wars. Hollywood Film in the Bush-Cheney Era*, Oxford: Wiley/Blackwell, 2010.

Kiefer, B., "Michelangelo Antonioni (1912–2007)," in: *Filmregisseure*, ed. Thomas Koebner, Stuttgart: Reclam, 2008.

Kock, B., *Michelangelo Antonionis Bilderwelt,* München: Fink, 1994.

Kracauer, S., *Theorie des Films. Die Errettung der äußeren Wirklichkeit*, Frankfurt a.M.: Suhrkamp, 1985.

Lindner, W., "Impressionen von einem unsteten Ort. Zur Raumkonstruktion bei Wong Kar-wai," in: *Wong Kar-wai. Film-Konzepte 12, ed.* Roman

Maurer, Munich: Text und kritik, 2008.

Nowell-Smith, G., *L'avventura*, London: BFI, 1997.

Phillips, R., "Michelangelo Antonioni-Kein makelloses Vermächtnis," World Socialist Website, 11.8.2007, http://www.wsws.org/de/articles/2007/08/antoa11.html, accessed 8.7.2013.

Rancière, J., *Der emanzipierte Zuschauer*, Vienna: Passagen Verlag, 2009.

Rancière, J., *Die Aufteilung des Sinnlichen. Die Politik der Kunst und ihre Paradoxien*, Berlin: b-books, 2006.

Rancière, J., *Die stumme Sprache. Essay über die Widersprüche der Literature*, Zürich: Diaphaness, 2010.

Rancière, J., *Film Fables*, ed. Emiliano Battista, Oxford: Berg Publishers, 2006.

Rancière, J., *Ist Kunst widerständig?* Berlin: Merve, 2008.

Rancière, J., *Und das Kino geht weiter. Schriften zum Film*, eds. Sulgi Lie and Julian Radlmaier, Vienna: Passagen Verlag, 2012.

Schaub, M., "Sisyphus," in: *Michelangelo Antonioni, Rehe Film 31*, München: Hanser, 1984.

Schenk, Irmbert., "Antonionis radikaler ästhetischer Aufbruch.Zwischen Moderne und Postmoderne," in: *Das goldene Zeitalter des italienischen Films, Die 1960er Jahre*, eds.Thomas Koebner and Irmbert Schenk, München: Fink, 2008.

Williams, R., *Marxism and Literature*, Oxford: Oxford University Press, 1977.

Winter, R., *Der productive Zuschauer. Medienaneignung als kultureller und ästhetischer Prozess*, Cologne: Herbert von Halem Verlag, 2010 (second enlarged eedition).

Wong, Kar-wai, "Interview with Peter Brunette," in: Brunette, *Wong Kar-wai*, Urbana and Chicago: The University of Illionis Press, 2005.

14 从社会互动到数字网络：媒介化过程和自我的嬗变

引　言

　　分析媒介所引发的文化和社会世界中不可改变和不可逆的变化，是媒介社会学的一个重要议题。媒介社会学不是那种只处理媒介社会学面向的社会学（参见 Waisbord 2014；Hoffmann, Winter 2018）；相反，它欲有助于更彻底地了解我们这个时代。它想要评估一个被媒介所充斥的社会环境中存在的危险和机遇（参见 Featherstone 2009）。例如，对媒介之历史的分析可以证明，媒介是如何促成文化和社会分化的，这是当今社会的典型特征，尽管去分化现象已很明显（参见 Winter, Eckert 1990）。过去 20 年的数字化进程，致使媒介引发的嬗变特别显著。我们可以毫不夸张地说，如同发明印刷术一样，传播交流的条件和境况已发生了根本性变化。这种变化也充分彻底地改变了社会本身。社会更多地被呈现为一个技术化世界（Lash 2002；Faßler 2009, 2014）。数字时代创造了新的文化、社会和政治性星丛。例如，建立在数字媒介基础上的右翼民粹主义、种族主义和仇恨得以发展，并通过数字媒介进行传播；此外，支持平等和民主的社会运动也使用数字媒介（Winter 2010；Castells 2012；Mason 2012）。我们的交往、我们的社群和我们观看自己的方式也发生了巨大的变化。在（晚期）资本主义社会的背景下，媒介社会学有一个重要任务，那就是研究这些转变——仍然难以理解和把握的转变。要务在于明确（数字）媒介之于这些过程的贡献。

弗里德里希·克鲁兹（Krotz 2001，2007：30）特别建议通过传播研究来系统地使用"媒介化"这一术语，以便能够把握那些在日常生活、身份、文化和社会改变背景下观察到的媒介变化过程。在他看来，媒介化——如同全球化或个性化等现象一样——是一个元过程（Krotz 2007：40），我们必须用专门术语对它进行界定并展开实证研究。只有从一种分析的角度看，媒介化才能与其他决定当前社会动态的元过程区别开来。这不仅关系到文化和社会的转变，也关涉机构和组织的转变，以及"人的社交和交际行为的变化"（Krotz 2007：38）。

本文通过在媒介化与观察焦点的主体之间建立联系来扩展科学化传播的视野。这种一直采用（社会）心理学和社会学视角察看主体的方式变得很重要，这一主体是自我或身份意义上的，或者甚至聚焦于它自身。因此，实用主义传统从一开始就已经认识到自我是植根于经验的。它形成于社会互动。根据实用主义者的观点，自我是由社会的反应和他人的期待发展而来，而哲学家常常勾勒出一个永恒和稳定的自我。在这一动态过程中，个体表现积极且富有创造性。自我对自身所处背景的社会需求进行反思并做出反应。对米德（Mead 1934/1967：

140）而言，自我"在本质上是一种社会结构，它产生于社会经验之中"。尽管自我形成于社会互动，但它仍然根植于个人。这种以解释为导向的互动论在社会心理学方面的洞察力，对社会化理论来说至关重要，并且对发展心理学也十分重要（参见Edelstein，Keller 1982；Selman 1984），它将成为下文对媒介化与自我形成之间的关系予以分析的指导性原则。[1]

首先，我们将根据实用主义的传统来弄清自我社会构成的一些重要特征。然后，我们将分析20世纪晚期和21世纪的媒介化推进方式，这些方式由视听和数字媒介所决定，它们对自我的形成产生了至关重要的影响。最重要的是，让·鲍德里亚使后现代影像世界的决定性影响和重要意义成为大家辩论的话题。他认为，我们这个时代处于媒介构成的超现实中，不仅现实即将消失，就连作为行为聚焦点的自我也将变得过时。因此，我们将直面这一针对社会心理学的情况所做的悲观诊断。为此，我们将更深入地考察在这些条件下出现的社会饱和现象，它是由无处不在的、可使用的通信技术造成的。肯尼斯·格根在早期阶段就已经对后者进行了深入的剖析。接着，我们将通过近距离地考量电影在后现代时期的影响，从而更加彻底地探讨鲍德里亚的怀疑论观点，诺曼·邓

---

[1] 在安德列斯·瑞克维兹关于亚文化的理论中，他在"后资产阶级的主体文化"中确定了米德社会心理学的位置（Reckwitz 2006：413）。他说，后资产阶级的主体与其说是以一种摒弃个人与社会之间差别的"社会规范"为特征，"……还不如说，它只有通过隶属于类似群体的社会性，才能获得身份识同"（Reckwitz 2006：413）。然而，米德的立场如此吸引人的是，他能够证明人的个性只能通过社会互动来获得发展。当交际功能和反思能力被各种社会关系充分展现时，它也有能力使自己远离社会束缚，并且能够以后习俗和非墨守成规的方式行事。瑞克维兹忽视了发展心理学这种经验主义方面的洞见，他是像阿诺德·盖伦（Gehlen 1957）一样的理论家，对卓有成效的社会主体化的变革力量和内在价值似乎没有（浓厚）兴趣。

津已经专门分析过这一观点，他是目前符号互动论最重要的代表人物之一。最后，我们将转向数字媒介化对自我形成的影响。在这种背景下，心理学家雪莉·特克尔在精神分析训练上的开创性工作至关重要。早在1980年代，特克尔就是这个领域的先驱，她通过大量的例证，弄清了数字化对自我形成产生的影响。我们通过分析数字权力结构和透明数字自我的发展来讨论"解释性社会"这一概念，该概念是哥伦比亚当代批判思想中心主任提出来的，这将会充实她的研究成果。在最后的结语部分，我们将与精神分析学家菲利克斯·加塔利一道直言不讳地宣称，在数字化时代，更需要将解放与主体化整合在一起。这一工作既需要理论论证，也需要实证研究。

实用主义传统和符号互动论中自我的社会建构

不像笛卡尔哲学传统将社会自我界定为是先验存在的，实用主义哲学的一个重要议题就是要彻底根除这一点。自我由个体的日常生活环境所塑造。在威廉·詹姆斯（William James）以经验主义为导向的认知中，这一点表现得尤为明显，库利和米德也深表认同。"确切地讲，一个人所拥有的社会自我，如同那些认识他并在他们脑海中拥有他的形象的个体一样多"（James 1892/1961：46），社会自我没有任何普遍形态，只能在局部的互动环境中以不同的方式形成。它不是作为一个稳定实体本身而存在，而是一种为它提供形状和连贯性的社会关系。

米德（Mead 1934/1967）的观点可谓一脉相承。自我是一个从交际过程发展而来的社会客体,如果这些过程成为反思性的话。正如查尔斯·H.库利(Cooley 1902/1964)业已表明的,这可能会通过想象或反思过程来形成,或者是经由与他人的象征性和反思性互动而产生,即从他人的视角来评判自己的行为,这种颇有主观主义浓郁色彩的倾向要归结于他的现象学视角。"此身份自觉地与他者的身份相对,因此成为客体,一个为自身的他人,这仅仅是因为它听到自己的说话和回答"(Mead 1919/1980a:245)。对米德而言,人类的这种调校视角的能力是"自我意识"的基础,他将核心自我看作外在交往的内在表现,这种交往伴随着有意义的姿态或他人对我们自己的反应,这是社会经验使然。在青春期开始的时候,个人"借助角色扮演"形成了对作为组织的群体和社会的理解,这是米德(Mead 1934/1967:154ff.)所谓的"泛化的他人"的观点。通过反思参与方式,它在内部继续进行团体或社会的交流。如此这般,自我在社会协调的过程中成为一种社会结构,正如发展心理学在经验上所证明的(Selman 1984:34)。与詹姆斯一样,米德也指出,不同社会交往的常规结构性也会创造出不同形式的自我。

> 对于不同的人,我们有一系列不同的关系。对于此人我们是张三,对于彼人我们是李四。自我的某些部分只存在于自我与自身的关系之中……正是社会过程本身对自我的出现负责;在这种社会经验之外,便不存在所谓的自我。(Mead 1934/1967:142)

在处理它自身"主我"的过程中,自我对重要且有意义的他者形象进行想象所产生的"客我",可能被整合成一个同质化的它自身,即"自我"或"自我认同"(Joas 1980:117)。因此,米德认为人类的本性同样也是在社会过程中产生的(Joas 1980:112)。

赫伯特·布鲁默作为米德的学生,在其研究成果的基础上发展出符号互动论,日后成为社会学中的一场运动(参见Keller 2012),并对社会心理学的发展日显重要。他所规划的考量聚焦于个体在相互交往时是如何解释意义的。"对象",如物理对象,也包括人类、社会角色或机构等,都会影响个体的行为,因为它们对个体来说具有特殊的意义。"因此,符号互动论将意义视为社会产物,作为人们在互动过程中借由典型性活动而形成的产物"(Blumer 1969:5)。隶属于文化定位和社会组织中的个体,仍然是积极的、有创造力的行动者,他们创造了有意义的社会世界,并将再次形塑和改变它。根据布鲁默(Blumer 1969:13)的看法,他是米德的追随者,即使是自我,也是一个来自社会互动的"客体"。一个人通过想象别人对自己的看法,从而学会了如何从外部观察自己。因为它提供了一个社会自我,它也学会了如何与自己互动。在不同立场的背景下,展开与自我的对话就是一个例证。这种对话也是一种社会互动形式(Blumer 1969:13)。

对布鲁默(Blumer 1969:48f.)而言,符号互动论是一门实证科学。自我应该被置放到它活跃其中并创造条件的社会情境中加以研究。在社会互动中,创造条件的过程永远不会结束。因此,在实证研究的基础上,它应该描述个体如何(以新的方式)

确定对他们有意义的东西。与其说自我是一劳永逸的稳定或被确定的,还不如说它是一个过程。欧文·戈夫曼遵循米德的传统,但他在解释社会学中发展出一种独立的方法,他区分了布鲁默的观点,并更加彻底地解决了这些问题。他的研究结合了自然主义、民族志研究和隐喻的使用,以便能够对社会世界的观察和描述进行比较和系统化。戈夫曼(Goffman 1994)在其研究中甄别出一种互动秩序,这是他的主要兴趣所在。行动是由植根于认知框架的规则和规范所构造并组织起来的,我们借此感知社会情境并找到我们的方法。戈夫曼(Goffman 1977:55f.)强调指出,这些认知框架可能被改变。他对社会情境的偶然性和调制条件很重视,这些可能对社会自我的建构产生很大的影响。

> 当分析自我时,我们就会从它的主人,从那个可能获得或失去最多的人那里抽离出来……总是存在一个有固定道具的后台。总有一群人存在。(Goffman 1969:231)

根据戈夫曼的解释,社会自我是一个拟剧化的自我,是一个在不同舞台上呈现和表演自身的自我。为了成功地进行自我呈现,它依赖于协助。自我产生于日常互动秩序。自我是它们的产品,并且"在它的所有部分都有其创造的痕迹"(Goffman 1969:231)。和詹姆斯一样,戈夫曼一再强调,不同的认知框架会产生不同类型的自我。

迄今为止的考量业已表明,根据实用主义的传统,自我是由社会互动构成的。从时间序列上看,自我确实存在于它们之前，但它是由人际关系和人际经验形成的。自我形成的成功需要社会的支持和他人的认可。如此一来，这就为个性的发展也为积极地改变世界创造了先决条件。然而，在日益媒介化的背景下，这一过程是如何转变的呢？媒介无处不在，它们簇拥包围着我们，它们业已渗入并全面地殖民我们的生活。早在1980年代之后的后现代争论中，我们的日常生活，充斥着泛滥的媒介影像，其中通信技术的重要性日益凸显，它成为一个重要议题，时至今日仍不乏现实意义。这就带来了一个问题，那就是在媒介化的背景下，自我是否且如何能够形成自己的立场。正如利奥塔（Lyotard 1986：45ff.）所表明的，后现代的显著特点是对现代的宏大叙事的深刻质疑，这种宏大叙事假定了社会的同质性，并把不断生产的知识合法化为对人类进步的一种贡献。在利奥塔看来，现代时期的社会纽带已经瓦解了。在后现代时期，自我不再被看作一种积极的、创造性的力量。

> 自我是渺小的，但他并非孤立的，他被困在一种从未如此复杂和灵活的关系结构中。年轻人或老人，男人或女人，富人或穷人，无论他们多么不重要，却总是被置于交流圈的"中心"。

在下文中，我们将讨论这一判断是否属实。

后现代时期的视听媒介化及其对自我建构的影响

早在1990年代，肯尼斯·J. 格根和诺曼·K. 邓津就研究了在当时媒介化的条件下自我建构的变化。在分析他们两人的作品之前，我们首先来看一下让·鲍德里亚的悲观分析。尽管在鲍德里亚看来，真实已经被淹没并消失在后现代的媒体图像洪流中，不过，同属于实用主义和互动论传统的格根和邓津，仍然坚守自我的信念。他们寻找解决的方案和抵抗的方式，以及自我发展的新可能性。

消失在超现实之中的自我

对鲍德里亚（Baudrillard 1978，1982）来说，后现代时期可以被描述为一个去分化的过程，以及界限和差异的内爆。在社会层面上，一个以工业生产条件为导向的分化型社会被一个由媒介主导的仿真社会所取代（参见 Kellner 1989：67）。尽管在现代社会中商品和产品的生产占据支配地位，但后现代时期则是以图像的急剧增加和加速为特征的。绝大多数媒体如电视促使社会所有领域都被仿真所渗透。图像、符号和符码在社会中生产和传播。在这一过程中，它们有了自己的生命，变得与现实世界脱节，如此一来，它们就越发与仿真世界之外的任何指涉物失去了联系。这些图像根本就没有任何指涉物。这些图像"不指涉任何现实，它是自身的模拟"（Baudrillard 1978：15）。由此产生了新的媒体现实，鲍德里亚将其定义为"超现实"（hyper-reality）。"再也没有能够与之抗争的任何虚构之物，而它们也绝不可能取胜——整个现实已经嬗变成一种现实游戏——这躁动和奇异的时代，随后便是彻底的幻灭，以及冷漠和控制的时代"（Baudrillard 1982：117）。

尽管马歇尔·麦克卢汉（参见 McLuhan/Powers 1995）仍然认定通信系统演进和日益媒介化的积极方面，比如全球社会或行星意识的发展,但对鲍德里亚(Baudrillard 1983,1987)而言,媒介导致了一种"交流"的"迷狂",并导致了在超现实中不可能对现实和图像景观做出区分,对此媒介应当负有责任。如此一来,公共生活就被媒介感觉所取代。个人生活和私密叙事被详细地呈现出来,并被永久地展映。电视、收音机和当下的数字媒体不断地报道有关个人的问题、悲剧和成功故事。如此一来,我们面对的就是各种各样的媒体化自我和内省的描述,例如,在聊天节目中,个人的一切隐私都暴露无遗。通信和信息的杂乱无章必然导致透明性,甚至是猥亵。猥亵是一种不再有任何私密的情形,因为私密已经消融在信息和通信之中(Baudrillard 1987:19)。从现象学角度看,在媒介交流中对象和人越来越近,没有给社会互动留下任何空间,而自我在社会互动过程中才能获得发展。道格拉斯·凯尔纳(Kellner 1989:72)总结道:"在这个宇宙中,我们进入一种新的主体性形式,在其中我们被信息、图像、事件和狂喜簇拥包围。没有防御或距离,我们变成了一块纯屏幕,一个所有网络的交换中心。"(Baudrillard 1983:133)

在鲍德里亚看来,不再有任何以反思和疏离方式与世界打交道的社会自我。它不再是有意义的他人呈现或以自我为中心考量的时空体验,这基本上决定了个体的立场。"身体作为背景,风景作为背景,时间作为背景,这些都永远地消失了。公共空间也是如此:社会剧场、政治剧场日益化约为一个仅有多个脑袋的软弱躯体。"(Baudrillard 1987:16)

由众多(心理学)专家精心策划、激增的媒体自我形象,在很大程度上使人们无法界定自己的主我,因为在接受过程中，人们已经从媒体中采用了自我形象（"客我"）。因此，对鲍德里亚来说，不仅在超现实中真实消失了，而且植根于社会互动的自我也消失了。鉴于数字化过程，鲍德里亚在后来的作品中也使用了"虚拟"一词，用来表示这些转化过程。"完全同质化、技术化和'操作化'的虚拟现实取代了其他的现实，因为它是完美的、可控的、无矛盾的。"（Baudrillard 2002：37）思考和行动主体被技术化交流所取代。"在这个意义上，是虚拟之物在思考着我们。"（Baudrillard 2002：38）

后现代时期过度饱和的自我

美国社会心理学家肯尼斯·格根对自我媒介化的看法并没有那么悲观和绝望，他把自我的媒介化理解为"社会饱和"现象。他注意到文化和社会的一种根本变化，这种变化主要是由媒介变化引起的，并导致了理解自我的现代方式的消失。"社会饱和技术"使专注的自我消失不见，这种自我以深层个人真实与统一为导向。在技术上可能与大量个人观点、价值和生活方式产生的交锋，导致了"自我的增生，反映了由于社会饱和而导致的对部分身份的入侵"（Gergen 1996：95）。在后现代时期，我们的关系网络不断扩大，并且我们采纳了众多声音。

> 由于这个世纪的技术，由于多种多样的关系，接触的可能频率、关系的强度和它们的持久性，都在不断地增强。如果这种强化发挥到极致，那么我们将会达到一个社会饱和的阶段。（Gergen 1996：114）

我们记忆存储（媒介化交流）的生命模式和身份可以在

适当的情形下被激活。思想，这种"高贵的会谈"（Mead 1909, 1980b: 208）可能会导致与我们所看重的自我产生激烈争论。这可能不仅来自我们生活中亲密的、重要的他人，也来自小说或电视连续剧中的人物角色。正如格根（Gergen 1996: 128）所言，这些内在对话使我们的个人生活变得越加复杂。然而，与此同时，这也存在着精神错乱的危险，即面对无法协调的太多自我形象和众多的声音。

> 作为传统文化特征的自我的相对凝聚感和统一感，被各式各样且相互竞争的潜质所取代。形成了一种精神错乱状态，在其中一个人在不断漂移、束缚和矛盾的存在之流中破浪前行。（Gergen 1996: 140）

在与通信技术转变紧密相连的后现代状况中，一个生活在相对稳定社会关系中的连贯自我的想法已经过时。"自我作为真实和可辨认特征——如理性、情感、灵感和意志——的主人，已经被摧毁。"（Gergen 1996: 30）相反，由于自我被包容的许多关系，它处在一个不断自我创造的过程之中，并且这个过程永远不会结束。任何鲜活的自我都可能受到质疑，可能被嘲讽和取代。在后现代时期，自我处于一种永恒的关联状态。"人们不再相信一个自我可以独立存在于其所处的关系之外。"（Gergen 1996: 46）

格根（Gergen 2009）从这一点入手形成了一个观点，该观点使"关系性存在"成为关注的焦点。通过关系，一种持续不断的主体间的协调过程发生着。"从这一立场来看，没有任何孤立的自我或完全私人的经验。相反，我们存在于一个共同建构的世界中。"（Gergen 2009：xv）格根相信，对关系性存在的建构本性，以及与此相连的伦理维度的理解，对人类的存活至关重要。因此，他没有像鲍德里亚那样怀旧式地哀悼过去。他确认了可能展现出积极面向的社会饱和的潜质。这就要求人类克服从自我出发思考的视角，而倾向于把关系和关系性存在的生成力视为一种机遇和希望的看法。

后现代电影的影像世界及其对自我建构的影响

诺曼·K. 邓津也认为，如果我们要理解如此条件下自我的状况，那就有必要面对后现代时期的社会转变。像格根一样，邓津强调如今自我有着更多的资源来形塑它的身份。除了"面对面"的接触外，还有多种媒体层面的交流互动。然而，作为一个社会学家，邓津想当然地认为后现代自我是通过由性别、阶级和"种族"所决定的社会身份的日常呈现方式来体验自身的。然而，与此同时，它不可避免地表现了后现代主义的诸多矛盾（Denzin 1991：vii），而对于这些矛盾，古典社会理论并没有予以考虑。因此，他认为考察后现代理论和自我的表征问题很重要。

> 鲍德里亚认为，这个社会只有通过摄像机镜头的反射才能了解自己。但是这种知识，鲍德里亚争辩道，没有自反性。……我诊断了这样一个基本论点（来自鲍德里亚），那就是当代社会的成员是漂泊在符号海洋里的偷窥者。他们通过电影和电视来了解自己。（Denzin 1991：vii）

在邓津看来，问题是好莱坞电影对各种自我和生活方式的呈现，只展示了视觉表面的东西，而通常掩盖了日常生活经验的复杂性和差异性，因为它们主要呈现陈词滥调或创造幻想的东西。通过这样的电影来合理地传达这些复杂的日常生活经验，是一件很困难的事。例如，有关性感美女、幸福家庭生活、经济上的成功和快乐等图像的传播，可能会激起或加剧社会弱势群体的怨恨（Denzin 1991：55）。

但不可避免的是，后现代的自我必须面对在社会中传播或渗透的媒体图像，即便这些图像通常与实际经验无关或公然与之相悖。在戈夫曼（Goffman 1969）的意义上，邓津将身份的这些表象和日常呈现看作拟剧性产品。鉴于媒体所生发的洪水般的影像及其呈现的世界的重要性不断提升，如今戈夫曼的戏剧模式已不再是一种隐喻，而是一种"互动现实"（Denzin 1991：x）。"后现代社会就是一个拟剧化社会"（Denzin 1991：x）。与此同时，他指出，个人的问题和经验在这些过程中仍将扮演一个重要的角色。因此，为了能够理解个人如何体验后现代这一历史时刻，必须发展出相应的理论和方法。最重要的问题是，他们在这样的条件下如何才能创造性地行动。

邓津坚决反对文化中立的立场，这种立场对所描述和分析的现象不做任何评价（参见 Connor 1989）。为此，他想要发展出一种后现代主义的文化抵抗理论。为了达到这个目的，当涉及意义的创造时，有必要探索和确定自己作为一名科学家的立场（Denzin 1991：xi）。"这样的理论探讨了自我、他人、性别、种族、国族、家庭、爱、性行为、暴力、死亡和自由等基本生存体验，它们是如何在日常生活中产生并提供神秘性意义的。"（Denzin 1991：xi）不同于鲍德里亚，邓津想要研究的是，个体和群体如何在拟剧化的后现代秩序中积极地、创造性地形塑他们的世界。因此，他根本没有放弃社会自我的想法。即使他在很大程度上追随鲍德里亚和利奥塔，以及弗雷德里克·詹姆逊的后现代理论，这些理论都假定图像与"真实"世界之间的界限变得越来越模糊，但邓津仍然批评它们，因为这两种理论在很大程度上忽视了日常生活经验的视角。"更重要的是，这些理论都不能解释人类彼此之间互动和交流的方式，以及人类是如何了解自己，又是如何把自己与后现代生活显性的、残余的和涌现的特征相勾连的。"（Denzin 1991：50）

通过分析诸如《蓝丝绒》《华尔街》或《为所应为》等重要且成功的好莱坞电影，邓津试图达成对后现代世界的描述，尤其想要弄清媒介化呈现的后现代自我的特征。对他来说，他所分析的电影是当代美国生活的读本。"这样一些文本拟剧化地展现了后现代主义的显灵时刻。它们将其笔墨集中在具有传奇色彩的人物身上。这些人的传记式经历代表了设法解决后现代主义生存困境的尝试。"（Denzin 1991：63）

因此，例如在评论的基础上分析《蓝丝绒》时，首先，他研究了通过对这部电影的评论得到哪些现实性的解读。他表明了这部电影具有诸多含义，比如将它看作色情片、喜剧、小镇电影或黑色电影。其次，他表明了《蓝丝绒》也可以被看作一个充满矛盾的后现代文本（Denzin 1991：75f.）。如此一来，这部影片模糊了过去与现在、现实与梦幻、图像与现实之间的界限。与此同时，他指出了不可表征的东西，那些用符号不可表征的东西。至于《蓝丝绒》的制作，它由戏仿变为拼贴。尽管林奇也可能展映作为田园牧歌式的小镇生活，但这种生活被1940—1950年代的众多好莱坞电影理想化了，不过它依旧充满恐怖和危险，在其背后充斥着暴力、野蛮和变态。邓津（Denzin 1991：80）如此总结到，这部影片可能对一种反讽、疏离的态度有所助益。然而，由于林奇立场的暧昧性，在后现代时期占主导地位的中立的情感结构可能也会增多。

此外，在邓津看来，《为所应为》是一部出色的影片，它通过呈现"种族"和"种族自我"全部的复杂性来展现它们的符码和意义。"《为所应为》是生活在布鲁克林区普通的、日常的黑人和白人、意大利人、韩国人、波多黎各人和西班牙裔男人、妇女和小孩的生活经历民族志"（Denzin 1991：126）。这部影片成功地以生动、例证的方式呈现出各种不同的视角。通过这种方式，它提供了对与"种族自我"相连的象征意义的深刻见解。

总之，邓津（Denzin 1991：149ff.）指出，古典社会理论所描绘的社会世界，不再以这种方式存在或经历。此外，后现代理论强调图像和媒介表征对表现种族、阶级或性别的重要性。邓津分析的好莱坞电影确实展现了后现代自我的矛盾，然而，除了《为所应为》，它们只提供了肤浅的或虚幻的解决方案。尽管斯派克·李的影片以别样的方式呈现了美国日常生活中的种族主义，这让我们感到不安，但其他影片否认了社会现实的本质方面，比如社会阶层或性别歧视的角色，或是在努力工作的基础上延续浪漫爱情和职业成功的神话。

在这一背景下，邓津认为有必要对媒体或其他有意义的社会机构所创生的经验表征进行差异化的分析，以便发现它们决定日常经验的方式。那么，后现代文化中相矛盾的元素对个人自身传记的影响必须被独立地反省和塑造，以便展现一种抵抗政策（参见 Winter 2001）。"开始写作，并活出我们自己的后现代示范性版本，使这个令人困惑的、可怕的、骇人的和令人兴奋的历史时刻成为我们自己的幽默'故事'"（Denzin 1991：156）。于是，邓津对自我在后现代时期可能如何改变做了详细说明。毫无疑问，自我已经失去了中心，并在很大程度上已经失去了在社会互动中的坚实根基。不过，邓津以无丝毫怀旧的态度指出了这样一个事实，即在后现代叙事中，自我被一次又一次地重新创造。"新的自我本身将会是一张复杂缠绕的网，它由之前形成自我的所有东西编织而成。"（Denzin 1991：157）他认为，任何一种社会学都不可能展现后现代世界的现实图景，因为后者已经变得相当异质、复杂和多样。因此，他提出了一种"电影民族志的解释社会学"（Denzin 1991：157），这种社会学是探究自我形成和探索世界的新途径。

小　结

1980—1990 年代的视听媒介化的过程表明，我们必须重审社会理论和社会学的基本立场、理论和方法。鲍德里亚、邓津和格根的著作已明确地证明了这一点。自我建构的产生越来越多地通过与视听媒介的图像世界打交道。在鲍德里亚看来，作为一种社会结构的自我甚至已经消失在超现实的拟像之中，按照他的看法，超现实中就不再需要自我了。此外，我们可以从格根和邓津的分析中了解到，尽管自我已经发生了根本性改变，但它依然很重要。格根认为自我深深地植根于关系之中，但邓津却发现自我植根于文化表征并与之相争斗。两者都强调了媒介化带来的新机遇和可能性——如果它们产生的后果得到了批判性的反思和理解。

数字媒介化、虚拟透明性和数字自我的建构

即使在21世纪，处理图像的视听世界也很重要。例如，YouTube或Netflix提供了看似无尽的电影数字档案，可以在任何时间和任何地点下载到智能手机上。总的来说，1990年代以来，不断增加的数字化带来了一种新的媒介化推动，它在21世纪对自我建构的转变至关重要。关于这一点，我们首先要讲的是谢里·特克尔的开创性研究，她是一位在互联网研究领域令人鼓舞、广泛被阅读的作者。

数字媒介的暧昧潜质

在《第二自我：计算机与人类精神》（*The Second Self: Computers and the Human Spirit*，1986）和《屏幕上的生活：互联网时代的身份认同》（*Life on the Screen: Identity in the Age of the Internet*，1999）中，特克尔描绘了一个关于可用性的最积极形象和数字技术的使用，从而改变了我们的行为和思想。数字技术改变了我们对时空的感知，而计算机作为一种会思考的机器，通过对我们自己的新事由和视角的沟通，挑战着我们对自己的思考和理解（Turkle 1986: 218）。

与计算机的关系可能会影响到人对他/她自己、他/她的工作、他/她与其他人的关系，以及他/她考量社会过程的看法。

这可能成为新的审美价值体系、新的仪式、新的哲学和新的文化形式的基础（Turkle 1986：24）。

特克尔将计算机定义为一种"文化结构的催化剂"（Turkle 1986：24）。它不仅形成了以计算机为基础的特殊文化，而且发展出自我认知、自我反思和自我表达的新途径。

在《屏幕上的生活：互联网时代的身份认同》一书中，特克尔甄别了一种后现代拟像文化，即允许虚拟世界中的平行生活。人类利用计算机进行联网，他们形成了对空间的不同理解。"计算机屏幕是我们情爱和智识幻想的新舞台。"（Turkle 1999：38）不过，特克尔也说，在虚拟世界生活可能会动摇我们在真实世界的体验，并可能使之消失（Turkle 1999：38）。然而，与此同时，通过应对和使用数字技术形成了去中心化的身份，这些身份缺乏唯一性，但有了灵活性和可转换性。"互联网也促成了多重身份的概念。用户能够通过在各种各样身份之间的浪荡来创造自我。"（Turkle 1999：287）在后现代时期，身份通常由多重职业角色和非虚拟的休闲活动组成，它们可能相互混合，甚至彼此矛盾（Turkle 1999：289）。在这一背景下，格根指出了——如上所述——自我的过度饱和；而一个多变的（Lifton 1993）或灵活的（Martin 1994）自我是后现代时期自我改变的其他特征。

在后现代时期，除了那些个人关系外，与家人或朋友的联系越来越少。因此，扮演不同的角色，戴着各种各样的面具，对很多人来说是理所当然的事。特克尔通过实例表明，互联网已经成为一块尝试和创造身份的试验田。"通过网络虚拟现实，我们创造我们自己并使之风格化。"（Turkle 1999：436）

在她的研究最后，特克尔指出，重要的是，真实的意愿不会完全被封闭的虚拟世界所取代，真实的与虚拟的事物会经常彼此渗透。

《独自在一起》（Alone Together，2012）一书的语气明显更加挑剔。特克尔（Turkle 2012：29ff.）对拟像文化本真性的丧失深表哀悼，这种文化已经变得规模越来越大，越来越分化，也越来越重要。凭借本真性，她意指"与他人产生移情的能力，以及在人类共同经验基础上理解事物的能力"（Turkle 2012：32）。通过把社会机器人的想法作为例证，她表明了技术与它们作为一种跟人类真实互动的替代品的想法联系在一起。我们试图与它们亲密接触，但由于我们规避了人类的亲密，而恰恰避开了它们（Turkle 2012：38）。她也指出，通过数字技术，我们被联网进入一种持续待命的状态（Turkle 2012：44）。我们不能逃避互联互通。即使在公共空间，也就是物理上共存的空间，很多人都想要单独使用他们的个人网络（Turkle 2012：46）。对年轻人来说，他们与网络的固定连接至关重要。特克尔（Turkle 2012：50）将这些技术称为"身体幻肢"。"我们的新机器为展现自我的新状态和自身创造了空间，屏幕和物理实体均享有这一空间，它在技术的帮助下进入了电子存在。"（Turkle 2012：50）这并不是说，我们的主我控制了技术，而是说我们被纳入了技术网络之中。智能手机已经把我们变成了赛博人（Turkle 2012：261），他们长期不变地在线和可用，而且永远不想独处。

特克尔（Turkle 2012：50）指出，人们通常认为，在线身份是对自我而非物理现实身份的表达。虚拟与现实活动的同步性创造了一种混合生活，一种"线上与线下的混合体"（Turkle 2012：275）。特克尔（Turkle 2012：181）由此得出的结论是，电子媒介的主要效果使人们对与人类真实交往的兴趣日减，或使其完全消失。此外，我们在上网时正冒着把其他人当作物品来对待的危险，也就是说，在其中，我们的行为冷漠无情、粗心大意或鲁莽不计后果（Turkle 2012：289ff.）。

特克尔的另一个洞见是，当上网时，自我成为一种团队协作。[1] 她观察到，绝大多数的年轻人通过互联网来交流他们的情感，这样就可以让其他人分享他们的情感。这种情况通常发生在这些情感刚刚形成的时刻。它们希望得到即时的关注和确认。这样，年轻人就会试图弄清他们自己的情感。在这种背景下，特克尔认为"由于受到来自外部的超级指导"（Turkle 2012：302）导致了一个协作的自我的产生。她声称，"在情感确认成为建立这一情感的一部分，甚至成为情感本身的一部分的情形下，技术就不是情感模式的原因，而只是支持它而已"（Turkle 2012：303）。

青少年利用虚拟世界的资源来游戏性地尝试他们的身份，在这种情况下，在线游戏常常（可能）成为一件严肃的事情。特克尔（Turkle 2012：307ff.）演示了如何使用化身来进行身份识别工作。这个虚构的人物形象不仅代表他是谁，也代表了他想要成为什么样的人，就像人们希望在互联网上被认可一样。"在给我们的化身制作动画时，我们用这种方式表达我们的希望、力量和弱点。它们是一种自然的'罗夏测验'（Turkle

---

[1] 克里斯蒂娜·沙赫特纳在她的研究著作《叙述主题：在互联网时代的讲述》（Schachtner 2016）中也表明，互联网活动者和博客是如何通过在互联网上的叙述活动来认识他们自己的。

2012：359）。"脸书"（Facebook）和"我的空间"（MySpace）也允许创造虚拟人物。自我在上网时感觉很流畅。"考虑到如此多样的身份，人们觉得自己是'完整'的，不是因为他们的身份是同一个，而是因为在主我几个方面之间的关系是流畅的和非侵蚀性的。"（Turkle 2012：331）

特克尔（Turkle 2012：388ff.）还指出了互联网上出现一种新的肯定性文化的可能性和存在的危险。通常，忏悔是匿名的。我们无从判断这些忏悔是否认真严肃。对这些忏悔的反应也是匿名的。然而，那些忏悔的人会让自己变得脆弱，而对忏悔的反应往往是麻木不仁和残忍的（Turkle 2012：397f.）。肯定性文化的例子表明，在门户网站，人们不大可能组建成这样一个社区，其中社区成员的物理距离彼此靠近，有着共同的利益，彼此之间负有义务或者具有互惠性（Turkle 2012：402）。

最后，特克尔（Turkle 2012：406ff.）处理了形成于虚拟世界中的新恐惧。必须提及的是，不再有连接和孤立的恐惧。脸书和其他门户网站也允许网络追踪（Turkle 2012：245）。他们将偷窥制度化。在不被打搅的情况下，你可以侵入他人的私人生活，并在其中搜查。她所分析的一些用户担心他们的私人领域会在未来完全消失（Turkle 2012：431ff.）。在互联网上，我们留下了在商业或政治上能够被储存、追踪和利用的电子痕迹。即使在西方民主国家，这也可能导致人们害怕对政治问题发表评论（Turkle 2012：440）。考虑到这些危险，我们需要做的是自我控制和伪装。

特克尔（Turkle 2012：468）总结道："在互联网上，我们很快就找到了'同伴'，但这一点所要求的自我表征压力已经把我们耗尽。"她得出的结论是，谋求连通性的努力确实并未使我们彼此更接近，反而将我们分离，并让我们感到更加孤独（Turkle 2012：469）。"不过，连通性也破坏了我们与那些对我们一直有益的东西的联系——比如人际交往。"（Turkle 2012：491）大多数年轻人似乎不需要与他人有长期和"更深层次的联系"（Turkle 2012：491）。特克尔怀疑这项技术是否可能是一种症候。也许（迄今为止）我们拒绝相信我们所失去的东西就是由它们所造成的。

她的解释性探索研究表明，数字媒介化是如何彻底地改变了自我的建构。如果说在1980—1990年代，特克尔宁愿强调积极的可能性——例如把计算机看作一个人主我的表达或者是在互联网上身份的游戏性变化，那么在21世纪，成功的身份形成所带来的越来越多的危险和问题成为她研究的焦点。她指出，如果连通性和上网占据了支配地位，那么我们将会失去什么。社会自我是通过建立在人类现实共存基础上的社会互动来建构自身的。如果这些条件受到虚拟世界的挑战或者它们被（部分地）取代，那么在我们要弄清什么会消失时，研究才刚刚起步。人们获得了目睹一场重大社会实验的印象，在这场实验中，为了经济和政治方面的利益，我们个人和社会存在的基础受到了威胁和破坏。

数字自我的虚拟透明性

伯纳德·哈考特在《暴露：数字时代的欲望和抵制》（*Exposed: Desire and Disobedience in the Digital Age*，2015）一书中指出，我们应该区分数字自我和模拟自我，如今前者变得越来越重要。我们对社交媒介的狂热使用、我们在网上购物的乐趣，以及我们借助谷歌搜索引擎来进行我们感兴趣的搜索，这些都建构出一个永恒的数字自我，一个虚拟的身份，因为我们所有的活动都被存储和存档，也能被追踪和测量。例如，用户的数据通过网络跟踪被收集起来。虚拟透明性为评估和分析这些以经济或权力导向为旨归的数据创造了前提条件。"一种新的解释力量不断地跟踪和整合我们的数字自我。它使我们对他人清晰敞亮、开放、平易近人、服从于每个人特殊的计划——无论是政府的、商业的、个人的或是私人的。"（Harcourt 2015：15）毕竟，我们自愿提供我们可用的数据。"最终促进监视的技术正是我们所渴望的技术。我们渴望那些数字空间，那些虚拟体验，以及所有那些电子设备——我们已经慢慢地，但确定无疑地，成了它们的奴隶"（Harcourt 2015：52）。哈考特认为，虚拟透明性可以带来一种新的社会控制，它可以立即融入我们技术化的生活方式，并且我们通过自己的活动来促进它的发展。"数字空间本身恰恰就是我们连接的机器：它充满了生命和能量、色彩和运动，以及刺激和生产"（Harcourt 2015：50）。

今天，我们随时都拥有数字世界，我们借助它可以远离像学校或工作场所这样的机构的惯例和束缚。我们可以遵循数字世界的承诺，允许我们做我们想要的事情，并且我们也可以希望我们（秘密）的愿望能够达成。"这是一个自由的空间，其中所有以前的强制监视技术如今都被编织进我们快乐和幻想的结构之中。简言之，一种新形式的解释性力量将透明的惩罚嵌入我们享乐主义的放纵中，并在我们的日常快乐中插入了惩罚的力量。"（Harcourt 2015：21）正是我们在数字空间里热情追求和劳作的兴趣，使我们几乎是透明的，因此我们变得可以被控制和操纵。

通过讨论杰里米·边沁的"圆形监狱"以及米歇尔·福柯对权力的分析，哈考特（Harcourt 2015：80-104）发现，数字控制与生命权力有所不同，因为前者更全面、更深入、更个性化。我们在数字空间的活动完全处于被调查状态，并且能够随时被跟踪和惩罚。"它关涉每一个小欲望、每一种偏好、每一样需求，还有自我所有的复杂性、社会关系、政治信仰和抱负，以及心理健康等。在我们的个性化层面上，它延伸到我们每一个人的日常生活的每一个罅隙和每一个维度之中。"（Harcourt 2015：103）边沁也曾谋求监视、控制和安全。然而，在数字化时代，它也关涉展示，并使之变得可见和暴露（Harcourt 2015：116）。"我们的雄心是看穿砖墙和物理屏障，将内部结构翻腾出来，彻底打破内外之别，以便了解设备的性质和解读无形的东西。"（Harcourt 2015：120）此外，虚拟透明之所以成为可能，是因为我们把自己置身于自愿暴露自己的诱惑之中。

如此一来，我们的数字自我形成了，因为在互联网上我们把自己的故事讲给那些没有亲身经历的他人听，从而解释了我们的主我身份（Harcourt 2015：128ff.）。然而，我们不仅展现自己，而且也在观察和控制他人。他们的自拍照，他们的声明和叙述，以及他们的图片和视频等，都是马赛克的一部分，它可以通过细致的工作与更深刻见解的允诺组合在一起。此外，数字媒介改变了忏悔的性质。不同于在治疗的背景下或告诉牧师时的口头自我暴露（Hahn 1982；Hahn et al. 1991），数字化的忏悔是公开的，并可能会传达到大量观众那里。而且，这些忏悔被永久地保存。那么就存在这样一个事实，即自我的展现取决于各自的数字化环境。尽管在脸书上，通常情况下呈现的自我是令人满意的，并力求得到社会的认可，但在匿名的环境，如聊天室或日报的评论版，则允许呈现一个不文明的、种族主义的、鲁莽的和恶意的自我。在这里无须考虑任何人际动力学，也没有任何理由害怕颜面尽失。

联系到戈夫曼（Goffman 1972）的观点，哈考特（Harcourt 2015: 217ff.）在数字空间中诊断"自我的败坏"。正如上文所述，自我是通过与他人的社会互动形成的。米德和戈夫曼都认为，自我既不是天生的，也不是超验的权威。如今，数字媒介化导致了 21 世纪自我的重构。

> 被暴露，被察看，被记录和被预测——对我们大多数人来说，新的数字技术已经开始形塑我们的主体性。掌控我们私密信息的无力感，被跟随或被追踪的情绪，这些都强化了我们的脆弱感。我们对排名和评级，以及对"点赞"、转发、评论和分享数量的持续关注，开始定义我们的自我概念。（Harcourt 2015：217）

看起来似乎后台不复存在。有关我们的知识无处不在，并且我们不能控制它的传播，这一事实使我们丧失了任何安全的庇护。这种情况类似于精神病院的囚犯。此外，他们必须不断地期待有关它们的有害信息，他们宁愿保守秘密，也不愿被传播（Goffman 1972：159）。

例如，一个诊断精神障碍的临床病史和病案分析史，非常严重地影响了自我认知和自我呈现。这个病人随时可能受到谴责。此外,他或她的每一项活动都被观察和记录下来,以便收集信息并从中得出结论。"因此,在收容所的犯人的经验是,他/她的自我与其说是一座堡垒,还不如说是一座开放的小城。一旦这座小城被'我们的'军队控制,他/她必须欢呼雀跃,而当这座小城被敌军占领时,他/她又必须深表愤怒,对于这些,他/她可能很快就厌倦了。"(Goffman 1972:163)

通常情况下,数字技术的用户不会感到愤怒。最多在危机期间,他们意识到自己在互联网上的自愿活动遭到了监视和控制。就像教养院的犯人一样,有些人会练习"无耻的非道德艺术"(Goffman 1972:167)。在上网时,他们不再进行任何的自我控制,并泄露他们在真实互动中会保密的信息。哈考特(Harcourt 2015:229ff.)得出的结论是,比如在谷歌、脸书或美国国家安全局的背景下,数字曝光会让我们成为数字主体,并产生与精神病院囚犯相似的体验。我们再也没有安全的庇护所,我们失去了我们的私人空间和匿名性,我们对我们生活中私密和重要时刻的数字传播无能为力。

> 我们正在经历一场道德转型,经受一种道德生涯,并正成为不同的道德主体。对我们许多人而言,虚拟透明性已经开始使我们的模拟自我更加朽坏——他们就像一张老旧的宝丽来拍立得照片上的形象正在逐渐褪去。谷歌、脸书、亚马逊、Scorelogix、美国国家安全局——通过它们的排名、推荐、分数和禁飞名单——正在建立一个重构我们自己的新的特权与惩罚体系。(Harcourt

2015：232）

在《收容所》（*Asyle* 1972：166）一书中，戈夫曼令人印象深刻地证明了自我并不是"个人的财产"，而是从它所包含的"社会控制模式"发展而来。数字媒介化导致了主体性的重构，其轮廓才刚刚开始显现。

在他的研究最后，哈考特（Harcourt 2015：280ff.）呼吁政治上的不服从和抵抗。对"暴露社会"的影响必须坚决反对。"我们每个人都有以自己的方式去介入的能力……抵抗必须来自我们中的每一个人。"（Harcourt 2015：281）他求助于我们的伦理自我。对他来说，"占领华尔街"运动是一个令人印象深刻的例子，它说明了如何为创新的、面向未来的思考和政治抵抗创建一个空间。他还提到了德勒兹和加塔利，两人在《反俄狄浦斯》（1974）一书中指出，革命性的变化要建立在愿望和欲望的基础之上（Harcourt 2015：238）。然而，在21世纪的今天，这些对造成奴役贡献良多。他通过指出这一悖论来作为他研究的结语。

小　结

我们对数字媒介化之于主体形成的影响的关注，一直是谢里·特克尔和伯纳德·哈考特探索性研究的聚焦点，这种研究给未来的理论分析和实证研究提供了大量的见解和观点。他们清晰地表明，自我的构成发生了根本性的变化，我们对此不应该忽视。他们还会询问，伴随着隐私和新的社会控制方式的消失，这一发展趋势如何才能够被遏制。

结　语

我们以实用主义和符号互动论为出发点，对自我是如何从社会互动中发展而来的进行了重构。我们最初考察了20世纪最后10年视听媒介化对主体形成的影响。自我被围困，受到了威胁，但它并没有消失。与鲍德里亚的观点相反，我们得出的结论是，自我仍然有意义。在21世纪，数字媒介化创造了一个被监督、被控制和被羞辱的数字自我。米德和其他人所分析的模拟自我更多地撤到了后台。

我们的思考表明，确实不能忽视自我，对它的探究是一项重要的媒介化研究任务。而且，它必须得到政治上的支持。必须寻找到抵制数字化曝光的方法。人工智能领域中的危险发展动态，如图像分析和图像生成，必须叫停，这也是该领域的主要科学家所要求的（Brundage et al. 2018）。

然而，我们也必须考虑在数字时代主体化的新方式。菲利克斯·加塔利在《三种生态学》一文中已经提出了这一要求。在信息革命和生物技术发展的时代，只有当自我不被符号流、传播的图像和符号，以及各种紊乱的碎片化信息所淹没时，一种解放的实践才有可能实现。为此，它必须发展自己的时间形式，必须展现出一种任性的艺术（Winter 2001），并且必须个性化。对加塔利而言，主体总是由几个元件组成的复杂结构。作为一名精神分析学家，他认为儿童的前语言阶段形成的主体形态不会消失，成年后会继续留存。因此，主体在原则上是一个复调式结构。如此一来，即使是在数字时代，由顽固的联盟和重复的存在模式（合唱队）发动的异质生成过程，可能会在传记化过程中获得新的组件表达形式。通过这种方式，身份的数字测定就能在媒介化过程中富有创造性地予以破坏和阻止。如果这些联盟被识别出来，那么自我就可以与它自身区别开来，并且这种方式非常新奇独特。

（程赟　肖伟胜　译；原载《后学衡》第 2 辑）

参考文献

Baudrillard, Jean (1978). *Agonie des Realen*. Berlin: Merve.

Baudrillard, Jean (1982). *Der symbolische Tausch und der Tod*. München: Matthes & Seitz.

Baudrillard, Jean (1983).'The Ecstasy of Communication', In: Hal Foster (Hrsg.). *The Anti-Aesthetic: Essays on Post-Modern Culture*. Port Townsend: Bay Press, S. 126-134.

Baudrillard, Jean (1987). *Das Andere selbst. Habilitation*. Wien: Passagen.

Baudrillard, Jean (2002). *Passwörter*. Berlin: Merve.

Blumer, Herbert (1969). *Symbolic Interactionism. Perspective and Method*. Berkeley: University of California Press.

Brundage, Miles et al. (26 AutorInnen) (2018). *The Malicious Use of Artificial Intelligence. Forecasting, Prevention, and Mitigation*. Oxford et al., February 2018. Abrufbar unter: img1.wsimg.com (zuletzt abgerufen am 26.2.2018).

Castells, Manuel (2012). *Networks of Outrage and Hope. Social Movements in the Internet Age*. Cambridge, UK: Polity Press.

Connor, Steven (1989). *Postmodernist Culture. An Introduktion to Theories of the Contemporary*. Oxford: Blackwell.

Cooley, Charles H. (1902/1964). *Human Nature and the Social Order*. New York: Scribner's.

Deleuze, Gilles/Guattari, Félix (1974). *Anti-Ödipus. Kapitalismus und Schizophrenie I*. Frankfurt a.M.: Suhrkamp.

Denzin, Norman K. (1991). *Images of Postmodern Society. Social Theory and Contemporary Cinema*. London et al.: Sage.

Eckert, Roland/Vogelgesang, Waldemar/Wetzstein, Thomas A./Winter, Rainer (1991). *Auf digitalen Pfaden. Die Kulturen von Hackern, Programmierern, Cracker und Spielern*. Wiesbaden: Westdeutscher Verlag.

Edelstein, Wolfgang/Keller, Monika (Hrsg.) (1982). *Perspektivität und Interpretation. Beiträge zur Entwicklung des sozialen Verstehens*. Frankfurt a.M.: Suhrkamp.

Faßler, Manfred (2009). *Nach der Gesellschaft. Infogene Welten-Anthropologische Zukünfte*. Paderborn: Wilhelm Fink.

Faßler, Manfred (2014). *Das Soziale. Entstehung und Zukunft menschlicher Selbstorganisation*. Paderborn: Wilhelm Fink.

Featherstone, Mike (2009). 'Ubiquitous Media. An Introduction', In: *Theory, Culture & Society* Jg. 25, Nr. 2-3, S. 1-22.

Foucault, Michel (1976). *Überwachen und Strafen. die Geburt des Gefängnisses*. Frankfurt a.M.: Suhrkamp.

Gehlen, Arnold (1957). *Die Seele im technischen Zeitalter. Sozialpsychologische Probleme der industriellen Gesellschaft*. Reinbek: Rowohlt Taschenbuch.

Gergen, Kenneth J. (1996). *Das übersättigte Selbst. Identitätsprobleme im heutigen Leben*. Heidelberg: Auer.

Gergen, Kenneth J. (2009). *Relational Being. Beyond Self and Community*. Oxford et al.: Oxford University Press.

Goffman, Erving (1969). *Wir alle spielen Theater. Die Selbstdarstellung im Alltag*. Frankfurt a.M.: Suhrkamp.

Goffman, Erving (1972). *Asyle. Über die soziale Situation psychiatrischer Insassen und anderer Insassen*. Frankfurt a.m.: Suhrkamp.

Goffman, Erving (1977). *Rahmen-Analyse. Versuch über die Organisation von Alltagserfahrungen*. Frankfurt a.M.: Suhrkamp.

Goffman, Erving (1994). *Die Interaktionsordnung*. In: ders., *Interaktion und Geschlecht*. Frankfurt a.M./New York: Campus, S. 50-104.

Guattari, Félix (1994). *Die drei Ökologien*. Wien: Passagen.

Hahn, Alois (1982). 'Zur Soziologie der Beichte und anderer Formen institutionalisierter Bekenntnisse. Selbstthematisierung und Zivilisationsprozess', In: *Kölner Zeitschrift für Soziologie und Sozialpsychologie*, 34 Jg., S. 407-434.

Hahn, Alois/Willems, Herbert/Winter, Rainer (1991). 'Beichte und Therapie als Formen der Sinngebung', In: Jüttemann, Gerd/Sonntag, Michael/Wulf, Christoph (Hrsg.). *Die Seele. Ihre Geschichte im Abendland*. München: Psychologie Verlags Union, S. 493-511.

Harcourt, Bernard E. (2015). *Exposed. Desire and Disobedience in the Digital Age*. Cambridge, USA/London: Harvard University Press.

Hoffmann, Dagmar/Winter, Rainer (Hrsg.) (2018). *Handbuch Mediensoziologie*. Baden-Baden: Nomos.

James, William (1892/1961). *Psychology-The Briefer Course*. New York: Harper & Brothers.

Jameson, Fredric (1991). *Postmodernism. Or, The Cultural Logic of Late Capitalism*. London/New York: Verso.

Joas, Hans (1980). *Praktische Intersubjektivität. Die Entwicklung des Werkes von G.H. Mead*. Frankfurt a.M.: Suhrkamp.

Keller, Reiner (2012). *Das interpretative Paradigma. Eine Einführung*. Wiesbaden: VS Springer.

Kellner, Douglas (1989). *Jean Baudrillard. From Marxism to Postmodernism and Beyond*. Cambridge, UK: Blackwell.

Krotz, Friedrich (2001). *Die Mediatisierung kommunikativen Handelns. Der Wandel von Alltag und sozialen Alltagsbeziehungen, Kultur und Gesellschaft durch Medien*. Wiesbaden: Westdeutscher Verlag.

Krotz, Friedrich (2007). *Mediatisierung. Fallstudien zum Wandel von Kommunikation*. Wiesbaden: VS Verlag.

Lash, Scott (2002). *Critique of Information*. London et al.: Sage.

Lifton, Robert J. (1993). *The Protean Self: Human Resilience in an Age of Fragmentation*. New York: Basic Books.

Lyotard, Jean-F. (1986). *Das postmoderne Wissen*. Wien: Passagen.

Martin, Emily (1994). *Flexible Bodies: Tracking Immunity in American Culture from the Days of Polio to the Age of AIDS*. Boston: Beacon Press.

Mason, Paul (2012). *Why It's Kicking Off Everywhere. The New Global Revolutions*. London/New York: Verso.

McLuhan, Marshall/Powers, Bruce R. (1995). *The Global Village. Der Weg der Mediengesellschaft in das 21. Jahrhundert*. Paderborn: Junfermann Verlag.

Mead, George H. (1934/1967). *Mind, Self & Society from the Standpoint of a Social Behaviorist. Edited and with an Introduction by Charles W. Morris*. Chicago/London: University of Chicago Press.

Mead, George H. (1913/1980a). 'Die soziale Identität', In: ders., *Gesammelte Aufsätze Band 1*. Frankfurt a.M.: Suhrkamp, S. 241-249.

Mead, George H. (1909/1980b). 'Sozialpsychologie als Gegenstück der physiologischen Psychologie', In: ders., *Gesammelte Aufsätze Band 1*. Frankfurt a.M.: Suhrkamp, S. 199-209.

Noam, Gil/Kegan, Robert (1982). 'Soziale Kognition und Psychodynamik',

In: Edelstein, Wolfgang/Keller, Monika (Hrsg.), *Perspektivität und Interpretation. Beiträge zur Entwicklung des sozialen Verstehens*. Frankfurt a.M.: Suhrkamp, S. 422-460.

Reckwitz, Andreas (2006). *Das hybride Subjekt. Eine Theorie der Subjektkulturen von der bürgerlichen Moderne zur Postmoderne*. Weilerswist: Velbrück Wissenschaft.

Schachtner, Christina (2016). *Das narrative Subjekt. Erzählen im Zeitalter des Internets*. Bielefeld: transcript.

Selman, Robert L. (1984). *Die Entwicklung des sozialen Verstehens. Entwicklungspsychologische und klinische Untersuchungen*. Frankfurt a.M.: Suhrkamp.

Turkle, Sherry (1986). *Die Wunschmaschine. Vom Entstehen der Computerkultur*. Reinbek: Rowohlt Taschenbuch.

Turkle, Sherry (1999). *Leben im Netz. Identität in Zeiten des Internet*. Reinbek: Rowohlt Taschenbuch.

Turkle, Sherry (2012). *Verloren unter 100 Freunden. Wie wir in der digitalen Welt seelisch verkümmern*. München: Riemann Verlag.

Waisbord, Silvio (Hrsg.) (2014). *Media Sociology: A Reappraisal*. Cambridge, UK / Malden, USA: Polity Press.

Winter, Rainer (2001). *Die Kunst des Eigensinns. Cultural Studies als Kritik der Macht*. Weilerswist: Velbrück Wissenschaft.

Winter, Rainer (2010). *Widerstand im Netz. Zur Herausbildung einer transnationalen Öffentlichkeit durch netzbasierte Kommunikation*. Bielefeld: transcript.

Winter, Rainer/Eckert, Roland (1990). *Mediengeschichte und kulturelle Differenzierung. Zur Entstehung und Funktion von Wahlnachbarschaften*. Opladen: Leske + Budrich.

附录：新中国七十年大陆文化研究的演进逻辑及其反思

1

自近代以来，文化问题一直是中国知识分子讨论的中心议题。1886—1887 年春，当时总理各国事务衙门的恭亲王奕䜣与大学士倭仁的辩论，可以说是中国近现代史上中西文化论战的首次交锋。自此以后，当"西学"逐渐深入政制、思想观念的文化层面时，关于"西化"的争论就更为激烈，情况也更复杂。这一攸关中华民族现代化走向的中西文化论争，以"五四"新文化运动勃兴期和"文化大革命"后 1980 年代的论战最为典型，尽管这些文化论争各有不同的语境和问题，但提问的方式却极为接近，往往采用"东方文化/西方文化""传统文化/现代文化"等二元对立的思维方式来讨论中国文化何去何从的问题。正如在 1980 年代文化论争中起过重大作用的"走向未来丛书"的标题所示，文化论争的核心问题是讨论中国的文化与未来的关系，也就是中国文化与现代化的关系。

如果我们翻检从五四运动到 1990 年代中期关于文化议题

的讨论，就会发现"文化"是一个与经济、政治相对举的概念，它主要指那些经典的文本和人类学意义上的习俗和风尚，以及蕴含其中的精神和价值体系。因此，文化概念始终与传统概念联系在一起，中国文化的概念也多半指的是中国的传统文化。[1] 新中国成立之后，这种始终与传统概念相联系的文化概念内涵基本上得以承袭，直到 1990 年代中期以伯明翰学派为代表的英国文化研究正式引入后才真正有所改变。首先我们不妨来看一看新中国成立之初到改革开放前夕的文化研究（cultural research），[2] 它主要有以下几个面向：（1）随着新中国一系列考古发掘，对出土的文化遗存包括新旧石器时代文化、仰韶文化、龙山文化、大汶口文化、三里桥文化、裴李岗文化等进行物质文化研究，这种考古学研究一直延续至今，几乎没有中断。（2）为了建立社会主义文化领导权，人文学者一方面在"三反""五反"等一系列政治运动之中，对"五四"新文化和封建传统文化予以批判；另一方面展开了对美帝国主义文化入侵的鞭挞，同时积极引介和学习社会主义阵营的新文化，探讨如何在"百花齐放、百家争鸣"方针指引下，建立以无产阶级工农群众为主体的社会主义新文化。农民文化、扫盲文化课本、文化革命与古今问题、群众文化运动、文化遗产批判继承、新文化下乡、纪念文化革命先驱等话题就成了此时文化研究的聚焦点。（3）随着新中国建交国的日益增多，文化交流也日趋

---

[1] 汪晖：《九十年代中国大陆的文化研究与文化批评》，《电影艺术》1995 年第 1 期。
[2] 在本文中，我们将文化研究分为两种：一种是传统意义上的文化研究（cultural research），它将文化视为一个超越、独立、具有永恒价值的自主领域，它主要研究传统经典文本或中西文化思维比较之类的问题。另一种是以英国伯明翰学派的文化研究（Cultural Studies）为典型代表，它将文化视为一种生活方式，主要以当代大众社会和大众文化为对象，并逐渐扩展为一种全球性的文化研究潮流。因此，后者不局限于英国文化研究。

频繁，人文学者开始关注苏联、匈牙利、古巴、朝鲜，也包括美国、日本和西欧等国家的文化发展状况，并以比较文化眼光来看取基督教文化、希腊文化、玛雅文化等，而这些异域文化与古代中国之间到底存在怎样的交流影响，是当时文化研究的另一个重头戏。在此情境下，五四运动以来的东西文化论争又再次旧话重提。

1977年8月在北京召开的中国共产党第十一次全国代表大会，宣布历时十年的"文化大革命"以粉碎"四人帮"而结束。这次会议把"文化大革命"结束后的中国社会，称为社会主义革命和建设的"新时期"。这一时期文化研究关注的重心除了对前一阶段出土的文化遗存继续进行研究外，人文学者也将目光投向了不同朝代、不同区域的文化，乃至少数民族文化。于是，关于秦代、金代、元代等朝代的文化和满族、壮族、彝族等少数民族文化，以及吴越文化、齐文化、楚文化等区域文化的研究一时兴盛。其中对各种文化形态空间分布的分析无疑打破了先前"传统/现代"的时间进化论模式，助推了文化研究走向更为深入，后来由严家炎先生主编的"二十世纪中国文学与区域文化丛书"就是这方面进一步拓展所取得的实绩。新时期全党和全国人民将工作重心从"文化大革命"以阶级斗争为纲转移到"社会主义现代化建设"上来，一大批人文学者拨乱反正，批判"四人帮"的文化专制主义，探讨如何开展百家争鸣，正确对待中外文化遗产，从而迎接社会主义文化建设的新高潮。对传统文化与现代化的关系、"全盘西化"与"中国本位文化"之争、"五四"新文化历史意义的重估、文化的民族性和时代性、族际关系和民族文化发展、文化保守主义等

"文化热"议题的持续探讨，成了1980年代文化研究最为亮眼的风景，冯友兰、费孝通、周汝昌、季羡林、张岱年、金克木、周谷城、庞朴、任继愈、汤一介、高尔泰、李泽厚等老中青几代知识分子均参与其中。此外，当时以"走向未来丛书""中国文化丛书""文化：中国与世界"等为代表的一系列文化研究与译介方面著作的出版，关于中国文化、东西方文化比较等国际学术讨论会乃至文化讲习班的高频次举办，研究中国文化的学术组织机构和中心的创建，以及文化研究方法论上的自觉，使这股"文化热"思潮不仅持续时间长、社会影响大，相较以往的文化研究而言，不管在广度还是深度上均大有改观。法国年鉴学派、文化社会学、文化经济学、文化哲学、文化生态学、文化地理学、文化学等学科方法成为当时人文学者肆意纵横文化领域的利器。随着国门进一步敞开，中外文化和学术交流的日益频繁，如何与有文化差异的人们进行沟通，如何才能正确翻译异域文化，以及怎样从语言入手来了解对方文化等跨文化交际问题，成了1980年代后期文化研究的另一个聚焦点。

1970年代末，伴随改革开放的春风，以邓丽君、台湾校园民谣等为代表的港台流行歌曲，《大侠霍元甲》《上海滩》《射雕英雄传》等港台电视连续剧相继引入内地，受青年人热捧的太阳镜、大鬓角飞机头发型、喇叭裤、花衬衫、收录机等象征另类生活方式"行头"的引入和流行，以及《少林寺》《庐山恋》《人到中年》等影片的热播等，这些都表明了大众文化在挣脱极左意识形态钳制后的强势回归，并伴随着收音机、电视机、录像机等大众传播媒介迅速走入寻常百姓的日常生活。尤其到了1990年代初，社会主义市场经济在国家体制上的合法性确立，中国日益融入全球经济"一体化"进程，"导致社会结构重组、资本重新分配、新意识形态建立、文化地形图改写的'社会转型'的出现"[1]，从而为大众文化的持续发展创造了前提条件。随着电视普及率进一步迅猛提升和卫星电视的发展，以及文化市场化、文人纷纷下海走穴，以王朔参与编剧并以其小说为蓝本改编的电视剧《编辑部的故事》《海马歌舞厅》《过把瘾》《渴望》等为代表的高收视率电视连续剧的出现，表明了重视人的感性欲望的合理性、为世俗生活的幸福诉求辩护的大众文化迅速"崛起"。"如果说在 1980 年代，文化被推向市场，还是一种被动的强制的结果，许多文化人甚至愤愤不平地抱怨这是'逼良为娼'，但 1990 年代以后，文化的工业化和商业化便成为一种自觉的行为。文化被当作一种可以赚取巨额利润的工具。"[2] 正是置身于市场经济大潮中的文化生产者的这种自觉，同时在资本强大的裹挟之下，大众文化的各类产品迅速涌现，很快占据了文化市场的主要领域，随着其制作、生产的运作、传播程序的日益成熟，基本上形成了一套产业化的生产、运作方式。自此，通俗、流行的大众文化不仅成为当时社会"主流文化"的显要组成部分，而且深入普通百姓的日常生活之中，成为他们形成道德和伦理观念的主要资源。

不过，对于这种来势汹涌旨在张扬世俗化生活的文化形态，当时的人文学者除了从专业角度对影视作品进行研究外，对诸如广告、MTV、街头劲舞、时尚杂志、流行趣味、时装、模特、美容化妆、旅游、酒吧、人文景观、影楼等遍布日常生活每一个角落的大众文化现象之研究几近阙如。事实上，在

---

[1] 洪子诚：《中国当代文学史》，北京大学出版社 2007 年版，第 327 页。
[2] 尹鸿：《世纪转型：当代中国的大众文化时代》，《电影艺术》1997 年第 1 期。

批判与超越：反思文化研究的理论与方法

1980年代后期，尽管包括法兰克福学派的批判理论、詹姆逊的晚期资本主义文化理论、弗洛伊德的精神分析理论、法国的结构主义理论等文化研究著作，在不同程度上已被译介进来，但当时的人文学者囿于自身的精英立场，对这种所谓世俗、粗鄙的平民文化要么视而不见，要么是一片批判讨伐之声。当时的实际情形是，一批人文学者从1980年代中期就开始关注大众文化，在《南风窗》《广州研究》《世界电影》《社会学研究》《文艺研究》等期刊上也零星出现了一些讨论该议题的论文，同时粗略地介绍了大众文化在日本、欧美等国家的发展概况，[1] 尤其较为关注1960年代欧美的青年亚文化或反主流文化现象。我们从这些关于大众文化浮泛的介绍和粗浅的讨论中不难发现，当时的人文学者最关注的问题是，以影视为代表的流行文化对青少年成长到底会产生怎样的负面影响，大众文化是否会束缚或扭曲青少年正常的社会化，以及如何看待青年亚文化与主流文化之间的关系，等等。概言之，置身于1980年代道德理想主义文化氛围中的人文学者对其往往采取一种凌空俯视的批判姿态，以一种痛心疾首的教育口吻劝诫文化工作者必须对大众文化保持足够的警醒，以防对青少年的身心健康产生

---

[1] 当时也称流行文化或通俗文化，实际上大众文化（mass culture）与通俗文化或流行文化（popular culture）是一对很容易混淆的概念，根据戈登·洛尼切（Gordon Lynch）的看法，"通俗文化"或"流行文化"这一术语具有如此多不同的意义，其中一个原因就是它很少依据其自身的恰当方式来进行定义，它更为常见的是以与其他文化形式的关系来定义自身，其他文化形式包括高雅文化或先锋派文化、民间文化、主导文化或大众文化等。事实上，"通俗文化"或"流行文化"是一个广义的概念，各个历史时期均有属于自己的通俗文化或流行文化，在现代大众社会之前，它主要表现形态为民间文化（folk culture）。而大众文化专指以现代大众传播为手段、由商业化生产并销售给大众提供娱乐和商品的流行文化，是社会工业化、都市化、商业化、技术化的产物，可以说，大众文化就是现代社会的流行文化。这方面的辨析参见 Gordon Lynch, *Understanding Theology and Popular Culture*, Blackwell Publishing Ltd, 2005, pp. 1-19.

不良影响。可以说，他们的骨子里实际上对这种赚取金钱利润的文化形态不以为然，甚至嗤之以鼻。很显然，在这样一种道德高蹈和非理性的激愤情绪的缠绕裹挟下，就很难奢望对其进行学理性的剖析探究了。

2

到了 1990 年代，随着大众文化的强势崛起，市场调节机制的形成和消费文化的渐趋显露，精英文化在社会文化场域中也走向了边缘，不再具有先前那般举足轻重的地位。如果说 1980 年代，知识分子由于共享批判极左意识形态、清算文化专制主义和对现代化充满乐观想象的价值立场，使当时知识界在有关"异化""人道主义""主体性"等"文化热"讨论的话题上常有一种趋同的理解，有一种建立在问题意识和思想前提层面上的认知范式"共识"，那么到了 1990 年代，在如何看待业已成为亿万百姓生活方式的"大众文化"上却出现了明显的分化，诚如陶东风所言，"对于正在到来的世俗社会及其文化形态的不同认知和评价，正在成为 1990 年代中国知识分子内部分化的一个显著标志"[1]。根据当时对世俗化文化思潮的不同认知和介入姿态，我们可以将其大致分为三类：

（1）一些坚守 1980 年代启蒙理想的人文学者面对现代化所带来的种种矛盾和"负面"效应，尤其是自身在社会中的位置日趋"边缘化"的尴尬情势下，在对自身的价值和曾经持有的文化观念的质疑和失落中，主张以批判姿态重建知识分子价值立场，从而去抵抗这种粗鄙、世俗化的时代。规模和影响

---

[1] 陶东风：《社会理论视野中的文学与文化》，暨南大学出版社 2002 年版，第 123 页。

较大的发生于 1993—1995 年关于"人文精神"的文化讨论,可以说就是这些启蒙理想遭遇挫败后陷入"精神危机"的知识分子所做的最后努力。[1]

（2）另一些人文学者则借重 1980 年代后期就开始译介的后现代主义,这种伴随后工业社会、信息时代兴起的文化理论,主张消弭高雅文化与通俗文化的对立,因此文化和美学浸渍了无所不在的商品意识,商品禀有了一种"新型"的审美特征,而文化被贴上了商品的标签。面对 1990 年代潮水般涌来的大众文化现象,他们不像前者那样激愤不已,而是以较为理性平和的心态,尝试运用后现代文化理论去理解、阐释这种明显具有复制、消费和平面感特征的商品文化,倡导一种以反权威、反主流和去中心化的后现代多元主义宽容立场,去说明一个祛除精英化的平民时代的到来。[2]

（3）还有一些人文学者则号召知识分子应该回到自身的岗位,在市场化大潮中坚守学院派的纯正学术立场。[3] 可以说,对大众文化所持有的不同态度基本奠定了后来中国大陆知识分子群体进一步分化的三元架构雏形：新左派、新自由主义派和学院派。在这三类知识分子群体中,学院派由于追求"为学术

---

[1] 最早提出这一问题的,是上海的王晓明、陈思和、李劼等。《上海文学》1993 年第 6 期刊载了王晓明等五人的谈话录《旷野上的废墟——文学和人文精神的危机》,引发了这场有关人文精神失落与重建的论争。随后,不少期刊和报纸刊发了一系列争论文章。参见王晓明：《人文精神寻思录》,文汇出版社 1996 年版。

[2] 1990 年代初,人文学界兴起的"后现代主义文化"热,最初集中于对西方相关理论的译介,代表性的作品有：佛克马、伯顿斯：《走向后现代主义》,王宁等译,北京大学出版社 1991 年版；王岳川、尚水：《后现代主义文化与美学》,北京大学出版社 1992 年版；等等。几乎同时,《文艺争鸣》《文艺研究》杂志分别于 1992 年第 5 期、1993 年第 1 期集中发表了关于后现代主义的笔谈。

[3] 关于知识分子对大众文化态度的分类,借鉴了薛毅的说法,参见薛毅：《文化研究的问题》,《文艺理论与批评》2019 年第 3 期。

而学术"路径而主动从社会现实中撤离,[1]所以只有主张介入当下现实社会问题的新左派、新自由主义派才有可能带来对大众文化探讨的兴趣和热情。他们之间的价值立场虽然存在分歧,但这只不过体现在如何看待中国现实社会问题,解决这些问题的方案,以及以何种方式参与现实文化实践上。[2]

从1980年代末到1990年代初的大众文化研究来看,不管是来自哪个阵营的知识分子,在某种程度上,他们依然共享着将文化作为与经济、政治相对举的概念,并视其为一个超越、独立、具有永恒价值的自主领域。很显然,这种带有浓重精英主义色彩的文化价值取向,决定了当时人文学者过分倚重法兰克福学派的大众文化批判理论和以詹姆逊为代表的后现代主义文化理论,几乎无一例外地对中国大众文化的商业主义倾向与平面感、机械复制、追求快感等文本特征予以强烈批判。陶东风针对当时的这种情形,在《批判理论与中国大众文化》一文中做了较为深入的分析和批判。根据他的考辨,当时出版的关于大众文化研究的著述几乎都不约而同地直接引证或间接使用了法兰克福学派的批判理论,尤其是阿多诺的《文化工业:作为大众欺骗的启蒙》与《电视与大众文化模式》。此外,包括他本人在内的一批人文学者如尹鸿、金元浦、姚文放等,从他

---

[1] 尽管如此,这并不意味着学院派知识分子就一点也不关注现实社会问题,事实上,他们躲在象牙塔固守着传统学科的边界框架和知识资源,主要进行传统儒家文化的学术史爬梳和清理,从1993年开始,《中国文化》《国学研究》《原道》《原学》等一批刊物纷纷面世,北京大学举办的"国学月"活动和中央电视台播出的150集文化片《中国文明之光》,以及后来对王国维、陈寅恪、吴宓等学院派知识分子和新儒家的炒作等,表明以文化守成主义面目呈现的"国学热"重新出场,中间虽然几经起伏,直至今日依然热度不减。
[2] 中国大陆"新左派"和"新自由主义"论争的重要论文,参见公羊:《思潮——中国"新左派"及其影响》,中国社会科学出版社2003年版。

们撰写的关于大众文化的一系列论文来看，可以说，均热衷于套用法兰克福学派的理论间或也使用一些当时译介进来的后现代理论来批判中国当代的大众文化。[1] 他把这种几乎雷同且单一的文化价值立场归结为犯了"语境误置"和"搬用法"的毛病，用他自己的话说，"即直接将法兰克福学派大众文化批判理论的框架与结论运用到中国的大众文化研究中来，而没有对这个框架的适用性与结论的有效性进行认真的质疑与反省"[2]。

语境误置和方法上的机械套用，造成使用的理论方法与本土文化实践存在着相当程度的脱节和错位，那也就无从谈起对当代中国大众文化进行切要同情的理解了。如果要改变这种尴尬的窘境，陶先生认为，我们必须结合中国社会与文化结构的历史性转型，把大众文化的出现与特征放置在这个整体性转型（尤其是文化的世俗化）的过程中来把握，从总体上对它得以产生的具体语境予以全面了解。[3] 这一要求实际上就是要将中国当代大众文化充分语境化或历史脉络化，即从整体上把握它得以衍生的当代中国社会结构特征。这一学术诉求本身蕴含着将大众文化与大众社会勾连起来，只有将大众文化置入大众社会情境中加以考察，才能避免出现语境误置和方法上的机械套用。对当时涉身其中的人文学者而言，要把握 1990 年代大众文化得以出现的中国社会转型期的总体特征，至少面临着主客观两方面的挑战。首先在客观上，对当时中国社会发展阶段必须有一个基本准确的诊断：是到了后现代消费社会，还是尚

---

[1] 只有当时身处海外的徐贲先生，对法兰克福学派的文化工业理论的偏颇和不足有着清醒的自觉，参见徐贲：《走向后现代与后殖民》，中国社会科学出版社 1996 年版，第四章和第五章。

[2] 陶东风：《社会理论视野中的文学与文化》，暨南大学出版社 2002 年版，第 124 页。

[3] 陶东风：《文化研究：西方话语与中国语境》，《文艺研究》1998 年第 3 期。

处于工业社会阶段，抑或是前现代、现代和后现代社会相互叠加混杂的发展阶段？我们知道，以"市场化"为基本取向的"现代化"发展目标，尽管早在1980年代初期就已提出，但受制于新中国成立后建立起来的政治、经济、文化高度"一体化"体制的束缚，[1] 在整个1980年代，改革主要还是对计划经济体制做某种实验性调整，直至1992年后，市场经济在国家体制上才正式得以确立。[2] 可以说，正是由于这种体制上的调整和转变才使当代大众文化的出现真正成为可能。事实上，正如英国文化理论学者多米尼克·斯特里纳蒂所指出的，"在大众社会和大众文化出现的背后，是与土地相联系的劳动为基础的土地所有制的消除，紧密结合的乡村社群的瓦解，宗教的衰落和与科学知识的增长相联系的社会的世俗化，机械化的、单调的、异化的工厂劳动的扩展，在拥塞着毫无个性特征的人群的、庞大杂乱的城市中建立的生活模式，以及道德整合作用的相对缺乏"。[3] 尽管这些诊断主要是针对西方大众社会而言的，但经过改革开放十多年后，随着工业化和都市化进程的迅速推进，从前把人们结合在一起的社会结构和价值结构已经开始动摇、侵蚀甚至摧毁坍塌，1990年代中国社会已日益透显出上述种种征兆。我们不妨看看当时关于中国社会转型期的代表性看法："尽管我们的改革主要是经济改革，但社会已经进入一个全面的、整体性的转型过程。我们正在从自给半自给的

---

1 这一提法借用了洪子诚对1950—1970年代中国当代文学格局的概括，参见洪子诚：《问题与方法：中国当代文学史研究讲稿》，生活·读书·新知三联书店2002年版，第188页。
2 以邓小平1992年"南方谈话"和中国共产党第十四次全国代表大会确立的"以经济建设为中心"的"国策"作为标志。
3 ［英］多米尼克·斯特里纳蒂：《通俗文化理论导论》，阎嘉译，商务印书馆2001年版，第11页。

产品经济社会向有计划的商品经济社会转变；从农业社会向工业社会转变；从乡村社会向城镇社会转化；从封闭、半封闭社会向开放社会转化；从同质的单一性社会向异质的多样性社会转化；从伦理型向法理型社会转化。"[1] 这段描述实际上是从社会学维度对中国社会转型期的特征做了一个较为全面的准确把握，这些特征包括商品经济或市场经济、工业社会、城镇化或世俗化、多元化价值结构，以及法理型治理模式等，其所做的基本判断是，中国社会正从计划经济向市场经济转变，由此带动了农业社会向工业社会的转型，这就使我们逐步由乡村生活转变为都市生活，告别了封闭、单一和伦理型的传统社会而迈向了开放的、多样化和法理型的现代社会。

　　从上述中国社会转型期的特征来看，可以说，前现代、现代和后现代社会形态的相互混杂、叠加是中国当代社会长期存在的结构性要素。正因为这一基本社会架构的逐步建立、发展和持续，我们就不难明白为什么在1990年代转型期各种文化思潮、派别会纷纷涌现出来，这是由于涉身其中的人文学者对当时中国社会实情的判断可谓千差万别，有些甚至迥然相异。比如，前述一批对大众文化持强烈批判态度的人文学者，他们为什么会不约而同地犯语境误置和方法上的机械套用的舛误？除了对所援引的理论缺乏语境自觉外，关键一点是当代中国大众文化确实也表现出晚期资本主义文化的部分特征，这就不难理解他们直接征引针对高度发达资本主义文化工业的法兰克福批判理论和詹姆逊的后现代观点所撰写的一系列批评文章，似乎也击中了大众文化的部分要害。至于另外一批"国

---

[1] "社会发展综合研究"课题组：《我国转型期社会发展状况的综合分析》，《社会学研究》1991年第4期。

学热"的鼓噪者,力推中国传统文化以补救当代大众文化对人们尤其是青少年所产生的负面消极影响,将其视为"精神鸦片"或"毒品",他们实际上是想用前现代的文化资源和思维方式来解决现代和后现代社会发展出现的问题,或是以文化民族主义的口实来抵抗源自西方的大众文化,用所谓"三十年河东,三十年河西"来伸张中国传统文化的优势和光明未来。这一批文化守成主义者实际上也同样犯了语境误置的毛病,原因就在于他们对中国当下社会实情的判断上存在着较大偏差甚至失误。事实上,其时发生的各种文化论争或思想分歧,归根到底就在于如何诊断中国社会转型期的现实。由于他们是基于各自不同的立场姿态所做出的判断,产生歧见和论争也就不足为怪了。

同样地,要想较全面地把握大众文化得以出现的中国社会转型期的特征,在主观上对当时人文学者而言构成的挑战或许来得更为迫切而近乎残酷。对那些一贯将文化作为与经济、政治相对举的概念,并视其为一个超越、独立、具有永恒价值的自主领域的人文学者来说,采用这样一种单一褊狭的文化向度试图去把握复杂社会学维度的当代中国大众文化和大众社会,无异于削足适履。介入社会现实的强烈冲动与自身知识结构的陈旧和学养能力不足之间的张力,撕扯着身涉其中的一大批人文学者,可以说,"阐释中国的焦虑"(陶东风语)成了他们一时难以化解的集体心结。戴锦华后来的一段追忆吐出了当时仍坚守批判立场的人文学者的共同心声:"实际上在 1990 年代,在某种程度上我认为我和我身边的朋友,即在 1980 年代共同分享某些东西的朋友,经历着一种坐标系的失落。我们不知道如何去定位中国发生过的事情和即将发生的事情,我们不知道如何去思考这些事情,我们不知道用封建主义的还是现代主义的胜利来描述那个年代,我们也不知道历史的拯救力和现实的拯救力将来自何处。"[1] 在这段自述中,戴先生连续用了四个"不知道"来表达自己当时到底要如何介入中国当下现实的困惑、迷惘甚至无力感,她发现自己先前所借助的、所积累的思想资源和知识资源"经历着一种坐标系的失落",当面对处于巨变当中的中国现实时便陷入一种几乎无效的境地,用当时颇为流行的话来说,也就是中国知识界普遍陷入失语症的尴尬,"当我普遍地发现我们原有的知识资源、思想资源和我们的话语结构,在面对巨变当中的、生机勃勃的、危机四伏的、苦难遍地的、奇迹遍地的中国现实时,我们没有能力去指认它,没有能力去分析它,甚至没有能力去描述它"[2]。当时一大批人文学者之所以出现这种无法描述、分析和指认现实的无力感,诚然有着中国现实确实发生着一种社会巨变的原因,但更为重要的还是由于他们自身认知范式的陈旧或过时。这种在 1980 年代共享的陈旧或过时的认知框架,主要表现为单一褊狭的精英文化取向,往往视文化与政治、经济之间是一种相互支持、相互阐释的同质耦合关系。这样一种高度"一体化"的认知范式对业已逐渐"分化"的中国现实来说显然无法胜任。陶东风对此说道,"到了 1990 年代,政治、经济、文化三者之间的同质、整合关系在很大程度上被打破了,呈现出空前的分类状态,……多种经济成分的并存,多种政治

---

[1] 戴锦华:《文化研究的困惑和可能》,载孙晓忠:《方法与个案:文化研究演讲集》,上海书店出版社 2009 年版,第 123 页。
[2] 戴锦华:《文化研究的困惑和可能》,载孙晓忠:《方法与个案:文化研究演讲集》,上海书店出版社 2009 年版,第 125 页。

因素的并存，多种文化价值取向的并存已经成为当今中国的一个突出特点；而其结果之一，是在知识界产生了所谓'阐释中国的焦虑'以及知识分子阶层的分化（利益的分化、观念的分化等）。知识界对中国政治、经济、文化等方面原先曾有的（尽管是相对的）共识正在并将继续消失"[1]。

前述我们对 1990 年代中国社会发展的基本指认是，我国正从计划经济体制转向市场经济体制，处在从传统社会向现代社会的转捩点上，因此，前现代、现代和后现代社会要素的相互混杂、叠加是中国当代社会转型期最为突出的特点，过去那种政治、经济、文化三者高度同质化的社会格局得以打破或消解，从而"分化"（韦伯语）形成了分裂、多元的异质化社会。在这样一个多元社会格局里，知识分子原先曾有的共识自然难以维系，并逐步分化成不同阵营。不仅如此，现代社会不再限于过去由经济、政治和文化构成的三元格局，而转变成至少由政治、经济、文化和社会等层面构成的复杂异质性的四元社会结构，与社会领域相伴的是经济的工业化、社会的都市化和大众社会（mass society）的形成。面对 1990 年代中国"社会领域"的逐步形成和社会格局日益复杂化，对当时普遍陷入失语症的人文学者来说，如何才能化解他们心底阐释中国的集体性焦虑呢？如果要真正以批判立场介入社会现实，摆在他们当前的残酷事实是，必须立即告别过去共享的陈旧认知范式，以壮士断腕式的勇气和果敢与自身既有的知识资源和话语方式悲壮诀别，知识界如不做这样的彻底调整，就不可能寻求到一种与当前中国大众社会相应的新的认知范式。对此学术调整过

---

[1] 陶东风：《社会转型与当代知识分子》，上海三联书店 1999 年版，第 4—5 页。

程，曾热衷于美学研究的周宪有着这样的告白："在某种意义上看，传统的美学研究对新鲜活泼的文化实践已难以做出敏锐的反应和凌厉的剖析。探索美学研究的新途径，便成为我们这个文化巨变时代的美学研究的历史任务。在我看来，一种批判的文化社会学研究是大有可为的。因为它既保持了美学趣味批判的传统，又以新的理论范式来解释新的文化实践。"[1]后来陶东风在回忆自己从事文化研究的历程时，也说了几乎同样感触的话，"1990年代中期，我开始接触法兰克福学派和后现代主义之外的一些西方社会科学理论和政治学理论，比如自由主义取向的市民社会理论、现代化理论，特别是哈耶克和阿伦特等人对纳粹极权主义和斯大林主义的批判，并尝试从另一个角度理解中国当代文化问题"[2]。很显然，1990年代中国社会转型和大众文化的勃兴，迫切呼唤一种不同于精英主义褊狭立场的文化批判眼光，一种富有阐释效力的话语实践，在此情势下，以英国伯明翰学派为代表的"文化研究"（Cultural Studies）便以其宏阔的社会学视野和强烈的现实关怀品格，[3]

---

[1] 周宪：《文化表征与文化研究》，北京大学出版社2007年版，第370页。
[2] 陶东风：《回到发生现场与中国大众文化研究的本土化——以邓丽君流行歌曲为个案的研究》，《学术研究》2018年第5期。
[3] 本文因致力于探究中国大陆文化研究内在的演进逻辑，所以无意于去描述这一具体发展历程，这方面已有大量研究成果。综合梳理介绍较为详细的主要有：宗波：《文化研究二十年》，中国艺术研究院硕士论文，2006年；毕日升：《九十年代中国"文化研究"的兴起、现状及前景》，河北师范大学硕士论文，2003年；张如刚：《中国"文化研究"学科化问题研究》，河北师范大学硕士论文，2017年；陶东风：《文化研究：在体制与学科之间游走》，《当代文坛》2015年第2期；孟登迎：《"文化研究"的英国传统、美国来路与中国实践——兼析"文化研究"进入大陆学术思想界的历程》，《文艺理论与批评》2016年第1期；周志强：《紧迫性幻觉与文化研究的未来——近30年中国大陆之文化研究与文化批评》，《文艺理论研究》2017年第3期；王晓明：《文化研究的三道难题——以上海大学文化研究系为例》，《上海大学学报》2010年第1期；等等。这些著述主要从理论译介、问题本土化和学科化三个面向进行探讨。

成为当时一大批人文学者竞相追逐和借重的知识和思想资源。

3

如何阐释1990年代发生社会巨变的中国现实,当时一大批人文学者陷入一种近乎失语的集体焦虑之中。知识界之所以弥散着普遍焦虑不安的情绪,除了客观上由传统社会向现代社会转型所带来的日益复杂、多元和异质性的复杂结构,主观上因过去的认知范式的失效所带来的无法描述、分析和指认现实的无力感和挫败感,更在于彼时知识分子对身涉其中的"情势"(conjuncture,也可译为"事态""危机")普遍产生了一种几乎是划时代的"感知"。这种对转型时代的断裂性感知,用戴锦华的形象说法就是"溃散",这种"溃散"不仅表现在身边的朋友纷纷地悲壮作别,一去不复返,同时自身过去所积累的思想和知识资源也散架、失效了,虽然仍旧在滔滔不绝地说,但这种言说是近乎海德格尔所说的"闲言",沦落为一种没有意义的话语。实际上,这种"全面溃散感"更源于当时社会发生的巨变严重侵犯或冲击着他们习以为常的生活方式和最基本的常识假设。于是,当他们尝试着去理解自身所体认到的变化时,普遍认为自己生活在一个高度转型的过渡时刻。周宪在出版于1990年代的《中国当代审美文化研究》一书的"后记"中就表达了这样的心声:"中国近二十年来,改革开放的伟大实践使中国社会-文化发生了巨大变化,任何一个生活在这块古老黄土地上的人,都强烈地感受到巨大变化所带来的冲击。……美学在我们这个时代,正在失去往日的荣耀与辉煌。我以为,面对中国社会和文化的深刻变迁,美学理论的范式也

329

将不可避免地发生演变。"[1] 而对戴锦华而言，"那么 1989 年以后，1990 年、1991 年和 1992 年对我们来说是一个窒息而期待的年头，我们在期待着什么呢？我们似乎知道我们在期待着什么，其实事实证明我们并不知道我们在期待着什么。……在 1993 年的时候，突然那个窒息的氛围，那个密闭罩，那个无形的透明的魔罩被打破了，中国社会突然进入了一个格外有诱惑力的年代"[2]。从这两位后来成为文化研究主将的述说中，不难窥见当时他们所处的历史情势就像霍尔所描述的，我们生活在"一个高度转型的时刻，一个恰似葛兰西式的情势……我们被置身于一个既不能充分占有也不能绝对离开的旧状态，和某种我们可能正在接近却又被我们忽视的新状态之间。置身于这种过渡状态有某种'之后'（post）感，即生活在之后的时刻"[3]。

可以说，置身于这种过渡状态有某种"之后"感，是彼时人文学者对当下情势的普遍体认，从此，但凡有重大性事件发生后产生某种断裂感，都会用"之后"（或"后"）这个词语来加以称呼，我们似乎进入了一个普遍有着"之后"感的时代。这实际上暗示当时身处其中的知识分子正处于一种类似于葛兰西所描述的，持续性的、复杂的、有组织的危机情势之中，他将这种有组织的危机解释如下："一个危机的发生，有时会持续数十年，这种异常的持久性意味着不可治愈的结构冲突已经展示出它们自身（达到了成熟程度），而且，尽管如此，致

---

[1] 周宪：《中国当代审美文化研究》，北京大学出版社 1997 年版。
[2] 戴锦华：《文化研究的困惑和可能》，载孙晓忠：《方法与个案：文化研究演讲集》，上海书店出版社 2009 年版，第 123 页。
[3] Lawrence Grossberg, *Cultural Studies in the Future Tense*, Durham & London: Duke University Press, 2010, p. 68.

力于保护和捍卫现存结构本身的政治势力正在尽一切努力治愈这种结构（在一定限度内）和克服它们。"[1]或许正是其时"有组织的危机"仍然在持续，用戴锦华的话说，"伤害和重创的程度可能要延续很长很长的一段时间"，[2]尽管1992年市场经济体制在国家体制中的合法性确立起来，但危机情势并没有被克服而仍在持续。正是在这种复杂的危机情势下，以政治性为导向，首要关注当下文化现象，旨在把握危机"事态"或"情势"和权力关系的当下分布，并通过批判性知识的生产来促成其改变的文化研究，[3]因应本土需要而适时进入中国大陆思想文化界。

因此，文化研究自登陆中国大陆学界伊始，便承负起回应当时处于危机情势中时刻发生着变化的"错综复杂的问题域（problematic）"之使命。"问题域"这一说法来自法国马克思主义理论家路易·阿尔都塞，他用其来指涉一个思想家用以提出问题、分析问题和解决问题背后潜藏着的隐形理论构架。[4]在汉语学界，"problematic"除了"问题域"的译法，还被译成"总问题""问题框架""问题架构""问题式或问题化"，以及"难题性"等，很显然，不管如何翻译，其所指涉的应该不是我们平常一般所说的"问题意识"，而是直接涉及知识实践与现实情境或情势的直接碰撞，涉及这种碰撞所造

---

[1] ［美］劳伦斯·格罗斯伯格：《文化研究的未来》，庄鹏涛等译，金元浦审校，中国人民大学出版社2017年版，第68页。
[2] 戴锦华：《文化研究的困惑和可能》，载孙晓忠：《方法与个案：文化研究演讲集》，上海书店出版社2009年版，第123页。
[3] ［奥］雷纳·温特：《任性、反抗与政治性》，张忠梅、肖伟胜译，载王本朝、肖伟胜：《后学衡（第1辑）》，西南师范大学出版社2017年版，第52页。
[4] ［法］阿尔都塞：《保卫马克思》，顾良译，商务印书馆2011年版，第55页。

成的新的提问处境和提问方式。[1] 在某种程度上，它类似于福柯的"认知型"。所谓"认知型"，按福柯在《词与物》中的说法，它指的是"词"与"物"借以被组织起来的那个知识空间，它决定着"词"如何存在，"物"为何物。它可以在一个特定时期内，划定经验总体性中的一个知识领域，规定这个领域中的认知对象的存在方式，给人们的常识提供理论的力量，决定人们对那些视为真理的事物话语的认可。后来英国伯明翰学派代表人物斯图亚特·霍尔直接用这一术语来概括文化研究的方法论，他认为应当把文化研究看成一种独特的"问题域"或"问题架构"，一种与现实进行互动，对现实提问并介入现实的知识方式。它折射出思想与反映在社会思想范畴当中的历史现实之间的复杂接合（articulation）以及"权力"与"知识"之间持续辩证的互动。[2] 这意味着，文化研究如果是对情势做出的回应，那么它必须理解自己的具体问题和需求构成。"问题域"构成了语境或情势，"这种构建或者依据问题的边界，或者依据相关的各种可能的一系列具有决定性的因素"[3]。因此，文化研究的使命就是创造一种针对情势的批判性理解，一种对文化－历史情势的批判性理解。如此这般，文化研究便秉持着鲜明的激进的语境主义主张：任何实践和事件的身份、意义和影响都被复杂的关系决定，它们身处在由关系编织的环境中，并受到各种复杂关系的渗透和塑造。由于任何事件或情势都可以被理解成关系，而事态和语境总是在变化。

---

[1] 孟登迎：《"文化研究"中国化的可能性探析》，《文艺理论与批评》2016年第6期。

[2] ［英］斯图亚特·霍尔：《文化研究：两种范式》，孟登迎译，载陶东风、周宪：《文化研究（第14辑）》，社会科学文献出版社2013年版。

[3] ［美］劳伦斯·格罗斯伯格：《文化研究的未来》，庄鹏涛等译，金元浦审校，中国人民大学出版社2017年版，第45页。

奥地利文化理论学者赖纳·温特指出,文化研究正是对这些变化做出回应,用他的话来说就是,文化研究"是一种坚定的、承负着智识-政治的实践,这缘于它企图描绘文化过程的复杂性、矛盾性和关系特性。它想要生产出(政治上的)有效知识以便理解事态的难题和问题。它希望帮助人们反对和改变权力结构,以促成激进民主关系的实现"[1]。因此,文化研究注重当代大众文化,关注被主流文化排斥的边缘文化与亚文化,尤为重视日常生活与社会中的性别、种族、阶级等问题,同时注意与社会保持密切的联系,关注文化中所蕴含的权力关系及其运作机制,它将理论政治化并将政治理论化。英国文化理论学者本尼特·贝内特认为,这一领域可被视为一种"人文学科内的跨学科交流中心",或者用一种更具悖论性的说法,是一种"跨学科学科"(interdiscipline discipline)。[2]

很显然,对当时的人文学者来说,要理解 1990 年代中国社会事态的难题和问题,也就是要窥见当时的真实情势,那么最有效的路径就是将当时的具体情境"问题化"。所谓"问题化"就是在研究者和语境之间进行一种隐喻性的对话,由于问题化的事物和问题化的过程之间存在一种关系,问题化作为一个"答案"回应的就是真实的具体情况。因此"问题化"要求:一方面,要根据研究问题,把各学科的理论途径和方法结合起来,从而以多层面的、复杂的方式建构出对象,"从一开始,文化研究的任务恰恰是要去开发一些方法,去处理那些以前从

---

[1] [奥]雷纳·温特:《反思文化研究》,王琦、肖伟胜译,载王本朝、肖伟胜:《后学衡(第1辑)》,西南师范大学出版社 2017 年版,第 36 页。

[2] Toby Miller (ed.), *A Companion to Cultural Studies*, Massachusetts: Blackwell Publishers Ltd, 2001, p. 32.

未做过的事情"[1]。这就需要文化研究者创造新的概念和话语，以便生产出政治上的有效知识来描绘不断变化的社会现实，如此这般，那些我们用以理解结构和权力斗争以及日常生活的条件都会被重新构造，或者至少会被重新思考。对中国文化研究者来说，根据本土问题建构出属于自身的新对象，一则要有可以凭借的相应理论和方法，这无疑需要大量引介西方相关研究成果，于是一系列文化研究译丛相继推出，"传播学与文化译丛""大众文化研究译丛""知识分子图书馆""文化与传播译丛""先锋译丛""当代学术棱镜译丛"等，这些无疑极大地丰富了中国文化研究的理论武器库。与此同时，文化研究者凭借这些引进来的文化研究理论和方法，结合当下鲜活的文化实践开始创造出一系列新的概念和话语，如"隐形书写""文化英雄""发烧""追星"等颇具本土色彩的新颖术语纷纷登场，也产生出基于中国当代大众文化的一系列研究论文和专著，其中以1998年河南人民出版社刊行的"娱乐文化研究丛书"和1999年江苏人民出版社由李陀主编的"大众文化批评丛书"为典型代表。从当时学术界所讨论的话题来看，它们涉及从后现代到现代性、从高雅到通俗、从时尚到消费，等等，凡是与当下社会相关的话题无不涉猎。话题的驳杂和语境的复杂性显然要求文化研究者不能拘囿于单一的学术视野，必须不断征用来自其他学科的知识和理论资源，当时除了1980年代末就开始引介的后现代理论外，社会学和现代性理论、传播与媒介研究、文学、人类学与民族志研究、新史学和政治学等一批丰厚的理论资源均为其所用，这就逐渐形成了声势浩大的文化研究

---

[1] [奥地利]雷纳·温特：《反思文化研究》，王琦、肖伟胜译，载王本朝、肖伟胜：《后学衡（第1辑）》，西南师范大学出版社2017年版，第38页。

思潮，其影响所及几乎遍布人文科学的各个领域。我们不难看出，1990年代的文化研究不仅在论域上与1980年代已大为不同，关键是出现了新的提问处境和提问方式，这使文化研究的整个话语方式发生了库恩意义上的范式转换，也就是出现了一种福柯所说的新的"认知型"，即"词"与"物"借以被组织起来的那个知识空间全然改变了。对中国大陆知识界而言，从某种意义上，这是一种具有重大意义的断裂，把霍尔关于"问题化"的论说用于描述这种断裂感颇为贴切，"那些陈旧的思路在这里被打断，那些陈旧的思想格局被替代，围绕着一套不同的前提和主题，新旧两方面的各种因素被重新组合起来。一个问题架构的变化，明显转变了所提问题的本质、提问题的方式和问题可能获得充分回答的方式"[1]。从此中国大陆的文化思想景观已是旧貌换新颜，可谓焕然一新了。

另一方面，由于"问题化"要创造一种针对情势的批判性理解，而情势是"一种对充满着断裂和冲突，伴有多条轴线、平面和等级的社会形构的描述，并通过不断的博弈和协商这样一种繁复的实践过程，来寻求暂时性的平衡或结构稳定"[2]。也就是说，情势是对变化、接合（articulation）与冲突的描述，它是一种临时性组配，从总体上来说，它是暂时的、复杂的、易变的。事实上，情势的聚合就是一个特定的问题域，即作为复杂接合整体的社会形态，由于情势旨在改变力量的配置，伺机达到一种力量的平衡或临时性协调，它通常以一种社会危机的形式存在，因此需要研究者通过政治分析才能把握。而对要

---

[1] ［英］斯图亚特·霍尔:《文化研究: 两种范式》, 孟登迎译, 载陶东风、周宪:《文化研究（第14辑）》, 社会科学文献出版社2013年版。
[2] Lawrence Grossberg, *Cultural Studies in the Future Tense*, Durham & London: Duke University Press, 2010, pp. 40-41.

把握1990年代中国社会危机"事态"或"情势"的文化研究者来说，由于语境和情势是"多重的、重叠的和内嵌"的复杂关系，[1]这种结构性的体制需要不仅要求研究者以跨学科视角来分析当时的文化实践和表征，还要求他们必须对研究构想和研究成果有反身自省的意识，也就是要对自己所使用的理论和方法之限度有着清醒的自觉。前述陶东风对当时人文学者普遍所犯的语境误置和方法上的机械套用的毛病之批判，就是将文化研究这种激进的语境化特点自觉贯穿到自己的研究之中的充分自觉，这种反身自省的意识也逐渐成为日后从事文化研究者的基本共识。

文化研究的这种激进语境化主张，更在于它将理论作为分析特定问题、斗争和语境的一种战略性资源，正如美国文化研究者劳伦斯·格罗斯伯格所说，"文化研究试图从战略性的高度开展理论研究，以通过必要的知识来阐释多元的语境，并最终更好地实现政治层面的战略性接合"[2]。很显然，文化研究激进语境化背后真正的意图是一种政治性策略和诉求，这就是它的理论工作、文化分析常以政治性为导向的原因。在这样的背景下，理论就并非只是纯粹的学术关切，而是批判理论意义上的一种知识实践的表达，这种知识实践可以干预和促进民主变革及社会进步。事实上，真正的语境是建构的，这种建构包括分析语境，也包括分析我们提出的问题。可以说，以激进的语境主义作为其核心的文化研究从诞生伊始就认识到，"结构化的语境不仅体现权力的关系，而且与政治上的愤怒、

---

[1] Lawrence Grossberg, *Cultural Studies in the Future Tense*, Durham & London: Duke University Press, 2010, p. 41.

[2] [美]劳伦斯·格罗斯伯格：《文化研究的未来》，庄鹏涛等译，金元浦审校，中国人民大学出版社2017年版，第24页。

绝望和希望相关"[1]。戴锦华正是在"期待着一场新的解放，一种新的社会民主进程的推进"当中慢慢找到了文化研究。[2]文化研究之于她而言，有两点是基本的："一个点就是我有没有可能通过文化研究去触摸和把握当今中国的现实，……而第二个动机就是我是不是能找到一个名目、一面旗帜、一块立锥之地，这就够了。片瓦和立锥之地让我能够保持一个知识分子的批判性工作。"[3]事实上，戴锦华道出的这两点无疑是当时文化研究者的普遍诉求。王宁引用戈莱梅·透纳的说法也表达了同样的心声："文化研究的使命之一，便是了解每日生活的建构情形，其最终目标就是借此改善我们的生活。并不是所有学术的追求，都具有这样的政治实践目标。"[4]回望中国大陆文化研究所走过的历程，我们可以做出这样的论断，身在其中的人文学者持续以果敢且决绝的姿态承负起回应社会情势错综复杂的问题域之重责。他们一方面力图去"触摸和把握当今中国的现实"，另一方面以批判的激情设法寻求别样生活的可能。周志强对此深有感触地说道，中国大陆的文化研究，"表面上借助于文化研究的学术活动，讨论大众文化、日常生活审美化、公众教育等问题，实际上却宿命地潜伏着对中国社会政治体制的冷静反思、强烈批判乃至妥协性对抗的冲动"[5]。

---

[1] [美]劳伦斯·格罗斯伯格：《文化研究的未来》，庄鹏涛等译，金元浦审校，中国人民大学出版社2017年版，第41页。

[2] 戴锦华：《文化研究的困惑和可能》，载孙晓忠：《方法与个案：文化研究演讲集》，上海书店出版社2009年版，第123页。

[3] 戴锦华：《文化研究的困惑和可能》，载孙晓忠：《方法与个案：文化研究演讲集》，上海书店出版社2009年版，第132页。

[4] [英]戈莱梅·透纳：《英国文化研究导论》，唐维敏译，亚太图书出版社2000年版，第298页。

[5] 周志强：《紧迫性幻觉与文化研究的未来》，载《文艺理论研究》2017年第5期。

由于文化研究这种旨在介入现实的政治性诉求，从而将理论作为一种战略性资源而拒绝受纯理论的驱使，因而，我们就不能将它与任何单一的理论范式或惯例等同。也就是说，文化研究尽管是关于意识形态和表征的理论，或是关于大众传播的流通理论，或是关于霸权的理论，或是关于认同和主体性的理论，等等，但如果将这些视为文化研究本身，那就是对文化研究的误读。文化研究者对1990年代中国社会情势的"问题化"，很显然就不是"要在理念领域去建立一种新'理论'，或者运用某种现成的理论对考察对象进行简单的'批判'，而是要在已有的思想阵地进行一种全新的知识实践，让思想和理论与现实境遇产生真正的碰撞，最终完成改造世界和改造知识者本人的双重使命"[1]。正是由于这一大批文化研究者对中国当下社会情势的不断"问题化"，新的理论阐述、新的文化事件才得以纷纷涌现，我们从中不仅可以窥见中国社会生活肌理和节奏的变化，以及新的社会权力关系结构的形成，更重要的是促发了中国大陆文化思想界新的主体性的生成。

4

随着千禧年之际中国加入世界贸易组织而被纳入全球化体系，尤其是随着因特网的广泛应用，中国社会逐步进入一个"微文化"时代。面对全球化资本强力、日常生活的"碎微化"，以及学术日趋经院化和商品化等"接合"而成的新的危机情势，身处其中的文化研究者以一种"跨学科"的宏阔视野，激进的语境主义鲜明主张，根据新的语境或事态及时更新着自己的理

---

[1] 孟登迎：《"文化研究"中国化的可能性探析》，载《文艺理论与批评》2016年第6期。

附录：新中国七十年大陆文化研究的演进逻辑及其反思

论战略武器库：全球化与后殖民理论、网络文化与新媒介研究、物质文化研究、都市化与空间理论、视觉文化研究、后人类与人工智能研究、数字人文研究，等等。与此同时，他们也在与各种现代和后现代文化思潮的相互论争中，策略性地运用手边的各种知识和理论资源，设法找到重新思考想象力本身的方法，致力于重新建构"可能的语境"和问题域：乡村建设与新工人运动、"文化大革命"记忆与知青现象、工人新村、新穷人、微文化、商品美学、娱乐文化、电子游戏和糗文化，等等，力图让人们"更好地"理解当下社会"正在发生什么"，进而敞显中国现实的多种可能。这种旨在使人们能够想象另外的、更好的未来的可能性，是大陆文化研究者在知识实践领域发起的一场齐泽克所说的真正"行动"（Act），这种行动与一般的主动介入性"行为"（active intervention 或 action）不同。因为它"彻底改变了行动的承担者（agent）：行动不是行动者简单'完成'某事——行动之后，我事实上'不再是同一个我了'。在这个意义上，与其说主体'完成'了一个行动，不如说主体'遭受'一个行动（'经受'它）：在这个过程中，主体被歼灭了，并随即重生"[1]。中国大陆文化研究者就在这种并不保证任何结果的行动驱策下，不断将当下社会情境"问题化"，从而不仅勾勒绘制（mapping）出当代中国新的文化地形图，而且回溯性地改变着当初介入时的思想坐标，进而在无畏勇气和焦虑情绪交织的疯狂冲动下，冒险地迈向一个别样的可能的未来！

（肖伟胜　文）

---

[1] Slavoj Žižek, *Enjoy Your Symptom!: Jacques Lacan in Hollyood and Out*, NewYork: Routledge, 2001, p. 44. 也可参见［斯洛文尼亚］斯拉沃热·齐泽克：《享受你的症状——好莱坞内外的拉康》，尉光吉译，南京大学出版社 2014 年版，第 59 页。译文有改动。

图书在版编目（CIP）数据

批判与超越：反思文化研究的理论与方法/（奥）赖纳·温特著；肖伟胜编.—上海：上海社会科学院出版社，2023
ISBN 978-7-5520-4148-4

Ⅰ.①批… Ⅱ.①赖…②肖… Ⅲ.①审美文化—研究 Ⅳ.①B83-0

中国国家版本馆CIP数据核字（2023）第124719号

拜德雅

批判与超越：反思文化研究的理论与方法

著　　者：	［奥］赖纳·温特（Rainer Winter）
编　　者：	肖伟胜
译　　者：	肖伟胜　等
责任编辑：	熊　艳
书籍设计：	雨　萌
出版发行：	上海社会科学院出版社
	上海顺昌路622号　邮编：200025
	电话总机：021-63315947　销售热线：021-53063735
	http://www.sassp.cn　E-mail：sassp@sassp.cn
照　　排：	重庆樾诚文化传媒有限公司
印　　刷：	上海盛通时代印刷有限公司
开　　本：	1240 mm × 900 mm　1/32
印　　张：	11.125
字　　数：	241千
版　　次：	2023年8月第1版　2023年8月第1次印刷

ISBN 978-7-5520-4148-4/B·337　　　　　　　定价：78.00元

版权所有　违者必究